"十二五"职业教育国家规划教材
经全国职业教育教材审定委员会审定
高等职业教育计算机系列教材

网络系统集成

(第2版)

(微课版)

唐继勇　孙梦娜　主　编

刘　桐　刘思伶　龙兴旺　钟文辉　副主编

电子工业出版社

Publishing House of Electronics Industry

北京·BEIJING

内 容 简 介

本书由高校与企业合作编写，详细阐述了网络系统集成项目开发的全过程。全书包括 6 个项目，分别是网络系统集成概述、网络需求分析、网络工程设计、网络安全设计、网络工程项目组织与实施，以及网络工程测试与验收。本书配套了丰富的数字化教学资源，方便开展线上线下同步教学。

本书可作为高等职业院校计算机网络技术专业、网络工程专业及其他相关专业的教材，也可作为网络管理人员、网络工程技术人员和对计算机网络技术感兴趣的读者的参考书。

未经许可，不得以任何方式复制或抄袭本书之部分或全部内容。
版权所有，侵权必究。

图书在版编目（CIP）数据

网络系统集成：微课版 / 唐继勇，孙梦娜主编．—2 版．—北京：电子工业出版社，2023.8
高等职业教育计算机系列教材
ISBN 978-7-121-46152-1

Ⅰ．①网… Ⅱ．①唐… ②孙… Ⅲ．①计算机网络—网络集成—高等职业教育—教材 Ⅳ．①TP393.03

中国国家版本馆 CIP 数据核字（2023）第 152043 号

责任编辑：杨永毅
印　　刷：天津千鹤文化传播有限公司
装　　订：天津千鹤文化传播有限公司
出版发行：电子工业出版社
　　　　　北京市海淀区万寿路 173 信箱　　邮编：100036
开　　本：787×1 092　1/16　　印张：14.75　　字数：359 千字
版　　次：2014 年 9 月第 1 版
　　　　　2023 年 8 月第 2 版
印　　次：2025 年 9 月第 8 次印刷
定　　价：48.00 元

凡所购买电子工业出版社图书有缺损问题，请向购买书店调换。若书店售缺，请与本社发行部联系，联系及邮购电话：(010) 88254888，88258888。
质量投诉请发邮件至 zlts@phei.com.cn，盗版侵权举报请发邮件至 dbqq@phei.com.cn。
本书咨询联系方式：(010) 88254570，xujj@phei.com.cn。

前言

根据教育部《高等职业学校专业教学标准（试行）》中计算机网络技术专业的教学标准，"网络系统集成"是计算机网络技术专业的核心课程，开设在二年级下学期或三年级上学期，其定位是专业前导课程的综合运用，是顶岗实习、毕业设计等后续课程的基础，在专业课程的学习中有承上启下的作用。

本书以网络系统集成项目实施为主线，涵盖网络系统集成的基本理论、基本方法和解决方案。2014年8月，《网络系统集成》入选"十二五"职业教育国家规划教材，并于2015年4月由电子工业出版社出版，经过多次重印，得到院校师生、培训单位学员和社会读者的肯定与厚爱，2023年再次进行修订，突出知识、技能和素质的有机融合，让学生在学习过程中举一反三，培养创新思维，以适应高等职业教育人才培养需求。本书主要具有以下3个特色。

1. 组建多元化开发团队，适应职业岗位任务要求

本书开发团队由教研专家、一线骨干教师、行业及企业专家共同组成。教研专家全程参与编写、审核工作，使得本书充分体现课程改革的基本思路与要求，同时促进教学质量的提升和教学方法的改变；一线骨干教师具备高级职称，是国家级职业教育教学团队的核心成员，在行业中扮演重要角色，如担任国家级技能大赛裁判长、裁判员等；企业专家不仅提供网络案例和技术指导，还在教材编写中发挥重要作用，如课程中涉及的视频和图片，严格按照企业服务标准和工作手册要求制作；行业专家参与本书的编写、研讨和修订，引入国内外网络行业新技术、新工艺、新标准和新规范，如网络系统规划与部署职业技能等级 1+X 证书标准、世界技能大赛网络系统管理赛项核心内容，以保证本书的科学性和职业性。

2. 打造一体化优质资源，赋能与教学深度融合

本书开发团队创建了多样化的数字资源，并将这些数字资源嵌入纸质教材，学生可以通过扫描教材中的二维码观看微课视频等数字资源，教师可以利用教学平台布置预习任务并在课堂上组织讨论，从而将线上线下的教学很好地结合起来，有效实施翻转式课堂教学。

3. 落实立德树人根本任务，丰富课程素养素材

本书开发团队从课程研究开始，探索课程素养新理念"进教材、进课堂、进头脑"的一体融合思路，为深入实施科教兴国战略、人才强国战略、创新驱动发展战略提供服务支撑。本书融入丰富的素养素材，内容积极向上，让学生深刻领会"网络强国观""国家安全观"对建设信息网络基础设施的指导作用，注重对学生职业道德、服务礼仪、顾客维护意识、工匠精神、质量规范和安全意识等的培养，让学生在学习过程中，充分认识到我国发展的独立性、自主性、安全性，增强社会责任感，激发爱国情怀。

本书由重庆电子工程职业学院的唐继勇和孙梦娜担任主编，由刘桐、刘思伶、龙兴旺和钟文辉（四川十盟信息科技有限公司）担任副主编。其中，项目 1 由刘桐编写，项目 2 由钟文辉编写，项目 3 由孙梦娜编写，项目 4 由唐继勇编写，项目 5 由刘思伶编写，项目 6 由龙兴旺编写。全书由唐继勇统稿。

在本书编写过程中，编者参阅了大量同行的相关资料，并得到所在学院和相关企业的大力支持，在此一并表示感谢。

为了方便教师教学，本书配有电子教学课件，请有此需要的教师登录华信教育资源网（www.hxedu.com.cn）注册后免费下载，如有问题可在网站留言板留言或发邮件到 hxedu@phei.com.cn。

由于网络系统集成技术发展迅速，加之编者水平有限，书中不足之处在所难免，敬请读者批评指正。

编　者

目 录

项目 1 网络系统集成概述 1

  任务 1.1 制作网络建设项目工程文档 2
    1.1.1 网络系统集成的概念 3
    1.1.2 网络系统集成的工作任务 3
    1.1.3 网络系统集成模型 4
    1.1.4 网络系统集成的具体内容 5
    1.1.5 网络系统集成的实施步骤 6
  任务 1.2 制作网络从业人员岗位职责说明书 8
    1.2.1 网络系统集成的主体结构 8
    1.2.2 网络系统集成的资质条件 9
    1.2.3 网络从业人员的必备素质 10
    1.2.4 网络从业人员的岗位职责 11

项目 2 网络需求分析 14

  任务 2.1 开展网络需求调查 16
    2.1.1 网络需求分析与网络需求调查的必要性 17
    2.1.2 网络需求调查方法和内容 18
  任务 2.2 分析网络需求调查结果 23
    2.2.1 问题的确认和描述 24
    2.2.2 分析需求信息 24
    2.2.3 总结网络需求数据 26
  任务 2.3 制作网络需求说明书 28
    2.3.1 分析项目可行性 28
    2.3.2 数据准备 29
    2.3.3 网络需求说明书的制作 29
    2.3.4 网络需求说明书的变更 31

项目 3 网络工程设计 33

  任务 3.1 认识网络工程项目建设 35
    3.1.1 网络工程设计的目标与原则 36
    3.1.2 网络体系结构设计 38

任务 3.2 选择网络技术 42
    3.2.1 网络技术选择概述 42
    3.2.2 以太网技术 43
任务 3.3 隔离局域网广播域 47
    3.3.1 VLAN 实现途径 47
    3.3.2 VLAN 的分类 48
    3.3.3 本地 VLAN 和端到端 VLAN 48
    3.3.4 VLAN 间的通信 49
    3.3.5 VLAN 规划原则 51
    3.3.6 VLAN 规划建议 52
    3.3.7 VLAN 规划要点 52
任务 3.4 规避交换网络环路 54
    3.4.1 生成树（STP）技术 55
    3.4.2 快速生成树（RSTP）技术 59
    3.4.3 多生成树（MSTP）技术 60
任务 3.5 增强交换网络可靠性 64
    3.5.1 链路聚合技术概述 64
    3.5.2 链路聚合技术的应用 66
任务 3.6 规划网络拓扑结构 69
    3.6.1 网络拓扑结构类型 69
    3.6.2 网络层次设计模型 69
    3.6.3 网络拓扑结构设计原则 71
    3.6.4 网络拓扑结构设计内容 73
    3.6.5 网络拓扑结构设计案例 73
任务 3.7 规划网络地址 76
    3.7.1 管理 IP 地址 77
    3.7.2 设计域名 81
任务 3.8 扩展网络地址 85
    3.8.1 网络地址转换（NAT）简介 85
    3.8.2 规划与设计 NAT 88
任务 3.9 构建互联网络 90
    3.9.1 设计静态路由 92
    3.9.2 设计 RIP 动态路由 97
    3.9.3 设计 OSPF 动态路由 102

项目 4 网络安全设计 115
任务 4.1 认识网络系统安全 117
    4.1.1 网络安全基本问题 118

	4.1.2 网络安全体系框架	119
	4.1.3 网络安全分层保护	121
	4.1.4 网络安全设计原则	121
	4.1.5 网络安全设计过程	122
任务 4.2	实施网络设备的安全访问	128
	4.2.1 访问网络设备的方式	128
	4.2.2 保护网络设备的物理安全	128
	4.2.3 配置健壮的系统访问密码	129
	4.2.4 远程访问网络设备的安全配置	131
任务 4.3	保护接入层网络访问安全	136
	4.3.1 局域网安全保护机制简介	137
	4.3.2 规划与实施端口安全机制	138
	4.3.3 使用 802.1X 实现安全访问控制	139
任务 4.4	监控网络设备运行状态	144
	4.4.1 系统日志和网络时间协议概述	145
	4.4.2 系统日志信息格式简介	145
	4.4.3 流量分析工具 NetFlow	146
	4.4.4 部署网络安全监控工具	147
任务 4.5	实施网络资源的访问控制	150
	4.5.1 ACL 概述	151
	4.5.2 ACL 设置规则	153
	4.5.3 ACL 匹配操作	153
	4.5.4 ACL 配置命令简介	155
任务 4.6	保护网络边界安全	161
	4.6.1 防火墙概述	161
	4.6.2 部署防火墙	163
任务 4.7	部署入侵检测和防护系统	169
	4.7.1 IDS 与 IPS 的分类	170
	4.7.2 部署 IDS 与 IPS	171
任务 4.8	提高数据传输安全性	176
	4.8.1 VPN 技术的分类	176
	4.8.2 部署 VPN	178
项目 5 网络工程项目组织与实施		190
任务 5.1	选择网络设备	192
	5.1.1 了解网络设备产品的方法	192
	5.1.2 选择网络设备生产商	193
	5.1.3 选择网络设备产品的型号	193

　　　　5.1.4　选择交换机 194
　　任务 5.2　管理网络工程项目 198
　　　　5.2.1　项目管理团队 198
　　　　5.2.2　控制施工进度 199
　　任务 5.3　调试网络工程设备 202
　　　　5.3.1　网络实施前的准备工作 202
　　　　5.3.2　网络设备的调试方法 206
　　　　5.3.3　网络设备的配置 208

项目 6　网络工程测试与验收 211
　　任务 6.1　测试网络工程项目各项指标 213
　　　　6.1.1　测试前的准备工作 213
　　　　6.1.2　测试标准及规范 213
　　　　6.1.3　网络系统性能测试 214
　　　　6.1.4　网络系统功能测试 214
　　　　6.1.5　应用系统测试 217
　　任务 6.2　验收网络工程项目建设质量 221
　　　　6.2.1　网络工程项目验收的工作流程 221
　　　　6.2.2　网络工程项目验收的内容 222
　　　　6.2.3　网络工程项目验收文档 223
　　　　6.2.4　交接与维护 224

参考文献 227

项目 1 网络系统集成概述

项目引例

我国的互联网发展始于 20 世纪八九十年代,虽较世界晚了近 20 年,但至今已经成为互联网的引领者之一。网络事业代表着新的生产力和发展方向,全面拓展了人类发展空间,并对世界经济社会发展和竞争产生了新的影响。在新一代信息技术的驱动下,第 4 次工业革命浪潮扑面而来,工业文明正向数字文明飞跃。为了加快新型基础设施建设,我国首次提出了"新基建"的含义和内容,从而吹响了"新基建"的号角。"新基建"是以新兴信息技术为代表,以技术化、智能化、数据化、网络化为支撑的基础设施,它是科技创新的"新基建",正推动和加速智能经济的到来,是通往人类数字文明的桥梁。

案例思考:"新基建"主要涉及哪些领域?传统互联网是否存在基建属性?"新基建"与传统互联网是否存在关联?企业如何在新的时代背景下顺势而为,合理建设网络平台?

案例启示:传统互联网的核心价值在于"信息的联通",如果把传统互联网比作高铁,把工业互联网、物联网等新技术比作城际高铁,我们大致就能理解传统互联网的定位以及它未来的价值。

扫一扫

微课:新基建拓展新空间

学习目标

【知识目标】

- 了解网络系统集成的基本概念。
- 了解网络系统集成的主要内容。
- 掌握网络系统集成的体系结构。
- 掌握网络从业人员的职业素养和岗位职责。

【能力目标】
- 能够描述网络系统集成的实施步骤。
- 能够描述网络系统集成的工作任务。

【素养目标】
- 引导学生增强建设网络强国的信心和民族自豪感。
- 引导学生提高职业认同感和职业素养。

学习提示

本项目思维导图如图 1-1 所示。本项目包含总领全书的概述性内容，主要介绍网络系统集成的概念、特点、工作任务、实施步骤和体系结构，以及申请网络系统集成资质的条件和成为合格网络系统集成商的必备条件。通过本项目的学习，学生可以了解和掌握网络系统集成的主要工作，对网络系统集成有一个总体性的了解和把握。

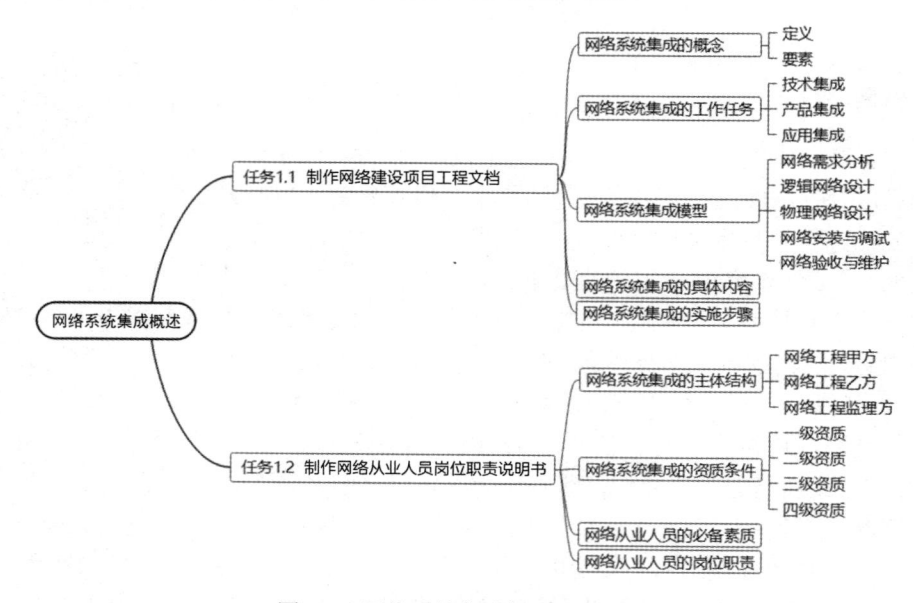

图 1-1 网络系统集成概述思维导图

任务 1.1 制作网络建设项目工程文档

任务描述

（1）每 3～5 人一组，选举一名组长。

（2）参照"×××单位网络系统建设方案"，利用 Microsoft Word 2016 和 Visio 2016 制作网络系统集成项目工程文档。

（3）每组提交一份实训报告，制作 PPT 或微视频，将现场表达时间控制在 8 分钟内。

知识准备

1.1.1 网络系统集成的概念

网络系统集成的概念有 3 个层次，即网络、系统、集成。

（1）网络的概念。

这里提到的网络，指的是计算机网络，如校园网、园区网、企业网等。从计算机网络的概念来看，它含有系统集成成分，但不具有更专业的技术和工艺。

（2）系统的概念。

系统是为实现特定功能，以达到某一目标而构成的一个相互关联的集合体。计算机网络中的计算机、交换机、路由器、防火墙、系统软件、应用软件、通信介质等就是一个有机的、协调的集合体。

（3）集成的概念。

集成是指将一些孤立的事物和元素通过某种方式集中在一起，产生有机的联系，从而构成一个有机整体的过程和操作方法。因此，集成是一个过程、方法和手段。

到目前为止，关于什么是网络系统集成还没有一个严格的、统一的定义。一种较为流行的定义是：网络系统集成是指以用户的网络应用需求和投资规模为出发点，合理选择各种软硬件产品和应用系统等，并将其组织成一体，使之成为能够满足用户的实际需要，并且具有高性价比的计算机网络系统的过程。

从网络系统集成的通行定义可知，网络系统集成包含以下要素。

- 目标：系统生命周期中与用户利益始终保持一致的服务。
- 方法：先进的理论+先进的手段+先进的技术+先进的管理。
- 对象：计算机及通信硬件+计算机软件+计算机使用者+管理。
- 内容：计算机网络集成+信息和数据集成+应用系统集成。

必须明确指出的是，网络系统集成既不是一套系统，也不是一堆计算机硬件，更不是一套软件；而是一种开放系统和标准化过程，是一种观念、思想和管理方法，是一种系统的规则、实施方法和策略。

注意：系统集成与网络系统集成之间的关系是：系统集成涉及的应用范围比较广，不仅包括计算机网络通信、语音通信，还包括监控、消防、水电和保安系统等；而网络系统集成只是整个"系统集成"的一部分，侧重于计算机网络通信，主要包含计算机网络设计和网络组建两部分。

1.1.2 网络系统集成的工作任务

网络系统集成不是各种硬件和软件的堆积，而是一种在系统整合、系统再生产过程中满足客户需求的增值服务，是一个价值再创造的过程。从工程角度来看，网络系统集成包括 3 方面的任务——技术集成、产品集成和应用集成，如图 1-2 所示。

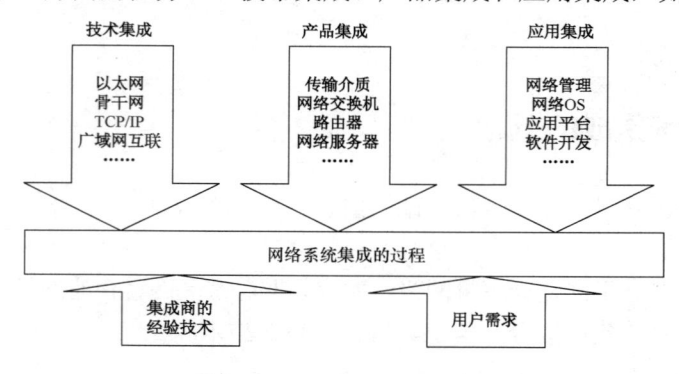

图 1-2　网络系统集成的过程

1. 技术集成

各种计算机网络技术（如以太网技术、网络接入技术、光以太网通信技术等）的快速发展使得网络技术体系更加纷繁复杂，导致建网单位、普通网络用户和一般技术人员难以对其进行掌握和选择。这就要求必须有一种角色能够熟悉各种网络技术，能完全从客户应用和业务需求入手，充分考虑技术的发展变化，帮助用户分析网络需求，并根据用户需求特点去选择所采用的各项技术，从而为用户提供解决方案和网络系统设计方案，这个角色就是系统集成商。

2. 产品集成

每一项技术标准的诞生，都会带来一大批丰富多样的产品，而每个公司的产品都自成系列且有着功能和性能上的差异。事实上，几乎没有一个专业网络公司能为用户解决从方案到应用的所有问题。系统集成商则不同，它会根据用户的实际需求和经济能力，帮助用户完成软硬件设备的选型与配套工程施工等产品集成工作。

3. 应用集成

用户需求各不相同、各具特色，产生了很多面向不同行业、不同层次的网络应用，如 Intranet、Extranet、Internet 应用，数据、语音、视频一体化等。这些不同的应用系统需要不同的网络平台，这就需要系统集成技术人员用大量的时间进行用户调查和应用模型分析，反复论证一体化的解决方案并付诸实施。

课堂讨论：网络系统集成的复杂性体现在哪些方面？网络系统集成与房屋装修是否存在相通之处？

1.1.3　网络系统集成模型

网络系统集成模型如图 1-3 所示，它用来指出设计和实现网络系统的阶段划分及各阶段之间的联系，体现了系统化的工程方法，便于设计和施工，同时强调了技术文档的作用，各部分的联系反映了网络工程实施的灵活性和适应性。网络系统集成模型具有加快网络系统建设速度、分工明确、职责清晰、提供交钥匙解决方案、实现标准化配置、所选取的设备及建设方法具有开放性等特点。

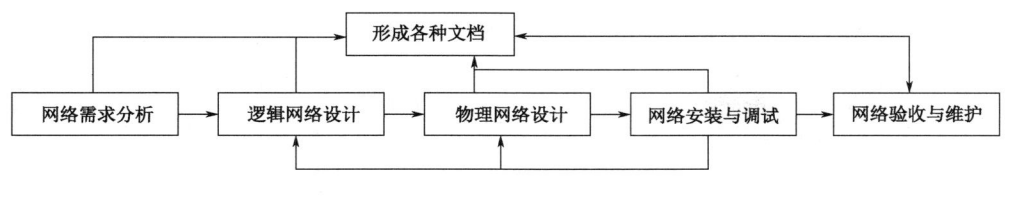

图 1-3 网络系统集成模型

1. 网络需求分析

网络需求分析用来确定该网络系统支持的业务、完成的网络功能、达到的性能等。网络需求分析的内容涉及 3 个方面：网络的应用目标、网络的约束条件与网络的通信特征。这需要系统集成技术人员全面细致地考察整个网络环境。网络需求包括网络应用需求、用户需求、计算机环境需求、网络技术需求等。

2. 逻辑网络设计

什么是逻辑网络设计？以作一双布鞋为例，假设要为某一个人作一双布鞋，则应先照他的脚画出一个"鞋样"，形成"鞋样"的过程就是逻辑网络设计。逻辑网络设计主要有 4 个步骤：确定逻辑网络设计目标、评价网络服务、评价技术选项、进行技术决策。逻辑网络设计需要确定的内容有：网络拓扑结构是采用平面结构还是层次结构、如何规划 IP 地址、采用何种路由协议、采用何种网络管理方案，以及网络安全方面的考虑。

3. 物理网络设计

什么是物理网络设计？还是以作一双布鞋为例，物理网络设计就是根据"鞋样"制作鞋子，包括选择鞋底、鞋面材料，以及按工序制作。物理网络设计涉及网络环境设计、综合布线系统设计、网络机房系统设计、供电系统设计、网络技术选择及网络设备选型等。

4. 网络安装与调试

网络安装与调试是指依据逻辑网络设计和物理网络设计，按照设备连接图和施工阶段图进行组网。在组网的施工过程中进行阶段测试，整理各种技术文档资料，在施工安装、调试及维护阶段做记录，尤其要记录每次出现的问题是什么、问题的原因是什么、问题涉及哪些方面、解决问题所采用的措施和方法及以后如何避免类似的问题发生，为以后建设计算机网络积累经验。

5. 网络验收与维护

网络验收与维护的主要工作内容是给网络端节点设备加电，通过网络将其连接到服务器，运行网络应用程序，对网络是否满足需求进行测试和检查。

1.1.4 网络系统集成的具体内容

不同的网络系统集成建设项目所包含的具体内容是不同的，通常包含如下内容。

（1）需求分析：了解用户建设网络系统的目的和具体需求，包括应用类型、网络覆盖区域、区域内建筑物布局与周边环境、用户带宽要求、各应用部门的流量特征等。

（2）网络系统方案设计：确定网络主干和分支所采用的网络技术、进行网络拓扑结构设计、地址分配方案设计、冗余设计、网络安全设计，以及网络资源配置和接入方式选择等。

（3）设备选型：根据技术方案进行设备选型，包括网络设备选型、服务器设备选型以及其他设备选型。

（4）综合布线系统设计与网络工程实施：包括综合布线系统设计、综合布线系统施工、网络设备安装与调试。

（5）软件平台搭建：包括网络操作系统安装、数据库系统安装、网络基础服务平台搭建、网络安全系统安装等。

（6）应用软件开发：根据用户需求购买或开发各种应用软件。

（7）网络系统测试与验收：包括综合布线系统测试、网络设备测试、网络基础服务平台测试、网络运行状况测试、网络安全测试、配合建设方和监督方完成验收等。

（8）用户培训：对网络系统管理员、网络业务用户进行系统应用与维护方面的培训。

（9）网络运行技术支持：根据双方合同约定，对用户在网络系统应用过程中出现的技术问题和系统故障进行维护。

1.1.5 网络系统集成的实施步骤

网络系统集成的实施步骤如图 1-4 所示。需要注意的是，并不是所有的计算机网络工程项目都要严格遵守 1.1.4 节中的内容，小项目可以跳过一些步骤。例如，在小型办公网络工程项目中，用户调查和需求分析就不需要像本书项目 2 中介绍的那样全面，物理网络设计也不需要考虑其他弱电系统等。总之，一定要根据实际网络规模、用户需求特点等因素具体分析需要实施的步骤，不可死守流程。

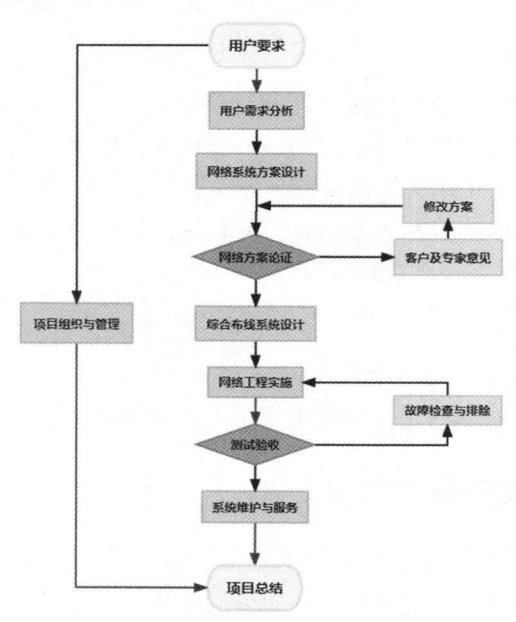

图 1-4 网络系统集成实施步骤

知识考核

1. 网络系统集成不包括（　　）。
   A．网络软硬件产品集成　　　　B．网络技术集成
   C．网络应用集成　　　　　　　D．网络工程
2. （　　）是网络需求分析的重要组成部分。
   A．成本效益分析　　　　　　　B．成本分析
   C．效益分析　　　　　　　　　D．需求分析
3. 网络开发过程包括网络需求分析、逻辑网络设计、物理网络设计、网络安装与调试和网络验收与维护共 5 个阶段。以下关于网络开发过程的叙述中，正确的是（　　）。
   A．网络需求分析阶段应尽量明确用户需求，输出需求规范、通信规范
   B．在逻辑网络设计阶段，设计人员一般更加关注网络层的连接图
   C．物理网络设计阶段要输出网络物理结构图、布线方案、IP 地址方案等
   D．网络安装与调试阶段要确定设备和部件清单、安装测试计划，进行安装调试
4. 在网络开发过程的 5 个阶段中，网络物理结构图和布线方案是在（　　）阶段确定的。
   A．网络需求分析　　　　　　　B．逻辑网络设计
   C．物理网络设计　　　　　　　D．通信规范设计
5. 逻辑网络设计的内容不包括（　　）。
   A．逻辑网络设计图
   B．IP 地址方案
   C．具体的软硬件、广域网连接和基本服务
   D．用户培训计划

任务实施

扫描二维码查看"网络工程文档参考模板"，包括封面、目录、正文、标题、段落、页眉、页脚、插图等版式要素。制作网络系统集成项目工程文档的基本步骤如下。

（1）制作封面。

进入 Word 软件界面，按示例文档制作文档封面。在封面页末插入分节符。封面应作为独立的节进行编辑。

（2）设计文档结构。

按示例文档结构输入相关内容。

（3）设计正文版式。

按示例文档样式，设置四级标题。插入正文部分的页眉和页脚，在编辑页眉和页脚时，需去掉与前一节的链接关系。正文应作为独立的节进行编辑。

（4）绘制 Visio 插图。

利用 Visio 2016 软件绘制一个网络结构图，选中所需的图形元素，复制并粘贴到 Word 文档中的相应位置。在绘制网络结构图时，图中的交换机、路由器、服务器、防火墙等图形符号可在形状符号集中选取。

任务评价

1. 考查项

网络系统集成项目工程文档、PPT 或微视频、现场表达。

2. 评价标准

（1）网络系统集成项目工程文档、PPT 或微视频等制作精良，内容紧扣主题，表述恰当正确，逻辑顺畅，整体风格统一，图文并茂。

（2）现场表述逻辑清晰、语言流畅、情绪饱满，有自己的观点，能够帮助同学们开阔视野，并且引发思考或情感共鸣。

任务 1.2 制作网络从业人员岗位职责说明书

任务描述

针对网络系统集成岗位，通过招聘网站搜索引擎进行信息资料收集，样本数量不少于 30 个，对收集的信息进行总结提炼，编制网络从业人员岗位职责说明书。

知识准备

1.2.1 网络系统集成的主体结构

网络工程建设是一项复杂的系统工程，通常有多个主体参与，主要包括需要建设计算机网络的单位、网络工程设计单位、网络工程施工单位和网络工程监理单位等。因为网络工程建设不是简单的设备连接，而是一个技术再开发的过程，所以网络工程设计单位和施工单位通常是同一个单位。一般的网络工程采用"三方结构"模型，即网络工程甲方、网络工程乙方和网络工程监理方，如图 1-5 所示。

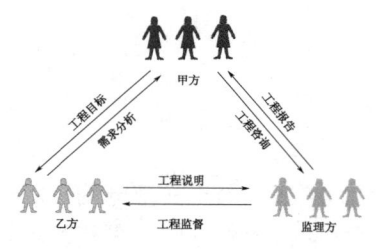

图 1-5 网络工程三方结构

注意：网络工程与网络系统集成之间的关系如下。

网络工程包括质量管理、网络项目管理与控制、网络工程的方法和工具。网络工程的方法和工具就是网络系统集成，它是网络工程的核心。

1. 网络工程甲方

网络工程甲方是需要建设计算机网络的单位，也称用户。它是网络工程的提出者和投资方，如校园网工程中的学校。甲方的人员组成主要包括行政联络人和技术联络人。行政联络人是甲方的工程负责人，一般由甲方的行政领导担任，负责甲方的组织协调工作。技术联络人是甲方的工程技术负责人，对于工程中的相关技术问题，乙方和监理方可以与甲方技术联络人协调。甲方的职责是编制标书、组织招标和投标、监督工程、组织专家对网络工程进行可行性方案论证等。

2. 网络工程乙方

网络工程乙方是网络工程的承建者。例如，校园网工程由 A 公司承建，则 A 公司就是网络工程乙方。有时候，由于网络工程的工作量比较大，经常由多个公司共同承担网络工程的建设任务，因此会存在多个乙方。乙方的主要负责编制投标书、签订工程合同、进行用户需求调查、规划设计、制订实施计划、产品选型、系统集成和合同规定的其他工作。

3. 网络工程监理方

网络工程监理的目的是帮助用户建设性价比更高的网络系统，包括网络工程建设过程中的前期咨询、网络方案论证、系统集成商确定、工程质量控制等服务。提供工程监理服务的机构就是监理方，其人员组成包括总监理工程师、监理工程师、监理人员等。网络工程监理方的主要职责是帮助用户做好需求分析、选择好的系统集成商、控制工程进度、控制工程质量、做好各项测试工作等。

1.2.2 网络系统集成的资质条件

计算机系统集成商要想获得网络工程项目的建设任务，必须取得相应的系统集成资质。目前，计算机信息系统集成资质分为 4 个等级，在招标、投标过程中对乙方的资质均有明确规定。

（1）一级资质：具有独立承担国家级、省（部）级、行业级、地（市）级（及其以下）、大中小型企业级等各类计算机信息系统建设的能力。

（2）二级资质：具有独立承担省（部）级、行业级、地（市）级（及其以下）、大中小型企业级或合作承担国家级计算机信息系统建设的能力。

（3）三级资质：具有独立承担中小型企业级或合作承担大型企业级（或相当规模）计算机信息系统建设的能力。

（4）四级资质：具有独立承担小型企业级或合作承担中型企业级（或相当规模）计算机信息系统建设的能力。

1.2.3　网络从业人员的必备素质

2022年1月5日，《互联网行业从业人员职业道德准则》（以下简称《准则》）由中国网络社会组织联合会正式发布。《准则》从行业自律的角度为网络从业人员自觉规范职业行为、加强职业道德建设提供了依据和指南，有利于营造良好的网络生态环境，推动互联网行业健康发展。《准则》以"引领""倡导"的方式强调网络从业人员对伦理规范的自发教育与自我约束，既在一定程度上弥补了网络空间立法的滞后性，也彰显了网络从业人员的主体性和道德意识。《准则》从政治、法律、道德、诚信、奉献、科技共6个层面明确了网络从业人员的职业道德规范，体现了鲜明的方向性、规范性、职业性和道德性。

1. 意识形态层面坚持爱党爱国

坚持爱党爱国是守好国家安全、保证新时代网信事业有序发展的红线、底线和根本遵循。它要求网络从业人员拥护党的路线、方针、政策，深刻理解网络强国与全面建设社会主义现代化国家、实现中华民族伟大复兴的内在关联，为建设网络强国而努力。

2. 法律层面遵纪守法

法律是道德的底线，网络从业人员应遵守宪法，熟知并践行互联网行业相关法律和规定，明确所在岗位的行为边界，在维护自身知识产权、企业名誉权等权益的同时，自觉接受行业监管，积极承担信息内容管理、直播营销、算法安全等主体责任，拒绝利用互联网从事任何侵犯他人和企业合法权益及危害国家安全的违法活动。

3. 伦理道德层面坚持价值引领

网络从业人员的职业行为与网络文化构建、网络舆论走向、网络社会风气等息息相关，对广大网民有潜移默化的价值引导作用。自觉加强网络内容建设，培育积极健康、向上向善的网络文化；秉持社会效益优先原则，提升主流价值引领是互联网行业从业人员践行社会主义核心价值观的重要体现。

4. 诚信从业层面坚持诚实守信

诚信是立身之本，也是行业之基。网络从业人员的诚信不仅关乎其个人的职业生涯发展，还对行业声誉、企业品牌有很大影响。大数据、人工智能等技术催生出互联网行业新兴业态的发展，也对诚信从业提出了更高要求。尊重网民或消费者的权益，真实、准确、完整地披露相关信息；自觉抵制弄虚作假、误导欺骗、恶意营销等行为；与对手合法公平竞争，珍视行业信誉与职业声誉等都是题中应有之义。

5. 敬业奉献层面坚持服务意识和奉献精神

面对信息技术的更新迭代，自觉提升网络素养和专业技能日益成为网络从业人员职业生涯的重要内容。网络从业人员要积极关注网民诉求和社会需求，以服务意识和奉献精神立足岗位、精益求精，实现公共价值和个人价值、社会效益和经济效益的统一。

6. 技术层面坚持科技向善

科技是把双刃剑，它在推进人类文明进程和社会发展的同时，也带来不可预测的风险——隐私泄露、算法黑箱、数据滥用、平台垄断等现象危害着公共利益和公民权利。坚守技术伦理，让科技造福百姓和社会成为互联网行业面临的重要课题。具体来说，要尊重用户，合法合规使用数据；要算法透明，自觉接受行业监督；要反对"流量至上"，促进互联网业态的公平竞争和健康发展。

1.2.4 网络从业人员的岗位职责

网络系统集成工作的核心是系统软件、网络设备和网络安全的部署与实施。据不完全统计，目前全国已有数百万人从事网络系统集成工作，这是一个非常庞大的群体。在智联招聘网站上以"网络系统集成"作为关键词搜索招聘信息并进行分析，得到的网络系统集成岗位包括售前网络工程师、售后网络工程师、网络实施工程师、网络运维工程师和系统集成项目经理等。其职业发展遵循互联网行业的一般规律，成长路径为管理员、工程师、高级工程师、经理和总监。网络系统集成项目经理的工作职责如下。

（1）负责系统集成设计和开发全过程的组织、协调、实施工作。
（2）负责系统集成安装现场施工、联调、测试及工作环境的控制。
（3）负责集成项目售后应急事件的响应。
（4）负责对客户进行系统集成使用、维护等内容的培训。
（5）负责对实现产品符合性所需的硬件设施和工作环境的控制。
（6）组织编写项目解决方案、系统集成方案。

知识考核

扫一扫

微课：岗位职责说明书模板

1．请简要叙述计算机信息系统集成资质等级是怎样划分的。
2．请画出网络系统集成的参考模型并描述各层次的主要功能。
3．网络系统集成主体结构中的甲方、乙方、监理方各自的职责有哪些？

任务实施

在对网络从业人员岗位职责形成初步认识的基础上，通过实训活动，进一步掌握网络系统集成岗位的具体职责和任职要求。

（1）教师演示。
教师演示如何通过招聘网站搜索引擎查找所需信息。
（2）收集信息。
小组通过招聘网站收集信息资料，样本数量不少于 30 个。
（3）编制网络从业人员岗位职责说明书。
小组成员对收集结果进行总结提炼，编制网络从业人员岗位职责说明书，可扫描二维码参考"岗位职责说明书模板"。

任务评价

1. 考查项

PPT 或微视频、现场表达。

2. 评价标准

（1）PPT 或微视频等制作精良，内容紧扣主题，表述恰当正确，逻辑顺畅，整体风格统一，图文并茂。

（2）现场表述逻辑清晰，语言流畅，情绪饱满。

（3）鼓励对所选择的话题有一定程度的内容延伸，做到与世界关联、与社会关联、与未来关联。

直通职场：网络系统集成项目经理任职要求

（1）计算机、网络相关本科及以上学历。

（2）具有 3 年及以上的网络、服务器、存储、虚拟化、云计算、容灾备份和信息安全等相关现场实施和维护经验。熟练掌握华为、思科、华三、锐捷等网络设备，HP、DELL 等服务器设备的安装、调试、维护，具备故障分析、判断、解决能力。

（3）具备中大型 IT 系统建设整体解决方案的编写、实施和交付能力。熟练掌握 Visio 2016 等绘图软件和架构设计。

（4）熟悉厂家相关方案和产品，能按需求进行产品选型和编写技术方案。

（5）拥有 HCIE、CCIE、工信部项目经理证书者优先，通过 ITIL、PMP 等相关专业认证者优先。

行业观察：几种典型新一代信息技术之间的关系

图 1-6 中有两张网——互联网和物联网，这两张网用来将世界上所有事物和信息联系起来，为何要联系起来呢？因为将事物和信息联系起来之后，数据才有关联，数据有关联才能产生更大的价值。例如，一辆车的位置数据没有太大价值，但几千辆车的位置数据关联起来，就可以用来判断路面拥堵情况，也可以用于交通调度。

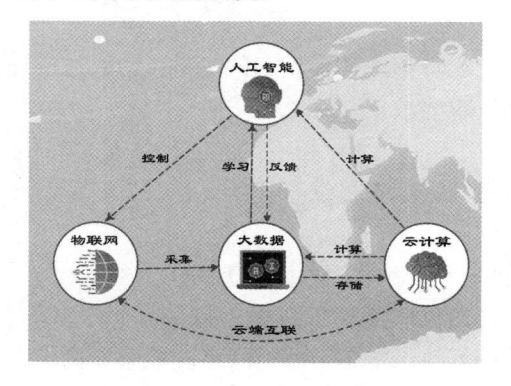

图 1-6　典型新一代信息技术与互联网之间的关系

物联网和互联网会产生大量的数据，这些数据需要通过一个地方集中存储和处理，这就必须用到云计算了。如果没有云计算，那么每一辆车产生的数据都要部署一台独立的服务器来接收，成本和复杂性将无法估计。云计算的作用就是将海量数据集中存储和处理。

在海量数据上传到云计算平台之后，自然就需要对数据进行深入分析，这就是大数据的目的，将几千辆车的位置数据综合起来分析出某条路的拥堵状况。

人工智能负责挖掘数据，它会在大数据的基础上做进一步处理。人工智能会先分析数据，然后根据分析结果做出行动，其应用场景有无人驾驶、自动医学诊断等。

项目2 网络需求分析

项目引例

2023年3月2日，中国互联网络信息中心（CNNIC）在北京发布第51次《中国互联网络发展状况统计报告》（以下简称《报告》）。《报告》显示，截至2022年12月，我国网民规模为10.67亿，互联网普及率达75.6%。在网络基础资源方面，截至2022年12月，我国域名总数为3440万个，其中，".CN"域名数为2010万个；IPv6地址数量为67369块/32，较2021年12月增长6.8%。在信息基础设施建设方面，截至2022年12月，我国千兆光网具备覆盖超过5亿户家庭的能力，已累计建成开通5G基站231.2万个，实现了"市市通千兆""县县通5G"。三家基础电信企业的固定互联网宽带接入用户总数达5.9亿户，比上年末净增5386万户，其中100Mbit/s及以上接入速率的固定互联网宽带接入用户达5.54亿户，占总用户数的93.9%。三家基础电信企业发展蜂窝物联网终端用户18.45亿户。

另外，在网民规模方面，我国网民规模持续稳定增长，较2021年12月新增网民3549万，互联网普及率达75.6%，较2021年12月提升2.6个百分点；农村地区互联网基础设施建设全面强化，农村地区互联网普及率为61.9%，较2021年12月提升4.3个百分点。在网络接入环境方面，网民人均每周上网时长为26.7个小时，网民使用手机上网的比例为99.8%，使用台式电脑、笔记本电脑、电视和平板电脑上网的比例分别为34.2%、32.8%、25.9%和28.5%。

案例思考：为何我国的互联网行业增长势头如此强劲？我国互联网行业在核心技术领域取得了哪些新进展？归纳说明互联网用户有哪些网络应用方面的需求？

扫一扫

微课：《中国互联网络发展状况统计报告》

案例启示：随着网络技术与网络业务的飞速发展，以及用户对网络资源需求的飞速增长，网络变得越来越复杂。无论是新建网络，还是升级改造网络，网络系统集成工程师都遵循一个相同的原则，这个原则的实质是客观地决定一个特定的数据通信系统是否满足一个企业及其用户的需求。需求分析是任何一个网络工程项目实施的第一个环节，也是关系到网络工程项目成功与否的重要环节。

学习目标

【知识目标】

- 了解网络需求分析和网络需求调查的必要性。
- 了解网络需求调查的方法和主要内容。
- 掌握网络需求分析的主要内容。

【能力目标】

- 能够开展网络需求调查。
- 能够收集用户的网络需求。
- 能够编制网络需求说明书。

【素养目标】

- 引导学生养成"守底线、守法纪"的职业素养。
- 培养学生严谨细致、精益求精的工匠精神。

学习提示

本项目的思维导图如图 2-1 所示。需求分析是用来获取和确定系统需求和业务需求的方法，是关系到一个网络系统成功与否的重要砝码，如果网络系统应用的需求及趋势分析做得透彻，网络方案就会"张弛有度"，系统架构搭建得好，网络工程实施及网络应用实施就相对容易得多；反之，如果没有就需求与用户达成一致，"蠕动需求"就会贯穿整个项目始终，并破坏项目计划。需求分析是整个网络设计过程中的难点，需要由经验丰富的网络设计人员来完成，主要目的是完成用户的网络需求调查，了解用户的建网需求，为下一步制定网络方案打下基础。

本项目分为 3 个任务：开展网络需求调查、分析网络需求调查结果、制作网络需求说明书。它们之间的关系是：网络需求调查为网络需求分析提供基本素材，网络需求说明书（用户认可的网络需求分析文档）是网络需求分析阶段的工作成果。

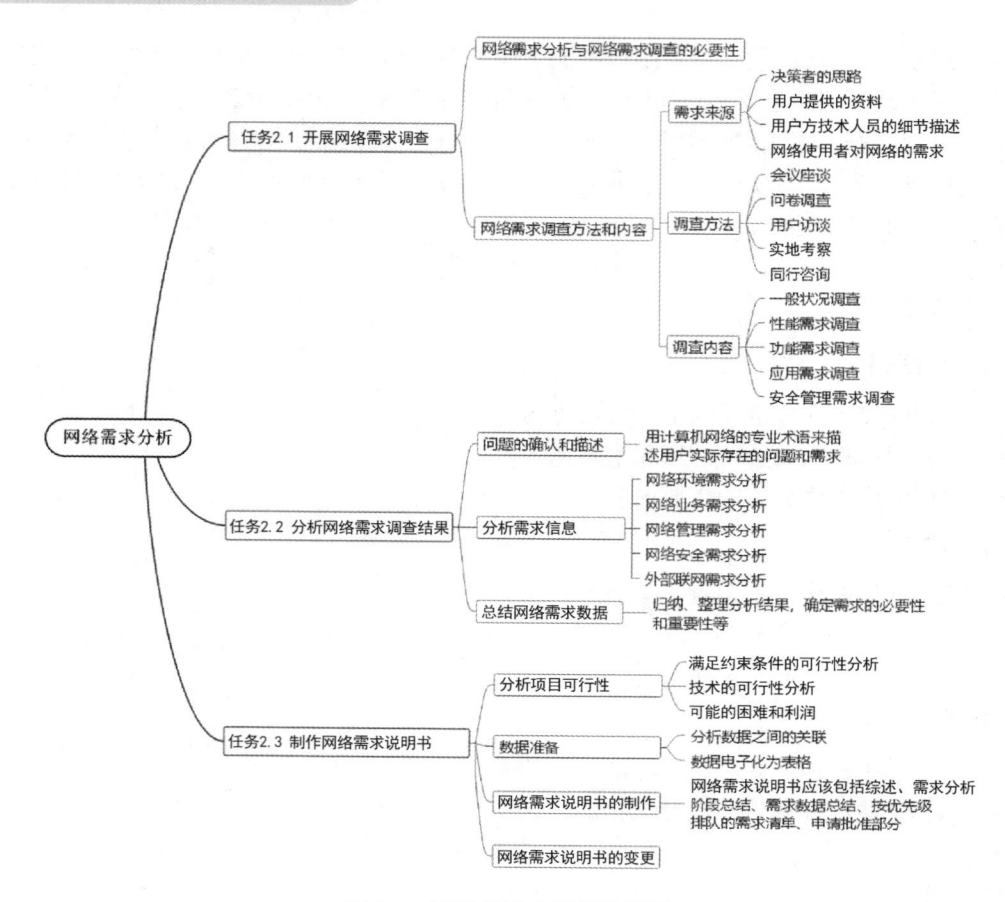

图 2-1　网络需求分析思维导图

任务 2.1　开展网络需求调查

任务描述

某钢铁股份有限公司总部位于重庆市郊区，主要负责生产，有计算机用户 115 人。公司设立了一个分支机构，该机构位于市中心，主要负责销售，有计算机用户 15 人。公司计划实现企业生产和销售的信息化管理，并分期完成。首期投入资金 50 万元，用于网络系统的基础建设，完成企业内部计算机用户的网络互联；以后逐步完成网站建设、企业信息系统管理、生产管理和控制等。

（1）每 3～5 人为一小组，选举 1 名小组长。
（2）在进行网络调查之前，每组须分配好所承担的角色。
（3）在调查的过程中，保存好文档、图片或视频等资料。
（4）制作 PPT，分组进行录演。

知识准备

2.1.1 网络需求分析与网络需求调查的必要性

网络需求调查与网络需求分析是推动项目工程建设的基本动力,用户参与是避免期望差异的唯一途径,这一期望差异主要表现在用户希望得到的系统与开发者所设计的系统不相符,导致重复工作、延误工期或资金超支等不利结果。

注意:网络需求分析和网络分析是不同的概念。网络分析是指对网络中所有传输的数据进行检测、分析、诊断,帮助用户排除网络故障,规避安全风险,提高网络性能,增强网络可用性;网络分析是网络管理的关键,也是最重要的技术之一。网络需求分析是网络系统集成中网络工程设计的基础,是网络工程设计过程中获取和确定系统需求的过程和方法,它的基本任务是准确地回答"待建网络系统必须做什么"。

1. 网络需求调查要解决的问题

网络需求调查主要解决以下问题。

(1)建网动因:回答为什么需要进行相关的网络设计,可以从管理、生产、科研、经营、政治、行政命令、时间等方面回答。

(2)应用需求:所建设的网络应包括传统的通用网络系统,与业务、生产、管理相关的应用系统,以及需要解决的具体的实际问题。

(3)网络覆盖范围:包括地理范围、使用者范围和数量,主要回答网络范围有多大。

(4)建网约束条件:包括政策性条件、规范性约束条件,即定量条件、定性条件和经费约束条件等。

(5)内外网通信条件:回答目前已有或可用的通信条件,即目前状况如何。

2. 网络需求调查为网络需求分析提供基本素材

在项目初始阶段,用户常常不知道自己的真正需求,网络设计人员也不知道。另外,需求本身是一个动态的过程,离开了能动的、变化的系统进程而空谈需求,无异于纸上谈兵。需求调查恰如裁缝的量体裁衣,它直接关系到最终产品的成形,如果一个产品满足了用户需求,那么这个产品无疑是成功的。用户提出的需求特性并不总是与他们在利用新系统处理任务时所需的功能等价。在收集到用户的意见之后,网络设计人员必须先分析、整理这些意见,直到理解为止,并把理解的内容写成文档,然后与用户一起探讨,这是一个反复的过程,需要花费大量时间。

3. 网络需求分析为项目设计提供基本依据

网络需求分析有助于网络设计人员更好地理解网络应用应该具备的功能和性能,最终设计出符合用户需求的网络。网络需求分析为网络设计人员提供以下依据。

(1)更好地评价网络体系。

(2)能够客观地做出决策。

(3)提供完美的交互功能。

（4）提供网络的移植功能。

（5）合理使用用户的资源。

2.1.2 网络需求调查方法和内容

需求调查与分析的目的是从实际出发，通过现场实地调查，收集第一手资料，取得对整个项目的总体认识，为项目总体规划设计打下基础。初学者认为，获取需求信息的手段无非是调查研究，多问多看即可，但实际情况是网络设计人员与被调查人员之间的沟通交流都可能被对方误解，因此网络设计人员必须掌握有效的网络需求调查方法和内容。

1．需求来源

网络设计人员可以通过以下途径获取网络需求信息。

（1）决策者的思路：一个项目成功实施的关键，是要了解决策者对网络建设的需求，包括网络扩展问题、核心功能问题。

（2）用户提供的历史资料、行业资料和使用状况等资料：一般行业的需求是网络设计人员应该掌握的知识，用户没有耐心去详细说明本行业的基本信息；特殊行业有特殊需求，包括相关政策，如政府机关的网络，涉及国家机密的计算机在物理上不可与 Internet 连接。

（3）用户方技术人员的细节描述：未来网络系统技术指标的来源。

（4）网络使用者对网络的需求：网络使用者对网络技术不是很了解，但是他们的需求是最基本、最直接的，也应该尽可能满足。

2．需求调查的方法

在进行需求调查之前，首先应制订好调查计划和调查表，然后采用以下方法进行需求调查。

（1）会议座谈：主要是网络设计人员和用户方的相关人员，包括决策者和技术人员，在一起商讨并确定网络的规划，出示书面记录，作为日后方案评估的依据。

（2）问卷调查：问卷调查通常对数量较多的最终用户提出，询问其对将要建设的网络应用的需求。问卷调查的方式可以分为无记名问卷调查和记名问卷调查，一般都是无记名问卷调查。记名问卷调查通常用于建设网络必须了解用户身份的场景。

（3）用户访谈：用户访谈要求网络设计人员与招标单位的负责人通过面谈、电话交谈、电子邮件等方式以一问一答的形式获得需求信息。最好的方法是先由一方给出一份初步的意见书，然后双方针对意见书中的条款进行磋商。

（4）实地考察：实地考察是网络设计人员获得第一手资料所采用的最直接的方法，也是必需的步骤。

（5）同行咨询：将获得的需求分析中不涉及商业机密的部分发布到专门讨论网络相关技术的论坛或新闻组中，请同行在网上提供参考和帮助。

3．需求调查的内容

需求调查的内容涉及一般状况调查、性能需求调查、功能需求调查、应用需求调查和安全管理需求调查共 5 部分。在调查时，要求从事调查的网络设计人员对所负责的设计部分有技术和功能需求上的全面掌握。调查的对象根据不同的调查项目可能会有所不同，各种需求调查不仅要从当前实际需求出发，还要了解未来发展的潜在需求。

1）一般状况调查

一般状况调查包括用户网络系统使用环境、企业组织结构、地理分布、发展状况、行业特点、人员组成及分布、现有可用资源、投资预算和用户的期望目标等。表 2-1 所示为可供参考的调查项目，网络设计人员可根据此表对网络管理员、项目负责人、企业关键人物等相关人员进行调查。

表 2-1 一般状况调查表

调 查 项 目	调 查 结 果	受调查人签名
企业组织结构（具体职能）		
地理分布（包括主要部分所占面积）		
人员组成及分布（包括各部门的人员和位置分布）		
外网连接（外网连接的类型和方式）		
行业特点		
发展状况（分为当前和未来 3—5 年两个方面）		
现有可用资源（包括设备资源和数据资源两部分）		
投资预算（主要部分的细化预算）		
用户的期望目标		
其他项目调查		

2）性能需求调查

网络性能是指该系统完成任务的有效性、稳定性和响应速率。系统性能需求调查决定了整个系统的性能档次、所采用的技术和设备档次。性能需求涉及很多方面，有总体网络接入方面的性能需求、关键设备（交换机、路由器和服务器等）的响应性能需求、磁盘读写性能需求等。表 2-2 所示为性能需求调查表，网络设计人员可根据具体的部门进行调查，也可直接调查网络管理员或项目负责人。

表 2-2 性能需求调查表

部门	主职工作	调查项目	需求描述	受调查人签名
		接入速率需求（包括广域网接入速率需求，分不同关键点说明）		
		扩展性需求（从网络结构、服务器组件配置等方面说明）		
		吞吐速率（分不同关键点说明）		
		响应时间（分不同关键点说明）		
		并发用户数支持（对不同服务系统写出具体需求）		
		磁盘读写性能（指出所用磁盘类型和阵列级别）		
		可用性（指出具体部分的可用性需求）		
		误码率（主要指广域网的需求，局域网中主要针对关键应用节点）		
		其他需求		

课堂讨论:"打印机总是很忙"意味着什么技术需求?它说明用户关心什么问题?

3)功能需求调查

网络系统的功能需求调查侧重于网络自身的功能,而不包括应用系统。网络自身功能仅指基本功能之外的那些比较特殊的功能,如下所述。

(1)是否配置网络管理系统、服务器管理系统、第三方数据备份和容灾系统、磁盘阵列系统、网络存储系统、服务器容错系统。

(2)是否需要多域或多子网、多服务器。

(3)更多的网络功能需求还体现在具体的网络设备上,如硬件服务器系统,可以选择的特殊功能配置(包括磁盘阵列、内存阵列、内存镜像、服务器集群等)。表 2-3 所示为功能需求调查表,包括网络设计人员在调查中应注意的主要功能需求项目。

表 2-3 功能需求调查表

功能需求项目		原网络使用情况	新系统的具体需求	受调查人签名
是否需要网络管理系统				
是否需要服务器管理系统				
是否需要第三方数据备份和容灾系统				
是否需要网络存储系统				
是否需要服务器容错系统				
是否需要多域系统				
是否需要多子网系统				
是否需要多个域控制器				
用户共享上网方式和控制级别				
服务器特殊功能需求	是否支持内存镜像和阵列			
	初始磁盘块数和容量配置			
	磁盘阵列类型和级别			
	是否支持服务器集群			
	服务器集群类型			
	其他功能需求			
交换机特殊功能需求	第 3 层路由			
	VLAN			
	QoS			
	Web 管理			
	其他功能需求			
路由器特殊功能需求	数据交换			
	网络隔离			
	流量控制			
	身份认证			
	数据加密			
	Web 管理			
	其他功能需求			

4）应用需求调查

在一定程度上，需求决定一切，所以在组建新网络或改造原有网络之前一定要了解企业当前乃至未来 3—5 年内的主要网络应用需求。应用需求调查主要包括以下方面。

（1）期望使用的操作系统、办公系统、数据库系统有哪些？是否有很多打印和传真业务？

（2）主要的内网应用有哪些？是否需要使用公司内（外）部的邮件服务？

（3）是否需要使用公司内（外）部网站服务？

（4）是否需要使用一些特定的行业管理系统？

应用需求调查的通常做法是：由网络技术人员和用户在调查基础上填写应用需求调查表。在设计和填写应用需求调查表时要注意"该粗的粗，该细的细"，如涉及应用开发的要"细"，而不涉及应用开发的要"粗"，不要遗漏用户的主要需求。表 2-4 所示为应用需求调查表，列出了以部门为单位，部门负责人或具体应用人员为被调查对象的主要调查项目。

表 2-4　应用需求调查表

部　　门	调 查 项 目	当前及未来 3—5 年的应用需求	受调查人签字
	期望的操作系统		
	期望的办公系统		
	期望的数据库系统		
	打印、传真和扫描业务		
	邮件系统的主要应用		
	网站系统的主要应用		
	内网的主要应用		
	外网的主要应用		
	所有的应用系统及要求		
	其他应用需求		

5）安全管理需求调查

（1）管理需求调查。

网络管理的功能主要体现在配置管理、故障管理、性能管理、安全管理和记账管理等方面。这些功能在进行需求调查时应加以考虑，但是，由于网络的大小和复杂程度不同，这些功能仅在某种程度上有用。大多数网络需要远程管理，现在已经有很多软硬件产品支持简单的网络管理协议（SNMP），因此，在进行需求调查时，要考虑网络管理系统需要做的工作和系统的自动化程度。

表 2-5 所示为管理需求调查表，由网络设计人员、网络管理员、工程师、操作人员、技术人员和桌面维护人员实施调查。

表 2-5　管理需求调查表

设计和优化	实施和更新	监控和诊断
定义数据采集	安装	确定阈值
建立基线	配置	监控异常现象
趋势分析	IP 地址管理	管理问题

续表

设计和优化	实施和更新	监控和诊断
响应时间分析	操作数据	验证问题
容量计划	安全管理	排除
获得	审计和记账	旁路和解决问题
拓扑结构设计	资产和库存管理	
	用户管理	
	数据管理	

（2）安全需求调查。

随着网络规模的扩大和开放程度的增加，网络安全问题日益突出，人们对安全性的需求已从一个组织延伸到另一个组织。有的组织对系统的安全性要求很高，如政府代理机构或银行系统往往需要相当高的保密性，这些组织必须要有高质量的安全策略来管理信息的读写操作。表 2-6 所示为安全需求调查表。

表 2-6　安全需求调查表

类　　别	网络安全需求
安全类型	
Internet 安全	
数据完整性	

注意：网络管理和网络安全是网络工程设计中不可或缺的环节。网络管理包括网络安全管理，网络安全是网络管理设计的一部分。最初的网络管理和网络安全是根据网络系统的规模变化的，缺乏系统的规划设计。随着网络规模的不断扩大，网络管理和网络安全也逐渐变得系统化、综合化和整体化。可以说，网络管理和网络安全从网络工程设计之初就开始进行规划和设计，并贯穿于网络工程的各部分。

知识考核

1．初始的大量计划工作发生在（　　）阶段。
　　A．网络分析　　　　B．网络设计　　　　C．网络集成　　　　D．需求收集
2．（　　）不是网络需求收集阶段需要考虑的。
　　A．用户需求　　　　B．业务需求　　　　C．介质类型　　　　D．网络需求
3．未来需求的确定与（　　）有关。
　　A．应用需求　　　　B．业务需求　　　　C．网络需求　　　　D．计算平台需求
4．用户原来只需要局域网，后来提出要访问 Internet，原设计受到的影响是（　　）。
　　A．费用增加　　　　B．工期缩短　　　　C．工期延后　　　　D．对工期没影响

5. 在需求信息收集阶段，可以使用哪些方法收集用户的需求信息？至少列举 3 种方法并比较各自的特点和优势。

任务实施

1. 根据前文"任务描述"中的内容，确定采取的调查方法。
2. 根据分组情况，确定每位组员在网络调查中扮演的角色。
3. 小组制作网络调查计划、调查提纲、调查工具等。

微课：网络需求调查案例

任务评价

1. 考查项

PPT、音视频、现场表达。

2. 评价标准

（1）PPT 或微视频等制作精良，内容紧扣主题，表述恰当正确，逻辑顺畅，整体风格统一，图文并茂。
（2）调查计划拟定合理，可操作性强，达到预期效果。
（3）现场表述逻辑清晰，语言流畅，情绪饱满，感染力强。
（4）鼓励对所选择的话题有一定程度的延伸，与社会关联、与个人关联、与未来关联。

任务 2.2　分析网络需求调查结果

任务描述

将任务 2.1 中收集到的网络需求按重要性进行分类，并进一步补充，写入需求重要性分析表中，如表 2-7 所示。其中，有一些是用户未提到但需要说明的需求。在设计网络之前，需要与用户确认不确定的需求和建议。

表 2-7　需求重要性分析表

需求重要性分类	需求内容
必须/将/要求	1）… 2）… …
必不/将不/约束	1）… 2）… …
应该/推荐	1）… 2）… …

续表

需求重要性分类	需求内容
不应该/不推荐	1）… 2）… …
可以/可选	1）… 2）… …

> 知识准备

2.2.1 问题的确认和描述

首先将调查了解的情况进行分析整理，把主要问题整理出来，从而明确需要解决的问题。对于通过用户访谈形式得到的需求信息，经常包含一些通俗语言，其专业性不强，因此必须用计算机网络的专业术语来描述用户实际存在的问题和需求，这样才能作为需求分析说明书中的具体内容。表 2-8 所示为问题的确认和描述示例。

表 2-8　问题的确认和描述示例

用户提出的实际问题	用专业术语描述
有很多文件要存储并供大家应用	需要一个大容量的存储器，估算其容量为×××兆字节
很多人要同时使用一个软件	需要软件的多用户版本
用户工作时要交换一些信息	需要在用户之间建立电子邮件服务
公司的计算机要能够上网	公司的网络需要接入 Internet

2.2.2 分析需求信息

需求分析关注的是"做什么"而不是"怎么做"。本节主要对一般状况调查、性能需求调查、功能需求调查、应用需求调查和安全管理需求调查等需求信息进行分析。

注意：网络需求描述了网络系统的行为、特性或属性，这是在设计待建网络系统过程中对系统的约束条件，是一个获取和确定用户有效工作所需的网络服务和性能水平的过程，它的准确性和完整性直接关系到整个网络工程的实施。

1．网络环境需求分析

网络环境需求分析是指对企业的地理环境和人员分布进行勘查以确定网络规模、地理分布，以便在拓扑结构设计和综合布线系统设计中做出决策。网络环境需求分析需要明确以下问题。

（1）网络系统建设涉及的物理范围的大小。

（2）网络建设区域中建筑群的位置及它们之间的距离、公路隔离、电线杆、地沟和道路状况等。

（3）每栋建筑物的物理结构：楼层数，楼高，建筑物内的弱电井位置、配电房位置，建筑物的长度与宽度，各楼层房间分布、房间大小及功能等。

（4）各办公区的分布情况。

（5）各办公区内的信息点数目和布线规模。

（6）现有计算机和网络设备的数量配置及分布情况。

2. 网络业务需求分析

网络业务需求分析的目标是明确企业的业务类型、应用系统软件种类以及它们对网络功能指标（如带宽、服务质量）的要求。网络业务需求分析是企业建网的首要环节，是进行网络规划与设计的基本依据。网络业务需求分析主要为以下决策提供依据。

（1）确定需要联网的业务部门及相关人员，了解工作人员的基本业务流程以及网络应用类型、地点和使用方法。

（2）确定网络系统的投资规模，预测网络应用的增长率（确定网络的伸缩性需求）。

（3）确定网络的可靠性、可用性及网络响应时间。

（4）确定 Web 站点和 Internet 的连接性。

（5）确定网络的安全性及有无远程访问需求。

3. 网络管理需求分析

网络管理是企业建网不可缺少的环节，网络能否按照设计目标提供稳定的服务，主要依靠网络管理的效率，高效的管理策略能提高网络的运营效率。因此，在建网之初就应该重视这些策略。网络管理需求分析要回答以下问题。

（1）是否需要对网络进行远程管理，远程管理可以帮助网络管理员利用远程控制软件管理网络设备，使网络管理工作更方便、更高效。

（2）谁来负责网络管理工作。

（3）需要哪些管理功能，如是否需要计费、是否要为网络建立域、选择什么样的域模式等。

（4）选择哪个供应商的网管软件，是否有详细的评估。

（5）选择哪个供应商的网络设备，其可管理性如何。

（6）是否需要跟踪、分析和处理网络运行信息。

4. 网络安全需求分析

网络安全需求分析的目标是使用户的网络财产和资源损失最小化。网络设计人员需要了解用户业务的安全性要求，同时在投资上进行控制，提供满足用户需求的解决方案。对用户来说，安全性的基本要求是防止网络资源被盗用和破坏。网络安全需求分析要明确以下问题。

（1）企业敏感性数据的安全级别及分布情况。

（2）网络用户的安全级别及权限。

（3）可能存在的安全漏洞，这些漏洞对本系统的影响程度如何。

（4）对网络设备安全性的要求。

（5）对应用系统安全性的要求。
（6）采用什么样的杀毒软件。
（7）采用什么样的防火墙技术。
（8）网络遵循的安全规范和达到的安全级别。

5. 外部联网需求分析

外部联网需求分析涉及以下内容。

（1）是否接入 Internet，内网与外网是否需要隔离。
（2）采用哪种上网方式。
（3）与外网连接的带宽要求。
（4）是否要与某个专用网络连接。
（5）上网用户权限如何，采用何种收费方式。

6. 网络扩展性需求分析

网络的扩展性有两层含义，其一是指新的部门能够简单地接入现有网络，其二是指新的应用程序能够无缝地在现有网络上运行。网络扩展性需求分析要明确以下问题。

（1）企业需求的新增长点。
（2）已有的网络设备和计算机资源。
（3）哪些设备需要淘汰，哪些设备还可以保留。
（4）网络节点和布线的预留比率。
（5）哪些设备（是否模块化结构）便于网络扩展。
（6）主机（CPU 的数量、插槽数量、硬盘容量等）设备的升级性能。
（7）操作系统（升级方式）平台的升级性能。
（8）所采用的网络拓扑结构是否便于添加网络设备及改变网络层次结构。

注意：网络系统的可扩展性最终体现在网络拓扑结构、网络设备上，特别是交换机和硬件服务器的选型，以及网络应用系统的配置等方面。要充分考虑现有网络中可用的设备资源和数据资源，在不影响网络性能的前提下，优先选用现有的网络设备，一定不要采用完全不兼容的新系统，否则会造成资源浪费。

课堂讨论：在用户看来，价格越低越好。存在这样一个观点——降价是以网络性能、工程质量和服务为代价的，这种观点对吗？

2.2.3 总结网络需求数据

需求数据需要经过多次收集并从多方面获得，列出的需求和一些可能存在的需求往往比较杂乱，需要进行整理、归纳；同时，要将这些需求按照重要性分类，确定哪些是必须满足的，哪些不是必需的，以及哪些是推荐的。详细的区分方法可以参照 IETF 在 RFC 2119 中对需求重要性分类的关键字描述，关于这些关键字的解释如表 2-9 所示。

表 2-9 需求重要性分类的关键字

需求重要性分类的关键字	解　释
must/shall/required，必须/将/要求	必须满足的基本要求和需求
must not/shall not，必不/将不	必须满足的约束和禁止的要求
should/recommended，应该/推荐	非必须满足但可能存在的需求，对网络的功能和性能是有益的
should not/recommended not，不应该/不推荐	非必须满足但存在的需求，不值得实现或可能无法实现
may/optional，可以/可选	可以满足但不是必需的需求，可选

知识考核

1. 下面关于网络需求分析的论述中，正确的是（　　）。
   A．任何网络都不可能是一个能够满足各项功能需求的万能网
   B．必须采用最先进的网络设备，获得最高的网络性能
   C．网络需求分析是独立于应用系统的需求分析
   D．在进行网络需求分析时可以先不考虑系统的扩展性

2. 以下关于网络需求分析的描述中，错误的是（　　）。
   A．对于一个新建的网络，网络需求分析不应与软件需求分析同步进行
   B．在业务需求收集环节中，网络设计人员主要与决策者和信息提供者进行沟通
   C．在确定网络投资预算时，需要将一次性投资和周期性投资均考虑在内
   D．对于普通用户的调查，最好采用问卷调查形式

3. 网络需求分析包括网络总体需求分析、综合布线需求分析、网络可用性和可靠性分析、网络安全需求分析，此外还需要进行（　　）。
   A．工程造价估算　　　　　　　B．工程进度安排
   C．硬件设备选型　　　　　　　D．IP 地址分配分析

4. 某单位建设一个网络，网络设计人员在充分完成需求分析工作之后，完成了网络的基础设计。但是，由于资金受限，网络建设成本超预算，此时，网络设计人员正确的做法是（　　）。
   A．为符合预算，推翻原设计，降低网络设计标准重新设计
   B．劝说该单位追加预算，完成网络建设
   C．将网络建设划分为多个周期，根据当前预算，设计完成当前周期的建设目标
   D．保持原设计，为符合预算降低设备性能，采购低端设备

5. 某部队拟建设一个网络，由甲公司承建。在撰写需求分析报告时，与常规网络建设相比，最大的不同之处是（　　）。
   A．网络隔离需求　　　　　　　B．网络性能需求
   C．IP 规划需求　　　　　　　　D．综合布线需求

任务实施

1. 小组成员按网络需求分析要点逐一进行梳理，得到具体的网络需求数据。
2. 根据网络需求重要性分类标准，对网络需求数据进行分类。
3. 整理网络需求数据，用简洁明了的语句填写表 2-7 中的相应内容。

扫一扫

微课：网络需求分析案例

任务评价

1. 考查项

网络需求分析成果表格、现场表述。

2. 评价标准

（1）表格制作精良美观，内容紧扣主题，表述恰当正确，整体风格统一。
（2）现场表述逻辑清晰，语言流畅，情绪饱满，感染力强。
（3）收获体会能与社会关联、与个人关联、与未来关联。

任务 2.3　制作网络需求说明书

任务描述

根据任务 2.1 和任务 2.2 中网络需求调查和网络需求分析的结果数据，结合网络需求分析的核心要素编制网络需求说明书。

知识准备

2.3.1　分析项目可行性

根据用户需求和系统集成单位自身的情况，组织项目小组讨论并确认该项目的可行性，做到心中有数。可行性分析的内容包括是否满足约束条件、技术性能和指标以及可能的困难和利润。可行性分析不仅有助于设计网络，还能为参加该项目的竞争提供帮助。

1. 满足约束条件的可行性分析

首先要看能否满足约束条件（如网络投资约束、政策约束和时间约束等），如果不能满足，则可以与用户进一步沟通，探讨是否可以调整约束条件。如果不能满足用户提出的约束条件或不能协商调整约束条件，则应尽快放弃。如果能够满足约束条件，则可继续分析技术的可行性。

2. 技术的可行性分析

技术的可行性分析包括两个方面，一方面是对网络需求包含的技术特点和性能指标的分析，另一方面是对技术上能否实现的分析。用户通常会在招标文件中列出技术性能指标的最低要求，并要求填写技术偏离表。如果没有上述内容，则由网络设计人员分析确定。

（1）技术特性分析。

技术特性包括可用性、可扩展性、适应性、经济性、安全性、可管理性等，这些都属于定性条件，用程度衡量，没有确定值，最佳的程度是趋于 100%。但是，每项都趋于 100%是不可能的，因为每个特性都受到成本、技术、环境等多个因素的限制。其中，可用性是最重要的，其程度应尽可能接近 100%，其他特性可根据需要适当降低，主要分析这些特性能否满足用户的最低需求。

（2）性能指标分析。

性能指标包括带宽、吞吐量、延迟等，针对特定的网络应用，分析这些性能指标需要达到的最低量化值。

（3）技术实现分析。

查阅现有的技术标准及符合标准的技术产品资料，分析是否能满足或超过性能指标的最低要求。

3．可能的困难和利润

在设计网络时还要考虑人为因素带来的困难及可能的利润。新的网络结构会改变用户的工作习惯，因此应尽量使网络方便用户使用，减少用户的抵触情绪。设计项目完成之后的预期效果应能够为用户带来经济效益，也能为提供服务的公司带来利润，这应该在设计之前进行初步评估。

课堂讨论：你怎么看待网络建设过程中利润最大化和零利润的问题？

2.3.2　数据准备

（1）将原始数据制成表，各个表可以反映它们之间的内在联系。提炼需求的过程不需要使用费用高的统计分析软件包，因为需求分析并不严格，使用价格低廉、方便的电子表格或数据库即可。

（2）把大量的手写调查问卷或表格信息转换成电子表格或数据库。这部分工作量是较大的，但作为网络设计人员，应该把更多的时间用在解决技术性的问题上，所以可以向管理人员或公司职员求助，或雇用临时工来完成数据的录入。

（3）对于需求收集阶段产生的各种资料，都应该编辑目录并归档，便于后期查阅。无论数据是以何种方式收集的（手写调查或联机调查），都应该进行备份。

2.3.3　网络需求说明书的制作

在编制网络需求说明书时，应注意对需求信息进行有条理的组织，文档的大标题和小标题之间的序号应该很明确，清晰的网络需求说明书体现了一个网络设计人员的职业素养。不同的网络，其设计文档也各不相同。但总体来说，网络需求说明书应该包括综述、需求分析阶段总结、需求数据总结、按优先级排队的需求清单、申请批准部分。

1. 综述

在任何网络设计文档的前面都应该对一个项目的重要性做简要概述,这对于忙碌的管理人员来说意义重大。综述的内容如下。

(1)对项目的简单描述。

(2)设计过程中各个阶段的清单。

(3)项目各个阶段的状态,包括已完成阶段和正在进行的阶段。

2. 需求分析阶段总结

简单回顾需求分析阶段要完成的工作。列出接触过的群体和个人名单,说明信息收集的途径和方法(面谈、集中访谈、调查等);统计总的面谈、调查次数;说明在需求分析阶段受到的限制和约束,如不得不简短调查、无法接触关键人物、被调查者答卷不认真等。

3. 需求数据总结

认真总结从数据收集中得到的信息。可以根据情况,使用不同方法来表示收集到的信息。建议把多种方法结合起来使用,效果会更佳。在总结需求数据时,需要注意以下内容。

(1)描述简单直接。应该为管理人员提供信息的整体模型,而不是具体的细节;应该注意尽量用简单易懂的语言,少用专业术语,如果不得不用,则要用通俗语言对其进行解释。

(2)说明来源和优先级。说明哪些是业务需求,哪些是用户需求,哪些是应用需求等。对高优先级的需求做标注,标明其来源。例如,对防火墙的需求应该来自网络管理员,而不应该来自一般的员工。

(3)尽量多用图片。图片具有直观、易懂的特点,因此可以尽量多地使用图片来说明问题,从而帮助用户理解数据模型。数字表格的效果不如图片的好。

(4)指出矛盾的需求。在分析需求信息时,经常会发现一些需求之间存在矛盾。在网络需求说明书中应该对这些矛盾进行说明,使得管理人员能够找出解决方法。如果管理人员可以给出目标和优先级,那么可以进一步给出解决问题的建议。

(5)需求数据总结表如表 2-10 所示。

表 2-10 需求数据总结表

项目名称		项目类型		项目规格		
用户名称		用户技术员	姓名	职务	电话
用户网络现状概述:					
拟建项目需求详细说明(附信息点分布图、建筑物位置图等):					
设备需求					
序号	产品	优选品牌			
1	交换机					
2	路由器					
3	硬件防火墙					
4	服务器					

续表

项目名称		项目类型		项目规格	
布线产品需求：					
系统软件需求：					
应用需求：					
备注：					

4．按优先级排队的需求清单

在对需求数据进行整理总结之后，按需求数据的重要性和优先级列出数据的优先级清单。例如，打印机的可用性优先级最高，工作空间的优先级最低等。

5．申请批准部分

在制作网络需求说明书时，应该说明在进行下一步工作之前需要得到批准的原因，注明管理人员签字的地方、网络设计小组负责人签字的地方。

2.3.4　网络需求说明书的变更

需求收集阶段可能由于没有足够多的用户参与、用户需求不断增加或用户需求模棱两可等原因产生不合格的需求数据，因此，在制作网络需求说明书的时候，也要考虑怎样设计和修改说明书。网络需求说明书中一般揭示了不同群体需求之间存在的矛盾，这些矛盾可以由管理层解决，需要给出所有相关人员一致同意的意见；也可以由大家协商，共同找出解决方案。如果的确需要修改网络需求说明书，那么最好不要修改原来的数据和信息，可以考虑在网络需求说明书中附加一部分内容，说明修改的原因，解释管理层的决定，并给出最终的网络需求说明书。

知识考核

1．网络需求说明书的主要内容有哪些？

2．某机构拟建设一个网络，委托甲公司承建。甲公司的赵工程师（简称赵工）带队进行需求调研，他在与委托方会谈的过程中记录了大量信息，经过整理，归纳出以下内容：用户计算机数量为 97 台；业务类型为办公；需要连接 Internet；分布在一栋楼房的 3 层内（另附位置图一张）；最远距离为 78 米；需要的网络服务为电子邮件、Web；网络建设时间为 3 个月。

在制作网络需求说明书时，赵工发现缺少了一些很重要的信息，其中包括（　①　）。为此，他再次与委托方进行交谈，获得所需信息后，开始撰写网络需求说明书。该说明书的目录如下：一、业务需求；二、用户需求；三、应用需求；四、计算机需求；五、网络需求；六、使用方式需求；七、建设周期；八、经费预算。关于该说明书的评价，恰当的是（　②　）。

①A．估计的通信量　　　　B．计算机的性能

C．经费预算　　　　　　　D．应用系统的运行平台

②A．使用方式需求应合并到业务需求或用户需求中

B．应用需求应合并到业务需求中

C．经费预算部分应删除

D．是一个比较好的说明书，无须调整

任务实施

1. 确定网络需求说明书文档的目录结构。
2. 根据数据分析编写各部分内容。
3. 制作封面、生成目录、排版正文。

微课：网络需求说明书模板

任务评价

1. 考查项

网络需求说明书。

2. 评价标准

（1）说明书制作体现三级目录结构，主题完整不漏项，整体风格统一。

（2）说明书内容紧扣主题，表述恰当正确。

（3）说明书具有一定的参考价值。

直通职场：网络工程师行为规范

一名优秀的网络工程师应当具有超前的服务意识，具备良好的服务心态，懂得服务礼仪及行为规范，能够与客户进行良好的沟通并照顾到每一个细节，掌握服务技巧及客户投诉处理方法。

微课：网络工程师行为规范

行业规范：数字化技术促进互联网应用创新

回顾 2020—2022 年，数字化或许只能让某些企业活得更好，但在 2022 年 12 月之后，数字化已经成为很多企业活下去的关键。例如，中国几千万街边小店，有能力线上运营的小店不到 20%，而 2022 年以来，成千上万的小店在线上做生意、开通外卖，触及了数字化的生产力。这个改变同样也出现在农业、物流业、服务业等传统行业中。用数字技术来降低企业的推广成本、渠道成本、人力成本和管理成本，每一个传统行业都有机会转变为技术驱动的现代化行业。

微课：数字化技术促进互联网应用创新

在未来十年发展最为显著的，一定是利用数字技术提升自身的传统行业。数字化会真正撬动中国的内需，我国 14 亿人口的内需远远没有被发掘，数字技术的发展会让其进入一个全新的阶段，在未来会推动世界经济的发展。解决服务业内需不能只靠服务高收入人群，更要注重服务广大中低收入人群，因为最广泛的消费群体的需求才是实实在在的内需力量，而互联网的数字经济正在积聚这种强大的内需力量。

项目3 网络工程设计

项目引例

网络强国战略思想在 2018 年 4 月的全国网络安全和信息化工作会议上被深入阐述,包括网络基础设施建设、信息通信业新的发展和网络信息安全三个方面。

当前,信息革命时代潮流与中华民族伟大复兴战略全局和世界百年未有之大变局发生历史性的交汇。放眼世界,网络信息技术全面融入社会生产生活,深刻改变着全球经济格局、利益格局、安全格局。纵观国内,网民规模全球第一,电子商务总量全球第一,电子支付总额全球第一,我国已成为名副其实的网络大国。网络安全和信息化是事关国家安全和国家发展、事关广大人民群众工作生活的战略问题,我们必须牢牢把握信息革命的"时"与"势",加快建设网络强国,向着网络基础设施基本普及、自主创新能力显著增强、信息经济全面发展、网络安全保障有力的目标不断前进。

微课:迈向网络强国,逐梦新征程

案例思考:网络强国战略思想包括哪些方面?建设网络强国的关键是什么?为了推进网络强国建设,我国采取了哪些举措,获得了哪些成就?企业如何贯彻网络强国战略思想?

案例启示:网络强国强在网络技术,强在网络人才。在网络强国战略的指引下,我国网信事业在基础研究、原始创新和核心技术研发等方面不断加强,在一些关键核心技术上实现了突破,取得了历史性成就。网络工程设计是网络工程项目实施的重要依据,是非常重要,也是非常必要的。

学习目标

【知识目标】

- 了解网络工程设计的目标与原则。
- 了解网络体系结构设计的作用与内容。
- 掌握常见的以太网技术。
- 掌握层次化网络结构的设计方法。
- 掌握网络地址的规划与设计。
- 掌握网络系统路由设计方法。

【能力目标】

- 能够根据业务场景、设备功能等要素选择合适的网络技术。
- 能够根据网络需求说明书合理规划 VLAN 及 IP 地址。
- 能够根据网络需求说明书设计拓扑结构,并使用绘图工具绘制网络拓扑结构图。
- 能够实现局域网用户使用私有 IP 地址访问互联网。
- 能够根据业务需求实现全网路由交付。

【素养目标】

- 引导学生增强建设网络强国的信心和民族自豪感。
- 引导学生养成良好的职业习惯,培养学生爱岗敬业的职业精神。
- 培养学生的团结协作精神。

学习提示

本项目的思维导图如图 3-1 所示。在网络工程设计的过程中,要明确采用哪些技术规范,构建一个满足哪些应用需求的网络系统,从而为用户提供一套完整的设计方案。网络工程设计是一个由网络需求目标向技术解决方案映射的过程,是网络工程项目实施的重要依据,是网络系统集成的核心。网络工程设计的内容涉及两个层面,一是网络逻辑层的设计和规划,二是网络物理层的设计和搭建。物理层网络设计主要包括综合布线系统设计、网络设备选型等;逻辑层网络设计涵盖网络技术、拓扑结构设计、VLAN 及 IP 地址规划等内容。本项目将详细讨论逻辑层网络设计。通过对本项目的学习,学生可以了解和掌握如何根据具体情况选择一种能满足网络需求的技术,并对逻辑层网络设计有一个总体性的了解和把握。

项目3　网络工程设计

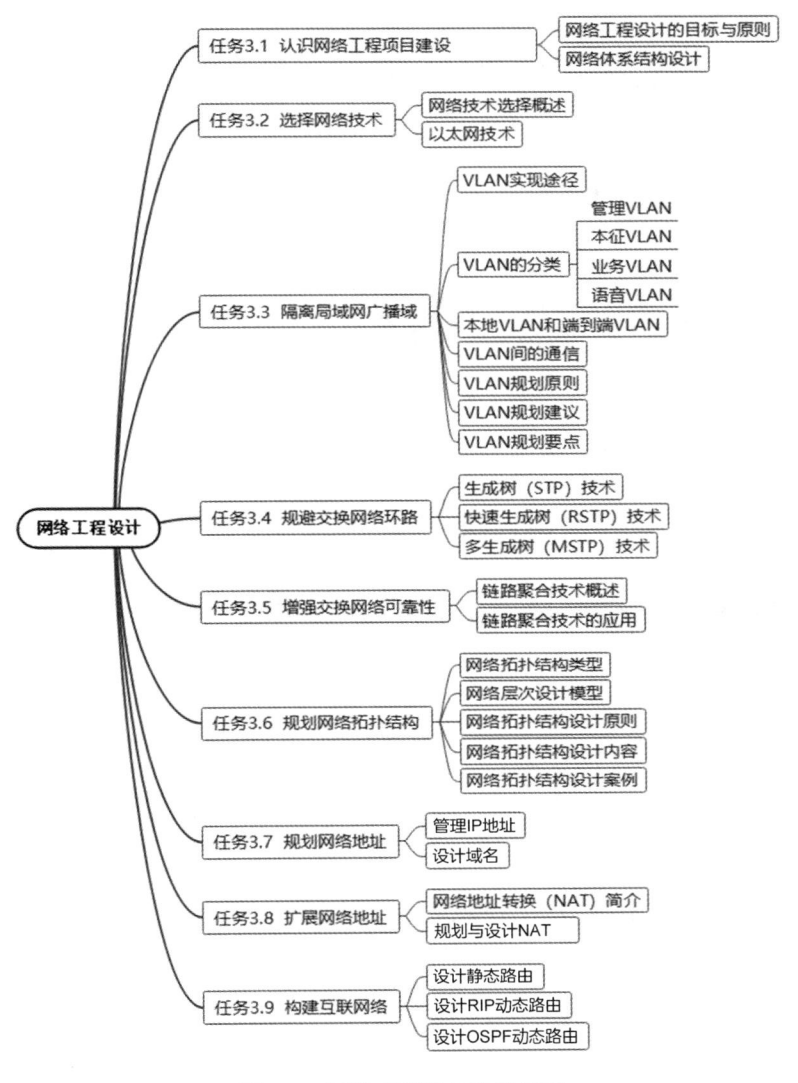

```
网络工程设计
├── 任务3.1 认识网络工程项目建设
│   ├── 网络工程设计的目标与原则
│   └── 网络体系结构设计
├── 任务3.2 选择网络技术
│   ├── 网络技术选择概述
│   └── 以太网技术
├── 任务3.3 隔离局域网广播域
│   ├── VLAN实现途径
│   ├── VLAN的分类
│   │   ├── 管理VLAN
│   │   ├── 本征VLAN
│   │   ├── 业务VLAN
│   │   └── 语音VLAN
│   ├── 本地VLAN和端到端VLAN
│   ├── VLAN间的通信
│   ├── VLAN规划原则
│   ├── VLAN规划建议
│   └── VLAN规划要点
├── 任务3.4 规避交换网络环路
│   ├── 生成树（STP）技术
│   ├── 快速生成树（RSTP）技术
│   └── 多生成树（MSTP）技术
├── 任务3.5 增强交换网络可靠性
│   ├── 链路聚合技术概述
│   └── 链路聚合技术的应用
├── 任务3.6 规划网络拓扑结构
│   ├── 网络拓扑结构类型
│   ├── 网络层次设计模型
│   ├── 网络拓扑结构设计原则
│   ├── 网络拓扑结构设计内容
│   └── 网络拓扑结构设计案例
├── 任务3.7 规划网络地址
│   ├── 管理IP地址
│   └── 设计域名
├── 任务3.8 扩展网络地址
│   ├── 网络地址转换（NAT）简介
│   └── 规划与设计NAT
└── 任务3.9 构建互联网络
    ├── 设计静态路由
    ├── 设计RIP动态路由
    └── 设计OSPF动态路由
```

图 3-1　网络工程设计思维导图

任务 3.1　认识网络工程项目建设

➡ 任务描述

图 3-2 所示为某组织的网络拓扑结构图，每 3～5 人一组，选举一名组长，对该网络拓扑结构是如何体现网络工程设计的基本原则进行分析，并尝试对该网络拓扑结构进行基本设计。每组均需制作 PPT，分享时间控制在 5 分钟内。

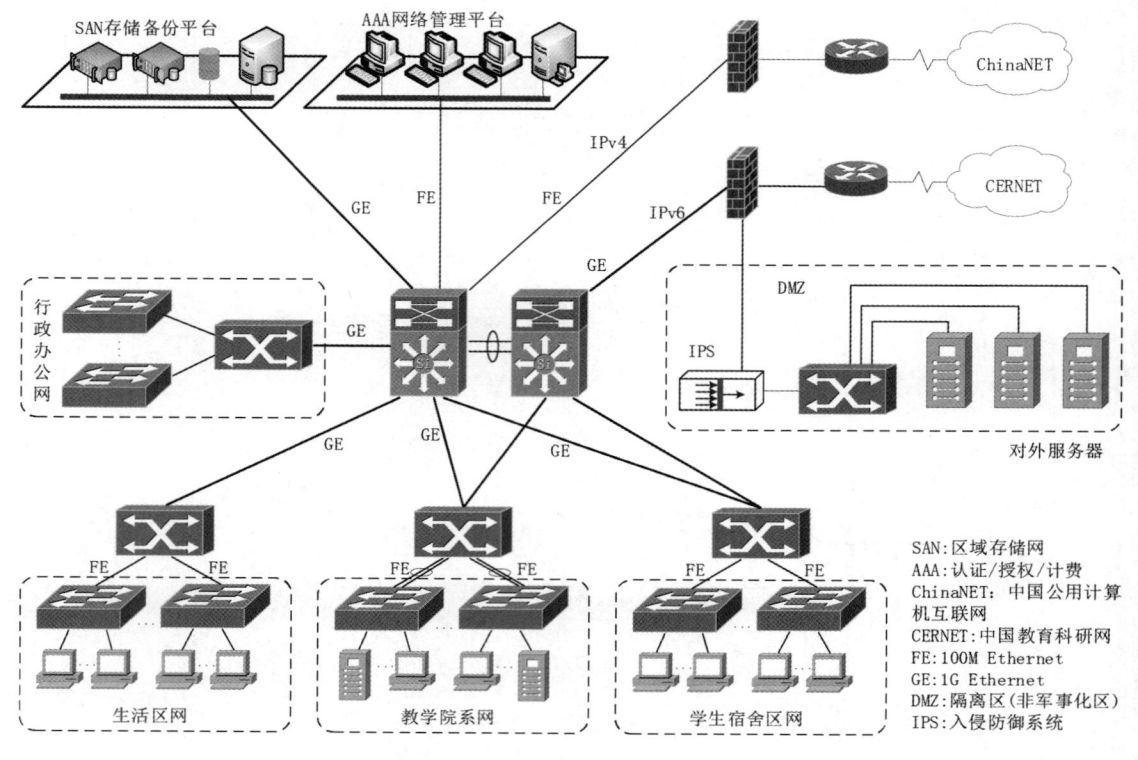

图 3-2　某组织的网络拓扑结构

知识准备

3.1.1　网络工程设计的目标与原则

1. 网络工程设计的目标

每个单位及其网络都是唯一的，因此网络工程设计的目标是不同的，且要尽量匹配网络需求说明书中的内容。网络工程设计包含两类目标——组织目标和技术目标。

（1）组织目标：有助于对网络中使用的产品和技术进行定位，如表 3-1 所示。

表 3-1　网络工程设计组织目标

目　　标	现　　状	措　　施
增强竞争力	其他公司有响应速度更快的基于网络的销售／客户管理系统	加强网络建设，使用具有销售跟踪和合作伙伴关系跟踪功能的应用系统
降低运行成本	数据不统一，需多次输入，维护工作量大	建设数据统一平台，提高数据的可用性
增加客户支持	无订单跟踪技术支持	引入基于网页客户支持的订单跟踪技术
增加新的服务	电话／传真订购，电话／传真确认	安全的基于网页的订购，安全的基于网页的确认

（2）技术目标：保证网络数据的可访问和关键应用的运行，如表 3-2 所示。

表 3-2　网络工程设计技术目标

技 术 指 标	重要性比重	说　　明
吞吐量	25%	中心节点（网络核心层与汇聚层设备、企业级服务器设备）最为重要
可靠性	25%	链路质量、设备稳定性、环境干扰控制最为重要
安全性	15%	公司商务机密（客户、订单信息等）、关键交易数据必须安全
可扩展性	20%	当响应能力减弱、吞吐量降低或规模扩大时可以方便地分解网络、提高带宽、增加端口
可管理性	10%	保证维护方便，保证可靠性、安全性、可扩展性
先进性	5%	对以后技术的支持

注意：在有些网络场景下，可靠性可能要求达到 99.999%，相当于网络系统每年不可用的时间不超过 5 分钟。

2. 网络工程设计的基本原则

网络工程设计基本原则的确定对网络工程的设计和实施具有指导意义。

1) 实用性原则

计算机设备、服务器设备及其他网络设备在技术性能逐步提升的同时，价格也在逐年下降，不可能也没有必要实现所谓的"一步到位"。因此，在网络工程设计中应把握"够用"和"实用"原则，采用成熟可靠的技术和设备，实现实用和经济的有效结合。

2) 开放性原则

网络系统应采用开放的标准和技术，如 TCP/IP 协议、IEEE 802 系列标准等，以便未来扩展网络系统和在需要时与外网互通。

3) 高可用性/可靠性原则

无论是事业单位还是私营企业，网络系统的可靠性都是网络工程的生命线。例如，证券、金融、铁路、民航等行业的网络系统应确保有很高的平均无故障时间和尽可能低的平均故障率，在这些行业的网络工程设计中，应优先考虑高可用性和系统可靠性。

4) 安全性原则

在网络工程设计中，既要考虑信息资源的充分共享，又要注意信息的保护和隔离。在企业网、政府行政办公网、国防军工部门内部网、电子商务网站等网络工程设计中应重点体现安全性原则，确保网络系统和数据的安全运行；而在社区网、城域网（MAN）和校园网中，安全性的考虑应相对较少。

5) 先进性原则

建设一个现代化的网络系统，应尽可能采用先进而成熟的技术，并在一段时间内保证其主流地位。网络系统应采用当前较先进的技术和设备，以符合网络未来发展的潮流。但是，先进的技术也存在缺点，一是不成熟，二是标准还不完备、不统一，三是价格高，四是技术支持跟不上。

6) 可扩展性原则

为了满足用户业务不断增长的需求，网络工程总体设计不仅要考虑近期目标，也要为网络的进一步发展留有扩展的空间，因此，网络工程设计应在规模和性能两方面具有良好的可扩展性。

7）网络工程设计的其他原则

（1）"核心简单，边缘复杂"原则：在进行网络工程设计时，应保证核心层结构简单，但性能强大；接入层一般结构复杂，但性能要求低于核心层。

（2）"弱路由"原则：路由器容易成为网络瓶颈，因此应保证其传输尽量少的信息。一般在连接外网时使用路由器，而在内网中尽量使用三层交换机。

（3）"80/20"原则：在进行局域网设计时，应保证一个子网数据流量的80%是该子网内的本地通信，只有20%的数据流量发往其他子网。

（4）"影响最小"原则：因网络结构改变而受到影响的区域应被限制到最小。

（5）"2用2备2扩"原则：由于主干光纤布线困难，因此在对主干光纤进行布线时应考虑2芯光纤正常使用，2芯光纤用于链路备份，剩余2芯光纤留给系统以后的扩展。

（6）"技术经济分析"原则：网络工程设计通常包含许多权衡和折中，成本与性能是最基本的权衡因素。

（7）"成本不对称"原则：在设计局域网时，对线路成本考虑相对较少，对设备性能考虑相对较多，以追求较高的带宽和良好的扩展性。

课堂讨论：分析先进性、可靠性、安全性、实用性、可用性等网络设计指标，指出哪些指标之间是一对矛盾体，以及如何进行权衡。

3.1.2 网络体系结构设计

计算机网络体系结构很重要，不同类型的网络，其层次结构及每层所使用的协议是不相同的。比如，局域网需要重点关注其物理层和MAC子层；广域网需要关注接入网络方式，以满足不同网络的建设需求。

1. 物理层设计

计算机网络物理层设计的任务主要包括以下几个方面。

（1）确定在网络的不同位置使用何种传输介质。

计算机网络中使用的传输介质主要有双绞线（UTP／STP）、同轴电缆（粗缆／细缆）、光纤（单模／多模）和无线传输介质（红外线、蓝牙、微波、射频无线电）等。不同的传输介质具有不同的传输特性，其中，传输距离和传输速率是影响传输特性的两个主要因素。比如，UTP双绞线的传输距离被限制在100m内，UTP双绞线的最高数据传输速率为100Mbit/s。常用传输介质分布如表3-3所示。

表3-3 常用传输介质分布

传 输 介 质	分 布 位 置
双绞线	桌面布线 同一楼层布线 楼层间互连
光纤	楼与楼之间互连 楼层交换机互连 桌面布线（用在极少数高性能计算场所）

（2）确定物理层标准。

目前，在局域网组网工程中主要采用以太网技术，以太网的物理层标准成员如表 3-4 所示。

表 3-4　以太网的物理层标准成员

MAC 标准	802.3	802.3a	802.3i	802.3j
物理层标准	10BASE-5	10BASE-2	10BASE-T	10BASE-F
MAC 标准	802.3u	802.3u	802.3u	802.3x&y
物理层标准	100BASE-FX	100BASE-TX	100BASE-T4	100BASE-T2
MAC 标准	802.3z	802.3ab	802.3ae	802.3ae
物理层标准	1000BASE-X	1000BASE-T	10G BASE-LR/LW	10G BASE-ER/EW

从表 3-4 中可以看到，物理层标准包括两方面——数据速率和传输介质。数据速率包括 10Mbit/s、100Mbit/s、1Gbit/s 和 10Gbit/s；传输介质包括双绞线、同轴电缆（10BASE-5，10BASE-2）和光纤。物理层标准分布如表 3-5 所示。

表 3-5　物理层标准分布

物理层标准	分 布 位 置
10 BASE-T	桌面
100 BASE-TX	桌面 楼层交换机互连
100 BASE-FX	楼层交换机互连 桌面（极少数高性能计算场所）
1G BASE-CX	楼层交换机互连 楼与楼之间互连
1G BASE-SX	服务器与交换机互连 楼层交换机互连
1G BASE-LX	楼与楼之间互连 园区之间互连
10G BASE	园区之间互连

注意：从网络物理层设计的任务中可以看出，要让网络的物理层正常工作，必须有一个让网络设计人员和施工人员共同遵守的标准和规范，涉及对速率、距离、抗干扰等指标的规定。就像设计建筑物一样，如果用户要求的是中式风格，则应在设计修建的时候遵循中式风格的标准，这样建造出来的房子就是中式风格，而不是不伦不类的房子。

2. MAC 子层设计

因为逻辑链路控制子层（LLC）提供的数据服务对不同的 MAC 子层是一致的，所以计算机网络的数据链路层设计主要体现在 MAC 技术的选择上。局域网可以分为共享式以太网和交换式以太网，这两种网络的区别在于 MAC 方式的不同。共享式以太网的 MAC 方式支持多个工作站争用同一信道，如 802.3 以太网、802.4 令牌总线网、802.5 令牌环网、FDDI 网等；交换式以太网的 MAC 方式支持工作站使用点到点信道，不存在信道争用的问题。

MAC 子层的设计包括以下内容。

（1）确定 MAC 标准，选择 802.3 以太网系列还是其他的计算机网络。

（2）确定采用共享式还是交换式。

这两方面很重要，它们决定了选择什么样的设备和设计什么样的硬件平台。目前，计算机网络 MAC 子层的设计趋势是采用交换式。一个全交换式的园区计算机网络如图 3-3 所示。

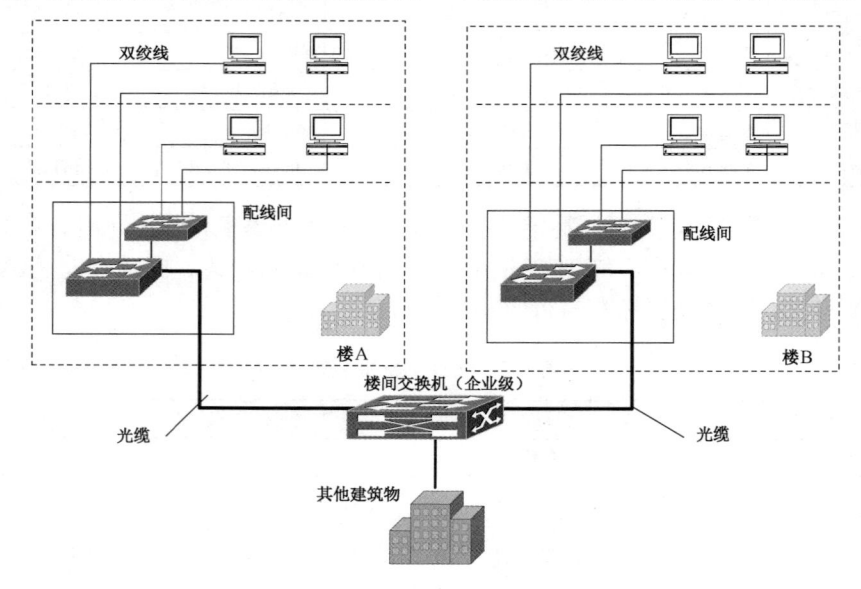

图 3-3　全交换式园区计算机网络

交换式计算机网络设计的核心是确定各个级别交换机的配置。目前，这一点很容易实现，交换机的供应商可以提供各个级别的交换机。网络设计人员需要做的工作是给出计算机网络交换机需要具备的性能指标细节，以及对现有产品的评估和比较。

3. 网络层设计

当计算机网络中存在多个子网要相互通信时，需要使用路由器来实现网络互联。网络层设计主要解决以下 3 个问题。

（1）帧格式转换：在网络之间进行数据帧格式的转换，其转换原理如图 3-4 所示。

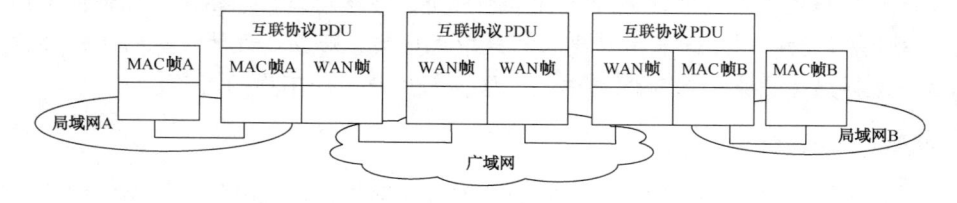

图 3-4　数据帧格式的转换原理

（2）路由选择：选择 IP 数据包的最优传输路径。

（3）地址解析：进行 IP 地址与 MAC 地址之间的映射。

另外，网络层设计需要确定以下 3 个方面的协议。

（1）互联协议：常见的第三层协议，如 IP、IPX 和 Apple Talk 等。

（2）路由协议：路由协议的作用是生成互联协议在进行路由选择时使用的路由表。常用的路由协议有静态路由协议、RIP、OSPF、BGP 等。

（3）地址解析协议：常用的地址解析协议有 ARP/RARP、BOOTP、DHCP 等。

目前，互联协议多采用 IP 协议，而传输层协议多采用 TCP 和 UDP。TCP/IP 协议栈因 Internet 的广泛应用而成为主导的互联网协议。

知识考核

1. 当千兆以太网使用 UTP 作为传输介质时，限制单根电缆的长度不超过（ ① ）m，其原因是千兆以太网（ ② ）。

　　①A．100　　　　　　B．925　　　　　　C．2500　　　　　　D．40000

　　②A．信号衰减严重　　　　　　　　　B．编码方式限制

　　　C．与百兆以太网兼容　　　　　　　D．采用了 CSMA/CD

2. 现有 802.11n 的 WLAN，速率为 300Mbit/s，包括两台计算机和一个 AP。若两台计算机数据传输的速率相同，则每台计算机实际传送用户数据的最大理论速度最接近（　）MB/s。

　　A．1.4　　　　　　B．6.7　　　　　　C．9.3　　　　　　D．18.7

3. 局域网 A 为采用 CSMA/CD 工作方式的 10Mbit/s 以太网，局域网 B 为采用 CSMA/CA 工作方式的 11Mbit/s WLAN。假定 A、B 上的计算机、服务器等设备配置相同，网络负载大致相同，现在分别在 A、B 上传送相同大小的文件，所需时间分别为 T_a 和 T_b，以下叙述正确的是（　）。

　　A．T_a 大于 T_b　　　　　　　　　　B．T_a 小于 T_b

　　C．T_a 等于 T_b　　　　　　　　　　D．无法判断 T_a 和 T_b 的大小关系

4. 将 10Mbit/s、100Mbit/s 和 1000Mbit/s 的以太网设备互连组成局域网络，则其工作方式可简单概括为（　）。

　　A．自动协商，1000Mbit/s 全双工模式优先

　　B．自动协商，1000Mbit/s 半双工模式优先

　　C．自动协商，10Mbit/s 半双工模式优先

　　D．人工设置，1000Mbit/s 全双工模式优先

任务实施

本任务的分析对象是图 3-2 所示的网络拓扑结构，分析内容包括网络工程设计的目标、原则和采用的网络体系结构，基本步骤如下。

1. 确定网络工程设计的目标

指出该网络的组织目标和技术目标。

2. 确定网络工程设计的原则

指出该网络体现了网络工程设计的哪些原则。

3. 设计网络体系结构

分析该网络使用的网络体系结构。结合设计目标和设计原则，指出该网络体系结构每一个层次所使用的协议主要有哪些。

➡ 任务评价

1. 考查项

PPT 及现场表达。

2. 评价标准

（1）PPT 制作精良，内容紧扣主题，表述恰当正确，逻辑分析合理，整体风格统一，图文并茂。

（2）准备充分，现场表述清晰，语言流畅，情绪饱满。

（3）小组有明确的分工，能够联系国家、社会或个人表达观点。

任务 3.2　选择网络技术

➡ 任务描述

本任务针对图 3-2 所示的网络拓扑结构，分析采用了哪些物理层网络技术。

➡ 知识准备

3.2.1　网络技术选择概述

在选择适合网络系统集成工程项目的网络技术时，需要考虑以下要素。

1. 初期成本估计

在需求分析阶段已经确定了网络系统集成项目的资金预算，但这只是一个估计值。成本会直接影响网络技术的选择，尤其是在逻辑网络设计阶段，更好的技术解决方案可能会使成本超过已确定的预算标准。

课堂讨论：如果在逻辑网络设计阶段，由于技术选择的原因，使得网络建设成本超出预算范围，那么如何解决这个问题？

2. 网络服务评估

在做出网络技术选择之前，网络设计人员需要考虑网络应该提供的服务内容，网络服务的多样性决定了针对不同需求提供的服务内容是不同的，同时需要考虑网络管理和网络安全这两项关键的网络服务。网络安全计划必须与政府机关的政治文化相适应，也就是说，安全程序不应严格或复杂到干扰人们的工作。如果忽视了用户的工作方式和团体氛围，那么安全程序必然是失败的。人们总是趋于走阻力小的路，如果安全程序变成了一个绊脚石，那么用户在工作时就会想方设法地回避它。

3. 技术选择评价

每种网络技术都有自己的特征。例如，广播通信可以提高通信效率，但是广播通信技术选择不当或配置不当会对网络的性能造成很大影响。不同网络需求下选择的网络连接方式不同，如果需要稳定的传输速率，则应选用面向连接的协议；如果不需要判定服务级别，则应选用无连接的协议。网络工程设计要适应当前或未来的需求，必须保证网络及其应用程序具有可扩展性。

3.2.2 以太网技术

以太网技术发展十分迅速，现在几乎所有的局域网都采用以太网技术。相对于数据传输速率为 10Mbit/s 的以太网标准，数据传输速率为 100Mbit/s 的以太网称为快速以太网，数据传输速率高于 1000Mbit/s 的以太网称为高速以太网。在树形拓扑结构的大中型局域网中，为了提高末端节点的数据传输速率，在主干线路上需要提供更大的数据传输速率。以太网技术已经能够在网络主干线路连接的交换机端口上实现 1000Mbit/s（吉比特以太网）的数据传输速率，甚至是 10Gbit/s（万兆以太网）的数据传输速率，近年来出现了 40 吉比特以太网、100 吉比特以太网等。

1. 以太网技术指标

常见以太网技术指标如表 3-6 所示。

表 3-6　常见以太网技术指标

项　　目	10BASE-5	10BASE-2	10BASE-T	10BASE-F
传输介质	同轴粗缆	同轴细缆	双绞线	光纤
缆线电阻	50Ω	50Ω	100Ω	—
数据传输速率	10 Mbit/s	10 Mbit/s	10 Mbit/s	10 Mbit/s
信号传输方式	基带	基带	基带	基带
网段的最大长度	500m	185m	100m	2000m
最大网段数量	5	5	5	2
最大网络跨度	2500m	925m	500m	4000m
网段上的最大工作站数目	100 台	30 台	1024 台	无限制
拓扑结构	总线型	总线型	星形	点对点
网线上的连接端	9 芯 D 型 AUI	BNC T 型接头	RJ-45	ST、SC、FC 光纤
介质挂接方法	MAU 连接同轴电缆	网卡中	网卡中	网卡中
优点	用于主干线路最好	便宜	易于维护	宜在楼间使用

2. 快速以太网技术指标

快速以太网技术指标如表 3-7 所示。

表 3-7 快速以太网技术指标

项 目	100BASE-T4	100BASE-TX	100BASE-FX	100BASE-T2
信号传输技术	8B/6T	4B/5B	4B/5B	PAM5X5
传输介质	3 类以上 UTP	5 类以上 UTP 或 STP	SMF/MMF	3 类以上 UTP
接口	RJ-45	RJ-45	ST、SC	RJ-45
最长介质段	100m	100m	2000m / 40000m	100m
所需传输线数目	4 对	2 对	1 对	2 对
发送线对数	3 对	1 对	1 对	1 对
拓扑结构	星形	星形	星形	星形
中继器数量	2 个	2 个	2 个	2 个
支持全双工	否	是	是	是
最大冲突域范围	205m	205m	228m / 412m	205m
网卡上的连接端口	RJ-45	RJ-45	ST、SC、FC	RJ-45
信号频率	25MHz	125MHz	125MHz	25MHz

3. 高速以太网技术指标

高速以太网技术指标如表 3-8 所示。

表 3-8 高速以太网技术指标

项 目	1000BASE-SX	1000BASE-LX	1000BASE-CX	1000BASE-T
信号传输技术	8B/10B	8B/10B	8B/10B	PAM-5
传输介质	MMF / SMF	MMF / SMF	STP	5 类 UTP
线对	1 对	1 对	1 对	4 对
接口	SC	SC	SC、DB9	RJ-45
最长介质段	275m / 550m	550m / 5000m	25m	100m
拓扑结构	星形	星形	星形	星形

  1998 年，IEEE 802.3 提出了千兆以太网技术标准 802.3z，向下兼容 10BASE-T 和 100BASE-T，便于千兆以太网平滑升级。802.3z 标准包含两个光介质规范和两个铜介质规范，其中 1000BASE-SX（短波长，850nm，2m～550m）、1000BASE-LX（长波长，1350nm，2m～5000m）所能传输的距离取决于数据传输速率，在实际应用中需要注意的是规范的下限而不是上限。在平均运行条件下，介质可以达到的距离为下限距离乘以 3 或 4。另外，多个厂家合作定义了一个规范 1000BASE-LH（长距离），并采用千兆接口连接器（GBIC），努力与 1000BASE-LX 实现互相操作。

4. 万兆以太网技术指标

万兆以太网技术于 2002 年 7 月在 IEEE 通过，它提供了 4 种接口，分别是 850nm 局域网接口、1310nm 宽频波分复用（WWDM）局域网接口、1310nm 广域网接口和 1550nm 广域网接口，如表 3-9 所示。

表 3-9 万兆以太网技术指标

项　　目	10GBASE-LX4	10GBASE-SR	10GBASE-LR	10GBASE-ER	10GBASE-LX4	10GBASE-SR	10GBASE-LR
波长	1310nm	850nm	1310nm	1550nm	850nm	1310nm	1550nm
光纤	MMF / SMF	MMF	SMF	SMF	MMF	SMF	SMF
网络	局域网	局域网	局域网	局域网	广域网	广域网	广域网
传输距离	300m	35m	10000m	300m	10000m	10000m	40000m

IEEE 802.3ae 标准定义了 7 种新的传输介质，其标准通式为 "10GBASE-[媒体类型][编码方案][波长数]"，即 "10G BASE-[E/L/R][X/R/W][4]"。媒体类型中的 "S" 为短波长（850nm），用于在 MMF 中进行短距离（35m）数据传输；"L" 为长波长（1310nm），用于在建筑物之间进行数据传输，在 SMF 中可以支持 10km 的距离，在 MMF 中可以支持 300m 的距离；"E" 为特长波长（1550nm），用于广域网（WAN）或城域网中的数据传输，在 SMF 中可以支持 40km 内的距离。编码方案中的 "X" 为局域网物理层中的 8B/10B 编码，"R" 为局域网物理层中的 64B/66B 编码，"W" 为广域网物理层中的 64B/66B 编码。波长数中的 "4" 表示波长数，如果不使用波分复用，则波长数为 1。

拓展提高：以太网经过三十多年的发展已经深入我们的生活，其速率基本上每 10 年增长 10 倍——10Mbit/s、100Mbit/s、1000Mbit/s、10Gbit/s、40Gbit/s、100Gbit/s。随着云计算、大数据和物联网等新应用不断涌现出来，我们已经能够实现并且大规模部署 100Gbit/s 网络技术。2017 年 12 月，IEEE802.3 发布了 400Gbit/s 以太网标准 IEEE 802.3bs，对高速网络生态系统产生了非常重要的影响。400Gbit/s 以太网标准是如何发展的，我国在其中承担了什么样的角色和发挥了多大的作用，请扫描二维码观看"华为主导有线以太网 400Gbit/s 通信标准"，带你了解有线以太网 400Gbit/s 通信标准的发展历程。

扫一扫

微课：华为主导有线以太网 400G 通信标准

知识考核

1．如果要组建一个 1000Mbit/s 的以太网，需要购买哪种类型的网卡和网线，请说明理由。
2．分别写出 10/100/1000/10000Mbit/s 以太网使用的协议、双工模式和传输介质。
3．两台交换机相连，要求两个端口工作在全双工模式下。当端口的通信方式为默认的 duplex auto 时，可能出现大量丢包现象。这时需要重新配置端口的通信方式，其正确的配置语句是（　　）。

　　A．duplex full　　duplex half　　　　B．duplex half　　duplex full

  C．duplex half duplex half   D．duplex full duplex full

4．下列关于 Fast Ethernet 的描述中，错误的是（ ）。

  A．协议标准是 IEEE 802.3u

  B．只支持光纤作为传输介质

  C．可用交换机作为核心设备

  D．最大传输速率为 100Mbit/s

5．下列关于千兆以太网物理层标准的描述中，正确的是（ ）。

  A．1000BASE-T 标准支持非屏蔽双绞线

  B．1000BASE-SX 标准支持屏蔽双绞线

  C．1000BASE-CX 标准支持单模光纤

  D．1000BASE-LX 标准支持多模光纤

6．万兆以太网支持的传输介质是（ ）。

  A．双绞线   B．光纤

  C．同轴电缆   D．卫星信道

任务实施

  要实现网络结构比较复杂的功能需要用到很多网络技术，本任务结合高职院校建网需求和图 3-2 所示的网络拓扑结构，分析有哪些物理层网络技术可供选择，基本步骤如下。

1．分析业务应用需求

分析运用网络技术可以解决业务过程中的哪些问题。

2．选择通信线缆和速率

根据网络规模等因素在拓扑结构中确定需要使用何种传输介质和传输速率。

3．确定主流网络技术

选择符合该高职院校网络系统需求特点的主流网络技术，一要保证网络的高性能、先进性和扩展性，二要能够在未来更新技术时实现平滑过渡，保护对网络的投资。

任务评价

1．考查项

PPT 及现场表达。

2．评价标准

（1）PPT 制作精良，内容紧扣主题，表述恰当正确，逻辑分析合理，整体风格统一，图文并茂。

（2）现场表述清晰，分析全面，理由充分，语言流畅，情绪饱满。

（3）小组有明确的分工，能够联系国家、社会或个人表达观点。

任务 3.3 隔离局域网广播域

任务描述

某高校实验室拥有一间 100 平方米的办公室，里面设置了 36 个工位，用于安置 36 名研究生。根据该实验室当前项目的情况，划分了 3 个项目组，36 个工位也按照区域聚集原则划分出 3 个区域。该实验室采购了一台具有 VLAN 功能的二层交换机，用于搭建实验室有线局域网，实现 3 个项目组的网络隔离。

（1）初期考虑到项目组位置固定且有一定的人员流动，分析在搭建实验室局域网时应采用的 VLAN 划分方法。

（2）随着项目进行，人员流动加剧，已经不再适合基于区域聚集原则划分工位，而且项目组长或负责人需要能够同时加入不同的 VLAN 中。分析此时应采用的 VLAN 划分方法。

（3）在项目后期，3 个项目组需要进行联合调试，因此需要实现 3 个 VLAN 间的互联互通。目前有两种方案：方案一采用独立路由器方式，保留二层交换机，增加一个路由器；方案二采用三层交换机方式，用带 VLAN 功能的三层交换机替换原来的二层交换机。比较这两种方案的优缺点。

知识准备

3.3.1 VLAN 实现途径

网络性能是影响组织生产力的重要因素，用于改善网络性能的技术之一是将大型广播域细分成较小的广播域。根据网络工程设计，路由器会拦截某个接口的广播流量。但是，路由器的 LAN 接口数量通常是有限的，其主要作用是在网络之间传输信息，而不是向终端设备提供网络访问。路由器为接入层交换机提供接入到 LAN 接口的角色，可以通过在二层交换机上创建虚拟局域网来缩减广播域的规模。

VLAN 通常会融入网络工程设计中，为组织网络提供支持。尽管 VLAN 主要用在交换式局域网中，但是现代的 VLAN 能够跨 MAN 和 WAN 实施。由于 VLAN 会将网络分段，因此需要使用三层设备来允许流量从一个网段路由到另一个网段，可以使用路由器或三层交换机来实现此路由过程和控制各网段（包括由 VLAN 创建的网段）之间的流量，从而扩大 LAN 的规模和覆盖范围。

建立 VLAN 的条件是交换机要有相应的 VLAN 管理及协议。交换式以太网中实现 VLAN 主要有 4 种方式，如表 3-10 所示，其中基于端口的 VLAN 划分方法应用较为普遍。

表3-10 实现VLAN的主要方式

划分方法	类型	优点	缺点	应用范围
基于端口的VLAN	静态VLAN	划分简单,性能好,支持大部分交换机,交换机负担小	手动设置较烦琐;当用户变更端口时,必须重新定义	应用普遍
基于MAC的VLAN	动态VLAN	当用户位置改变时不用重新配置,安全性好	所有用户都必须配置,交换机执行效率低	一般
基于协议的VLAN	动态VLAN	管理方便,维护工作量小	交换机负担较大	应用较少
基于IP组播的VLAN	动态VLAN	可扩大到广域网,很容易通过路由器进行扩展	不适用于局域网,效率不高	应用较少

3.3.2 VLAN的分类

网络中有很多和VLAN相关的术语:默认VLAN、管理VLAN、本征VLAN、业务VLAN和语音VLAN等,这些术语是按照网络流量的类型和VLAN所执行的功能进行定义的。

1. 管理VLAN

管理VLAN用于实现管理功能。一般交换机的管理VLAN默认为VLAN 1,技术人员可以创建新的VLAN作为管理VLAN。它可以实现远程管理交换机、IOS升级与备份、测试交换机之间链路是否正常。

2. 本征VLAN

本征VLAN用于未标记的流量,技术人员可以在交换机的Trunk接口上对本征VLAN进行设置。交换机上所有的流量并非都需要标记,一些用于管理用途的流量是无法标记的(如STP),默认的本征VLAN为VLAN 1。在使用本征VLAN时,需要注意如果本征VLAN不一致,则可能会引起流量乱窜,给网络工程设计带来困难。

3. 业务VLAN

交换机上的终端都位于一个特定的VLAN中。

4. 语音VLAN

语音VLAN用于标记语音流量。在通常情况下,交换机的接口限制在一个VLAN中。如果交换机的接口被用于传输数据和语音,则该接口可同时被划分到业务VLAN和语音VLAN中。

3.3.3 本地VLAN和端到端VLAN

VLAN流量可以在本地交换机中或跨交换机传输并终结于三层接口。在交换机上部署VLAN有两种方式——本地VLAN和端到端VLAN。

1. 本地VLAN

本地VLAN把VLAN的通信限制在一台交换机中,即把一台交换机的多个端口划分为几个VLAN,如图3-5所示。

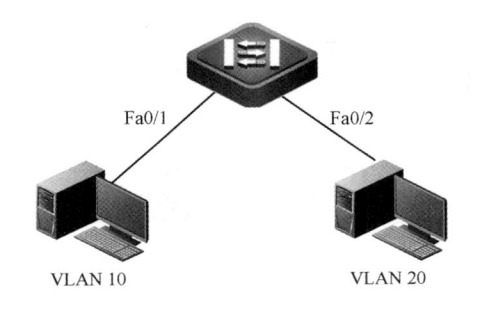

图 3-5　本地 VLAN

本地 VLAN 不进行 VLAN 的标记，交换机通过查看 VLAN 与端口的对应关系来区别不同 VLAN 的帧。在本地 VLAN 模型中，如果用户想访问所需的资源，那么二层交换就需要在接入层实施，而路由选择需要在汇聚层和核心层实施。使用本地 VLAN 模型具有增强网络可扩展性、隔离网络故障域等优势。

2．端到端 VLAN

在端到端 VLAN 模型中，各个 VLAN 遍布整个网络，网络中的所有交换机都必须定义这些 VLAN，若某台交换机上没有属于这些 VLAN 的活动端口，则 VLAN 的信息由中继链路（Trunk）来传输，如图 3-6 所示。在中继链路中，交换机需要给某个 VLAN 的数据帧封装 VLAN 标识，并通过本机或者路由器的快速以太网接口传输。

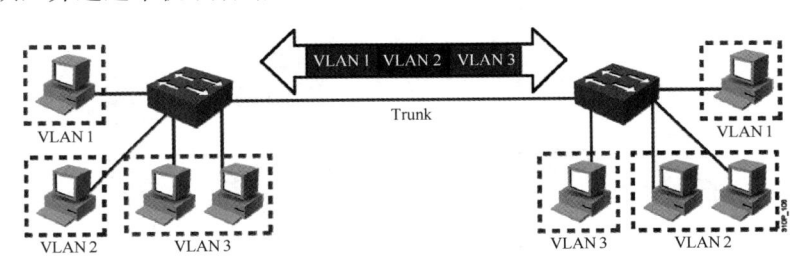

图 3-6　端到端 VLAN

3.3.4　VLAN 间的通信

没有三层设备的帮助，二层交换机无法在 VLAN 间转发流量。VLAN 间的通信是使用三层设备将网络流量从一个 VLAN 转发至另一个 VLAN 的过程。

扫一扫

微课：路由器实现 VLAN 间的路由

1．用路由器实现 VLAN 间的路由

图 3-7 所示为用路由器实现 VLAN 间路由的模型。路由器 R1 分别使用两个以太网接口连接到交换机 S1 的两个不同的 VLAN 接口中，由路由器 R1 把两个 VLAN 连接起来，将主机 PC1 和 PC2 的网关分别配置成路由器 R1 接口 G0/0 和 G0/1 的 IP 地址，从而实现 VLAN 间的路由。

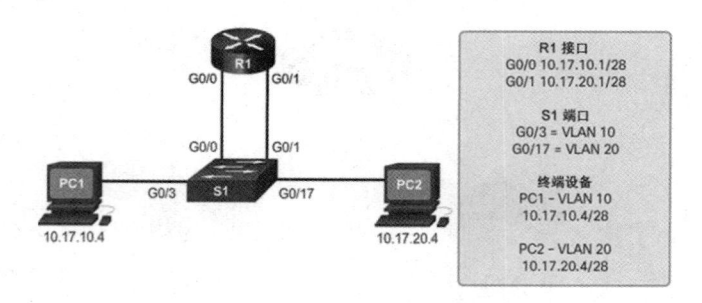

图 3-7　用路由器实现 VLAN 间路由的模型

2. 用单臂路由实现 VLAN 间的路由

为了避免物理端口和线缆的浪费，简化连接方式，可以使用 802.1Q 封装子接口，通过一条物理链路实现 VLAN 间的路由，这种方式被形象地称为"单臂路由"。交换机端口的链路类型有 Access 和 Trunk，其中 Access 链路仅允许一个 VLAN 的数据帧通过，而 Trunk 链路允许多个 VLAN 的数据帧通过。单臂路由正是利用 Trunk 链路允许多个 VLAN 数据帧通过的特性来实现的，如图 3-8 所示。VLAN 间传递流量的设备正是路由器，在 Trunk 链路上，每个数据帧都会"穿越"两次，第一次是交换机将数据帧发送给路由器，第二次是路由器将数据帧返回目的 VLAN。

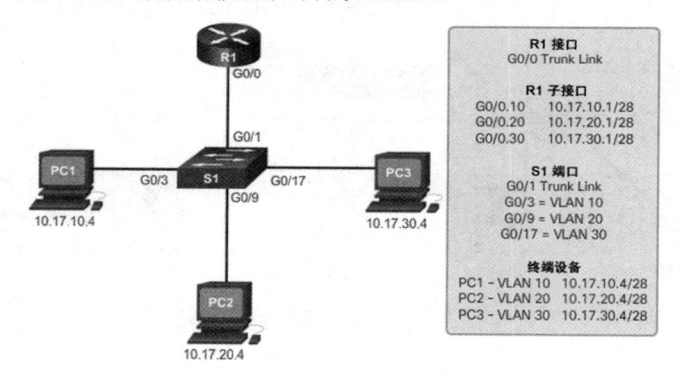

图 3-8　用单臂路由实现 VLAN 间路由的模型

交换机的物理接口和子接口都可以用于执行 VLAN 间的路由，但两者在端口限制、效率、使用端口属性、成本和复杂性等方面存在区别，如表 3-11 所示。

表 3-11　交换机物理接口和子接口之间的区别

物 理 接 口	子 接 口
每个 VLAN 占用一个物理接口	每个 VLAN 占用一个子接口
无带宽争用	存在带宽争用
连接到接入模式交换机端口	连接到中继模式交换机端口
成本高	成本低
连接配置较复杂	连接配置较简单

3. 使用 SVI 实现 VLAN 间的路由

在采用"单臂路由"方式进行 VLAN 间的路由时，由于数据帧在 Trunk 链路上往返传输，因此产生了一定的转发延迟；同时，路由器是基于软件转发 IP 报文的，如果 VLAN 间的路由数据量较大，则会消耗路由器大量的 CPU 和内存资源，从而降低转发性能。因此，在三层交换机上使用 SVI 实现 VLAN 间的路由更为合适，如图 3-9 所示。

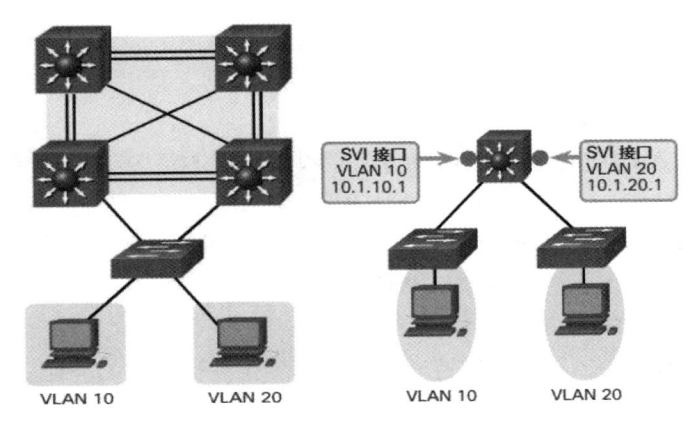

图 3-9 在三层交换机上使用 SVI 实现 VLAN 间路由的模型

图 3-9 所示的模型采用折叠核心层次结构，用户终端都处在单独的 VLAN 中，每个 VLAN 都是一个独立的广播域，也是一个单独的子网。因此，通常将汇聚层交换机配置为每个接入交换机 VLAN 用户终端的网关。这意味着每个汇聚层交换机都必须对应匹配每个接入交换机上 VLAN 的 IP 地址，可以通过使用交换机虚拟接口或路由端口来实现。

SVI 是交换机上基于 VLAN 创建的逻辑三层接口，可以配置 IP 地址。对三层交换机上 SVI 的操作（交换和路由）是基于硬件的，不需要外部链路，所以会比单臂路由器快很多，转发延迟非常低。

需要注意的是，在交换机上可以给 VLAN 接口配置 IP 地址，但在二层交换机和三层交换机上配置 IP 地址的用途是有本质区别的，在二层交换机上为 VLAN 接口配置的 IP 地址是该交换机的管理 IP 地址，在三层交换机上为 VLAN 接口配置的 IP 地址是该 VLAN 用户终端的网关。

课堂讨论：如何创建和删除 SVI？归纳 SVI 有哪些用途。

3.3.5 VLAN 规划原则

在一般情况下，推荐在企业网络中采用"地理位置+部门类型+应用类型"三者结合的原则对 VLAN 进行划分，如表 3-12 所示。同时，为实现对网络设备进行安全有效的管理，建议将网络设备的管理地址作为一个单独的 VLAN 进行规划。

表 3-12　VLAN 的规划原则

划 分 依 据	举　　例
按业务类型划分	数据、语音、视频
按部门类型划分	工程部、市场部、财务部
按地理位置划分	总公司、北京分公司、重庆分公司
按应用类型划分	服务器、网络设备、办公室、教室

3.3.6　VLAN 规划建议

对 VLAN 规划的建议有以下几点。
（1）不能将 VLAN 1 作为业务 VLAN、管理 VLAN、本征 VLAN 来使用。
（2）业务 VLAN ID 间保持间距，方便以后创建相近的 VLAN。
（3）为每一个 VLAN 规划 VLAN 描述符，增强可读性。
（4）每个 VLAN 内支持的终端数目不宜超过 64 个。
（5）不宜划分过多的 VLAN。
（6）在 Trunk 链路上做 VLAN 修剪，保证网络安全和提高网络性能。

　对于某些应用，VLAN 的数量可能超过 4096 个。例如，建设一个城域网，这个城域网可以实现数百个企业互联，规划的 VLAN 数量可能超过 4096 个，在这种情况下可以使用 VLAN 二次封装技术（QinQ）来解决；另外，ISP 为了安全需要，会为每一个端口划分一个 VLAN，从而导致全网的 VLAN 数目不够用，在这种情况下可以使用私有 VLAN（Private VLAN）等技术解决；VLAN 划分得越多，就会占用越多的 IP 地址，在这种情况下可以使用 Super VLAN 技术来解决。

3.3.7　VLAN 规划要点

　某组织拟采用端到端 VLAN 的部署方式，按照行政职能划分出办公室、财务部和销售部，分布在楼内的第二层和第三层。为了满足不同楼层相同部门主机之间的通信需求，设计图 3-10 所示的网络拓扑结构。

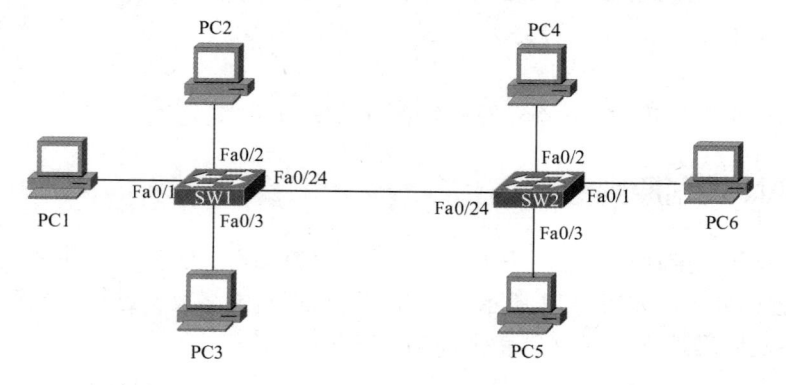

图 3-10　VLAN 规划网络拓扑结构

请按以下 VLAN 规划要点的提示，完成 VLAN 的规划，并以表格的形式呈现。

（1）确定在局域网中需要创建的 VLAN 个数，每个 VLAN 的 ID、名称、类型、对应的 IP 网络号。

（2）确定交换机的哪些端口为 Trunk，Trunk 封装协议是什么，Trunk 允许哪些 VLAN 数据帧通过，将哪个 VLAN 作为 Trunk 上的本征 VLAN。

（3）确定交换机的哪些端口为接入端口，以及该接入端口指派给哪个 VLAN。

结合 VLAN 规划要点和网络拓扑结构，得出 VLAN 规划的详细结果，如表 3-13 所示。

表 3-13　VLAN 规划的详细结果

VLAN ID	VLAN 名称	Access	Trunk	使用网段	网关地址	用途
10	bangong	Fa0/1	Fa0/24（只允许 VLAN 10、VLAN 20、VLAN 30、VLAN 99、VLAN 100 的流量通过）	192.168.10.0/24	192.168.10.1	办公室用户
20	caiwu	Fa0/2		192.168.20.0/24	192.168.20.1	财务部用户
30	xiaoshou	Fa0/3		192.168.30.0/24	192.168.30.1	销售部用户
100	Manage	—		172.16.100.0/24	172.16.100.1	设备管理
99	Native	—		—	—	

知识考核

1．假定在一个 IPv4 网络中只有两个主机 HA 和 HB，HA 和 HB 在同一个 LAN 内，并且没有划分 VLAN。如果 HA 和 HB 需要直接通信，则需满足（　　）。

　　A．HA 和 HB 必须在同一子网内

　　B．HA 和 HB 必须在不同子网内

　　C．HA 和 HB 无论在不在同一个子网内都可以

　　D．HA 和 HB 必须使用相同的操作系统

2．VLAN 实施的前提条件是（　　）。

　　A．使用 CSMA/CD 协议　　　　　　B．基于二层设备实现

　　C．基于二层交换机实现　　　　　　D．基于路由器实现

3．一台思科交换机和一台华三交换机相连，互连端口都工作在 VLAN Trunk 模式下，这两个端口应该使用的 VLAN 协议分别是（　　）。

　　A．ISL 和 IEEE 802.10　　　　　　B．ISL 和 ISL

　　C．ISL 和 IEEE 802.1Q　　　　　　D．IEEE 802.1Q 和 IEEE 802.1Q

4．某网络设计人员在规划 VLAN 时，用户向其提出将自己一台计算机同时划分到两个不同的 VLAN 中，网络设计人员的解决方案是（　　）。

　　A．告诉用户这一要求不能满足

　　B．将用户计算机所连接的交换机端口设置成分属两个不同的 VLAN

　　C．在用户计算机上安装两个网卡，分别连接到不同的交换机端口

D. 让网络自动修改 VLAN 配置信息，使该用户的计算机周期性地变更所属的 VLAN，从而连接两个不同的 VLAN

5. 用户要求以最低的成本达到划分 VLAN 的目的，且不能以 MAC 地址作为依据，可以采用的方法是（　　）。

A. 采用具有 VLAN 功能的二层交换机，按端口划分 VLAN
B. 采用无网管功能的普通交换机，按 IP 地址划分 VLAN
C. 采用具有 IP 绑定功能的交换机，按 IP 地址划分 VLAN
D. 采用具有 VLAN 功能的三层交换机，按端口划分 VLAN

任务实施

根据任务描述，分析各个阶段采用的 VLAN 划分方法和详细的 VLAN 规划结果，基本步骤如下。

1. 初期阶段 VLAN 划分方法和规划内容

分析初期宜采用的 VLAN 划分方法，画出配置结构图，制定详细的 VLAN 规划。

2. 中期阶段 VLAN 划分方法和规划内容

分析中期宜采用的 VLAN 划分方法，画出配置结构图，制定详细的 VLAN 规划。

3. 后期阶段 VLAN 划分方法和规划内容

分析后期宜采用的 VLAN 划分方法，画出配置结构图，制定详细的 VLAN 规划。比较各个阶段采用的 VLAN 划分方法和 VLAN 通信方法的优缺点。

任务评价

1. 考查项

PPT 及现场表达。

2. 评价标准

（1）PPT 制作精良，内容紧扣主题，表述恰当正确，逻辑分析合理，整体风格统一，图文并茂。

（2）小组分工明确，现场表述清晰，分析全面，理由充分，语言流畅，情绪饱满。

任务 3.4　规避交换网络环路

任务描述

某企业采用图 3-11 所示的交换网络拓扑结构，要求 VLAN 10 终端发出的流量经过 SW3，VLAN 20 终端发出的流量经过 SW4，分析该交换网络存在哪些环路，使用何种技术可以解除这些环路，并对环路规避进行详细的规划。

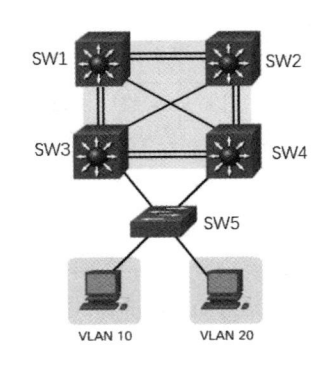

图 3-11 交换网络拓扑结构

知识准备

3.4.1 生成树（STP）技术

在网络中，通常要设计冗余链路和冗余设备来避免单点故障引起的网络失效问题。但是，冗余链路的存在会使交换网络形成环路，从而导致网络广播风暴和 MAC 地址学习错误等严重问题。

交换网络中的二层交换机能够根据 MAC 地址表转发数据帧，但无法记录任何关于该数据帧的转发记录，因此它不能依靠自身来解决冗余链路带来的环路问题，从而必须使用生成树协议（STP）。STP 是一个二层链路管理协议，具有链路备份功能。启用 STP 的交换机会有选择地堵塞冗余链路，生成无环路的拓扑结构（通过定义根桥、根端口、指定端口、路径开销等一系列操作来实现），以达到消除网络二层环路的目的。

STP 包括最初在 IEEE 802.1d 中定义的 STP、在 IEEE 802.1w 中定义的能快速收敛的 RSTP 和在 IEEE 802.1s 中定义的能适应多 VLAN 复杂环境的 MSTP 等。

1. STP 基本术语

（1）网桥 ID（8 字节）=网桥优先级（2 字节）+网桥 MAC（6 字节），默认优先级为 32768，值为 0～65535；值越小优先级越高，且为 4096 的倍数。

（2）端口 ID（2 字节）=端口优先级（1 字节）+端口 ID（1 字节），默认优先级为 128，值为 0～255；值越小优先级越高，且为 8 的倍数。

（3）根路径开销：非根网桥到达根网桥路径上开销的和，其值越小优先级越高，与带宽大小有关。

（4）根网桥：交换网络中具有最小网桥 ID 的交换机。根网桥是 STP 选举的参考点，以及所形成无环路转发路径的核心。一个交换网络只能有一个根网桥。

（5）根端口：非根网桥上到达根网桥路径上开销最小的接口。每个非根网桥只有一个根端口。

（6）路径开销：链路成本的计算和链路的带宽有关，如表 3-14 所示。路径开销是指网桥之间链路成本的累计和，用于衡量网桥之间的距离。

表 3-14 常见路径开销

链 路 带 宽	成本（修订前）	成本（修订后）
10Gbit/s	1	2
1000Mbit/s	1	4
100Mbit/s	10	19
10Mbit/s	100	100

（7）指定端口：每个交换网段中具有最小根路径开销的端口。每个网段只有一个指定端口。

2. STP 的工作过程

1）交换 BPDU

为了描述方便，本节中的术语"网桥"与"交换机"不做区分。在 STP 网络中，交换机之间必须进行一些信息交流，这些信息交流单元称为 BPDU，它是一种二层报文。目的 MAC 地址是多播地址 0180.c200.0000，所有支持 STP 的交换机都会收到 BPDU 并对它进行处理，BPDU 的报文有以下两种类型。

（1）配置 BPDU：根网桥中用于计算生成树和维护生成树拓扑的报文。

（2）拓扑变更告知（TCN）BPDU：用于通知网络拓扑的变更。

在初始化时，每台交换机都会生成以自己为根网桥的配置 BPDU，如图 3-12 所示。在网络收敛之后，每个参与 STP 的交换机都会每隔 2s 在自己的所有端口发送一次 BPDU，根交换机向外发送配置 BPDU，其他交换机对该配置 BPDU 进行转发。配置 BPDU 包含用于控制交换机上 STP 操作的相关参数，如表 3-15 所示。

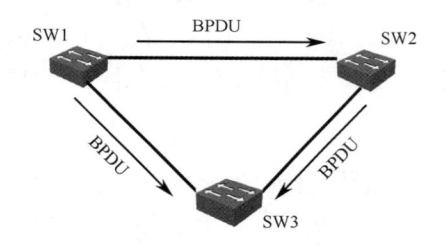

图 3-12 配置 BPDU

表 3-15 配置 BPDU 包含的相关参数

项 目	字 节	项 目	字 节
协议 ID	2	发送网桥 ID	8
版本号	1	端口 ID	2
报文类型	1	报文老化时间	2
标记域	1	最大老化时间	2
根网桥 ID	8	Hello 时间	2
根路径成本	4	转发延迟	2

2）选举根网桥

根网桥是 STP 的核心，它的所有端口都可以转发数据，判断根网桥就是通过 BPDU 来完成的，根据其中的网桥 ID 参数，网桥 ID 值最小的被选择为根网桥，如图 3-13 所示。为了便于作为公共参考点，根网桥应位于二层网络的中央。通常选用汇聚层交换机或者靠近服务器的交换机作为根网桥，这样 STP 工作的效率会更高。

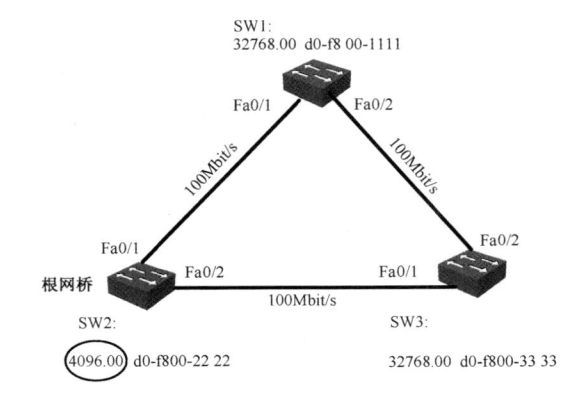

图 3-13　选举根网桥

课堂讨论：STP 在自动选举根网桥之后，可能会使劣质的交换机成为根交换机，从而严重影响整个交换网络的性能。在图 3-14 所示的网络拓扑结构中，如果要让性能较好的 SW2 成为根交换机，该如何实现？

图 3-14　根交换机选举操作

3）选举根端口

在选举出根网桥之后，需要在非根网桥上选举一个根端口。根端口通常处于转发状态，其选举顺序依次是：根路径成本最小、发送网桥 ID 最小、发送端口 ID 最小、接收端口 ID 最小，如图 3-15 所示。

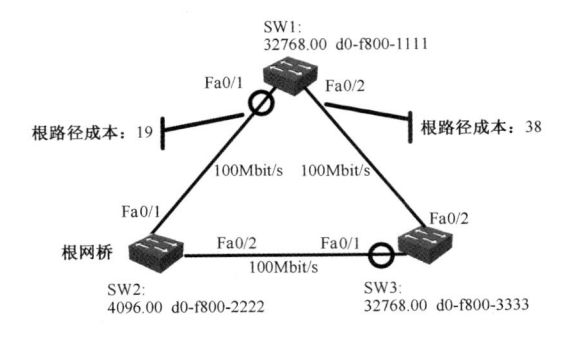

图 3-15　选举根端口

4）选举指定端口

在每个网段中选举一个指定端口，用于向根交换机发送流量和从根交换机接收流量。指定端口的选举顺序依次是：根路径成本最小、所在交换机的网桥 ID 最小、端口 ID 最小，如图 3-16 所示。

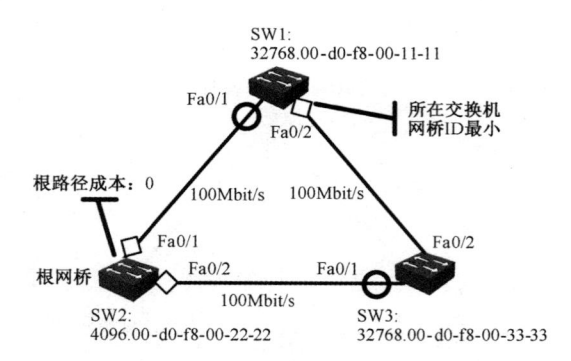

图 3-16 选举指定端口

在图 3-16 所示根交换机 SW2 与非根交换机 SW1 和 SW3 直接相连的链路中，显然根交换机 SW2 上的端口到其自身的成本为 0（最小），故根交换机 SW2 上连接的非根交换机的端口 Fa0/1 和 Fa0/2 是指定端口。在与根交换机非直接相连的链路中，比如 SW1 和 SW3 形成的链路，由于根路径成本相同，因此需要进一步比较网桥 ID，值越小越优先。SW1 的网桥 ID 相对较小，其与非根交换机 SW3 相连的端口即指定端口。

5）选举阻塞端口

交换机上既不是根端口，也不是指定端口的端口，为阻塞端口。在图 3-16 中，非根交换机 SW3 上与 SW1 相连的端口 Fa0/2 既不是根端口，也不是指定端口，即阻塞端口。

拓展提高：交换网络中的非根交换机可能不止一个，同时非根交换机可能与根交换机直接相连，也可能不直接相连。这里讨论非根交换机与根交换机直接相连的情况，当根端口选举出现平局时，如何选出根端口。在图 3-17 所示的网络拓扑结构中，SW1 是根交换机，SW2 是非根交换机。

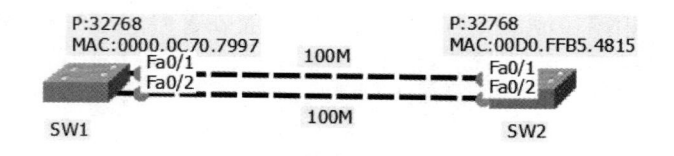

图 3-17 网络拓扑结构

在进行根端口选举时，首先比较 SW2 上端口到 SW1 的 Cost，值小的为根端口，相当于比较链路数据传输速率，两条链路数据传输速率均为 100Mbit/s，Cost 值均为 19，出现平局；然后在 SW1 上比较和 SW2 相连的端口的优先级，端口优先级采用默认值 128，再次出现平局；最后比较 SW1 上端口 ID 的大小，选举依据是端口小的为根端口，这时不会出现平局现象，因为交换机上的端口号不可能相同，选举结果是 SW2 的 Fa0/1 成为根端口。如果要让 SW2 上的 Fa0/2 端口成为根端口，该如何操作？

3. STP 端口状态

STP 定义了 5 种端口状态：Disabled、Blocking、Listening、Learning 和 Forwarding。其中，Listening 和 Learning 状态为中间状态，端口在处于中间状态时不能接收和发送数据。STP 各端口状态对配置 BPDU 收发、MAC 地址学习及数据的收发处理均有不同，如表 3-16 所示。

表 3-16 STP 各端口状态对配置 BPDU 收发、MAC 地址学习及数据的收发处理

STP 端口状态	是否配置 BPDU 收发	是否进行 MAC 地址学习	是否收发数据
Disabled	否	否	否
Blocking	否	否	否
Listening	是	否	否
Learning	是	是	否
Forwarding	是	是	否

4. STP 的计时器

STP 网络收敛是一种重要的网络操作，是指当网络拓扑改变时（如某个交换机失效），交换机重新计算 STP 的过程。在 STP 选举完成之后，网络不可能总是稳定的，当某个交换机失效时，参与 STP 的交换机不会每隔 2s 发送 BPDU 信息，当其相邻的交换机检测到这一点时，开始重新计算 STP。在这个过程中，交换机会经历重新计算 STP 的过程，而交换机是不能转发数据的，因此时间就变得重要起来。表 3-17 为 3 个重要的 STP 计时器。

表 3-17 STP 的计时器

计时器	功能	默认时间
Hello	发送 BPDU 的时间间隔	2s
Max Age	BPDU 的存储时间	20s
Forward Delay	监听和学习状态的持续时间	30s（其中监听 15s，学习 15s）

需要注意的是，在未充分了解网络拓扑结构之前，最好不要更改这些计时器。如果网络管理员认为网络的收敛时间可以进一步优化，那么可以通过重新配置网络直径来自动调整 Forward Delay 和 Max Age 时间计时器，建议不要直接调整 Hello 计时器。当某个交换网络的直径超过 7 台交换机时，默认配置就会产生问题，此时应注意不要将转发延迟时间调整得过长，否则会导致生成树的收敛时间过长；也不要将转发延迟时间调整得过短，否则在拓扑变更的时候会引入短暂的环路。

3.4.2 快速生成树（RSTP）技术

当网络拓扑结构发生变化时，STP 可以消除二层网络中的环路并为网络提供冗余，但在网络临时失去连通性并没有做任何处理时，网络需要经过两倍的转发延迟才能恢复连通性，相对于三层协议 OSPF 或 VRRP 秒级的收敛速度，STP 的延迟无疑成为网络性能提高的一个瓶颈。为解决 STP 收敛速度慢的问题，IEEE 在 STP 的基础上进行了改进，推出了 RSTP，

其 IEEE 标准为 802.1w。RSTP 消除环路的基本思想和 STP 一致，具备 STP 的所有功能，并支持 RSTP 的网桥和 STP 的网桥一同运行。

3.4.3 多生成树（MSTP）技术

1．STP 和 RSTP 的缺陷

IEEE 802.1d 标准的提出早于 VLAN 的 IEEE 802.1q 标准，因此 STP 中没有考虑 VLAN 的因素。而 IEEE 802.1w 对应的 RSTP 仅对 STP 的收敛机制进行了改进，和 STP 一样属于单生成树协议。在计算 STP 或 RSTP 时，网桥上所有的 VLAN 都共享一棵生成树，无法实现不同 VLAN 在多条 Trunk 链路上的负载分担，造成带宽的极大浪费，如图 3-18 所示。

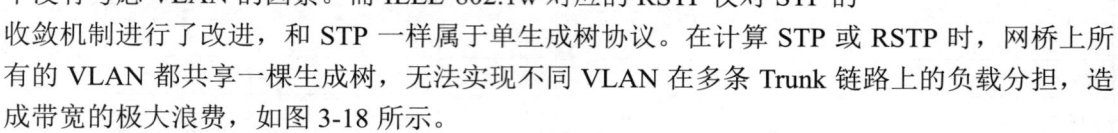

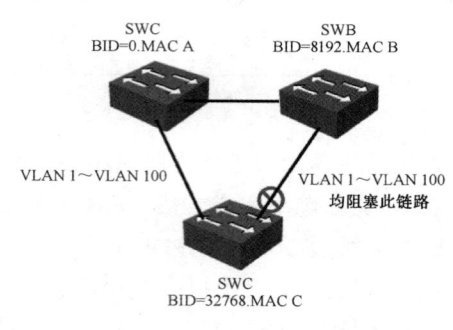

图 3-18 STP 和 RSTP 的缺陷

2．MSTP 的基本思想

上述缺陷是生成树协议自身无法克服的，如果要实现 VLAN 间的负载分担，则需要使用 MSTP。MSTP 在 IEEE 802.1s 标准中定义，它既可以实现快速收敛，又可以弥补 STP 和 RSTP 的缺陷。MSTP 基于实例计算出多棵生成树，每一个实例都可以包含一个或多个 VLAN，每一个 VLAN 只能映射一个实例。网桥可以通过配置多个实例来实现不同 VLAN 间的负载分担，如图 3-19 所示。

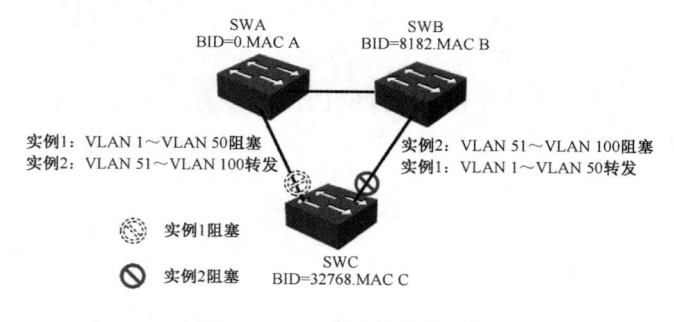

图 3-19 MSTP 实现负载分担

3．MSTP 的基本概念

MST 区域如图 3-20 所示，为了确保 VLAN 到实例的一致性映射，

协议必须能够准确地识别区域的边界，因此需要交换机发送 VLAN 到实例的映射摘要并配置版本号和名称。

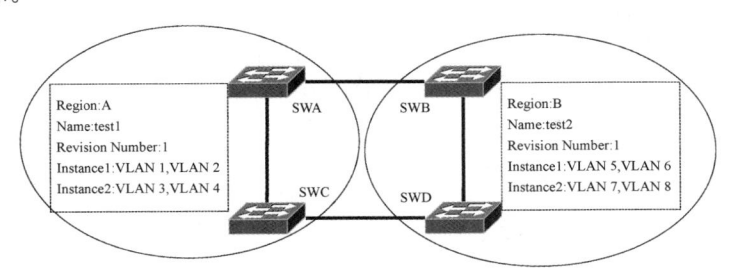

图 3-20　MST 区域

具有相同 MST 实例映射规则和配置的交换机属于同一个 MST 区域，同一个 MST 区域内的交换机必须具有以下相同配置。

（1）MST 配置域名（Name）：用 32B 的字符串来标识 MST 区域的名称。

（2）MST 修正号（Revision Number）：用 16B 的修正值来标识 MST 区域的修正号。

在每台交换机中，最多可以创建 64 个 MST 实例，编号为 1～64，实例 0 是强制存在的。在交换机上可以通过配置将 VLAN 和不同的 MST 实例进行映射，没有被映射到 MST 实例的 VLAN 默认属于实例 0。实际上，在配置映射关系之前，交换机上所有的 VLAN 都属于实例 0。

拓展提高：某组织的网络拓扑结构如图 3-21 所示，4 台交换机都启用了 MSTP 生成树模式，其中 S7606-1 的相关配置如下所示。两台 S2924G 交换机也配置了相同的实例、域名和版本修正号。

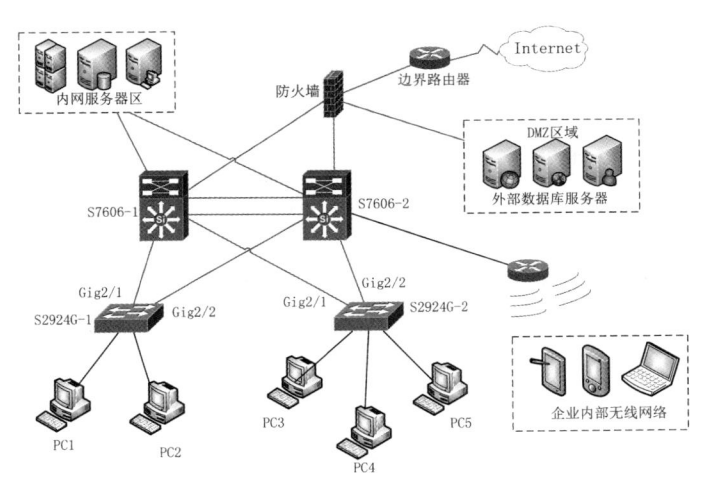

图 3-21　MSTP 配置网络拓扑结构

S7606-1 的相关配置如下。

```
S7606-1(config)#spanning-tree mst 1 priority 4096      //默认值是32768
S7606-1(config)#spanning-tree mst configuration
S7606-1(config-mst)#instance 1 vlan 10,12
S7606-1(config-mst)#instance 2 vlan 9,11
```

```
S7606-1(config-mst)#name region 1
S7606-1(config-mst)#revision 1
```

S7606-2 的相关配置如下。

```
S7606-2(config)#spanning-tree mst 2 priority 4096
S7606-2(config)#spanning-tree mst configuration
S7606-2(config-mst)#instance 1 vlan 10,12
S7606-2(config-mst)#instance 2 vlan 9,11
S7606-2(config-mst)#name region 1
S7606-2(config-mst)#revision 1
```

（1）instance 2 生成树的根交换机是（   ），原因是（   ）。

（2）就 instance 1 而言，交换机 S2924G-1 的根端口是（   ），原因是（   ）。

（3）PC1 发给 PC5 的数据包经过的设备路径为（   ）。

在三层交换机 S7606-1 中，配置 VLAN 10 的 IP 地址为 202.10.10.1/24，VLAN 11 的 IP 地址配置为 202.10.11.254/24。在三层交换机 S7606-2 中，配置 VLAN 10 的 IP 地址为 202.10.10.254/24，VLAN 11 的 IP 地址为 202.10.11.1/24。两台三层交换机的 VRRP 配置如下。

```
S7606-1(config)#interface vlan 10
S7606-1(config-if)#vrrp 10 ip 202.10.10.1
S7606-1(config-if)#vrrp 10 preempt
S7606-1(config)#interface vlan 11
S7606-1(config-if)#vrrp 11 ip 202.10.11.1
S7606-2(config)#interface vlan 10
S7606-2(config-if)#vrrp 10 ip 202.10.10.1
S7606-2(config)#interface vlan 11
S7606-2(config-if)#vrrp 11 ip 202.1011.1
S7606-2(config-if)#vrrp 11 preempt
```

（4）在 PC2 中设置的网关 IP 地址为 202.10.10.1，在网络正常运行的情况下，PC2 访问 Internet 的数据转发路径是（   ）。

（5）假设需要将三层交换机 S7606-1 临时宕机一小时并对其进行检修及操作系统升级。请问这一小时内 PC2 在没有修改网关 IP 地址的情况下，能否访问 Internet？请结合交换机 S7606-1 宕机后发生的变化说明原因。

知识考核

1. 某学校建有宿舍网络，每个宿舍有 4 个网络端口，某学生误将一根网线接到宿舍的两个网络接口上，导致本层网络速度极慢几乎无法使用，为避免此类情况再次出现，管理员应该（   ）。

　　A．启动接入交换机的 STP 协议　　　　B．更换接入交换机
　　C．修改路由器配置　　　　　　　　　　D．启动交换机的 PPPoE 协议

2．在生成树协议中，收敛是指（　　）。
　　A．所有端口都转换到阻塞状态
　　B．所有端口都转换到转发状态
　　C．所有端口都处于转发状态或侦听状态
　　D．所有端口都处于转发状态或阻塞状态
3．在 STP 生成树中，断开的链路并不是随意选择的，而是通过设备、接口、链路优先级等因素决定的。在图 3-22 所示的拓扑结构中，（　　）是作为逻辑链路断开后的备份使用的。
　　A．SW1 和 SW2 之间的链路　　　B．SW1 和 SW3 之间的链路
　　C．SW2 和 SW3 之间的链路　　　D．任意一条链路

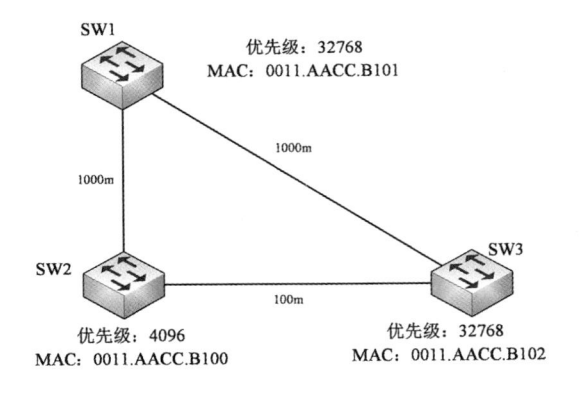

图 3-22　生成树运行拓扑结构

4．STP 运行拓扑结构如图 3-23 所示，生成树根网桥选举的结果是（　　）。
　　A．Switch1 将成为根网桥　　　B．Switch2 将成为根网桥
　　C．Switch3 将成为根网桥　　　D．Switch1 和 Switch2 将成为根网桥

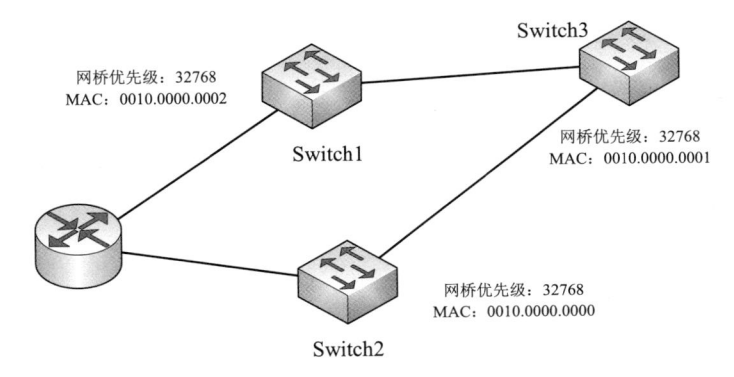

图 3-23　STP 运行拓扑结构

任务实施

根据任务描述，分析各个阶段采用的 VLAN 划分方法和详细的 VLAN 规划结果，基本步骤如下。

1. 确定交换网络中存在的环路

分析网络拓扑结构中存在哪些冗余链路，是否具有构成交换环路的风险。

2. 确定交换网络中的根交换机

分析网络拓扑结构中交换机的位置和承担的角色，选择性能好的交换机作为根交换机。

3. 确定链路是否需要以负载均衡方式运行

分析交换网络中终端流量是否影响网络整体性能，确定是否需要在不同链路上进行流量的负载分担。

4. 确定规避环路时所使用的生成树模式

根据网络性能要求，选择合适的生成树模式。

5. 详细规划生成树运行参数

以表格的形式呈现生成树运行参数，如版本号、修订号、生成树实例、映射到实例的VLAN、生成树实例的根网桥／优先级和生成树实例的次根桥／优先级等。

任务评价

1. 考查项

PPT及现场表达。

2. 评价标准

（1）PPT制作精良，内容紧扣主题，表述恰当正确，逻辑分析合理，整体风格统一，图文并茂。

（2）小组分工明确，现场表述清晰，分析全面，理由充分，语言流畅，情绪饱满。

任务 3.5 增强交换网络可靠性

任务描述

某企业采用图 3-11 所示的交换网络拓扑结构，要求 VLAN 10 终端发出的流量经过 SW3，VLAN 20 终端发出的流量经过 SW4，分析如何增强该网络的可靠性，并对增强可靠性的技术进行详细规划。

知识准备

3.5.1 链路聚合技术概述

在 STP 网络中，不管使用多少条链路将交换机级联，最终得到的带宽都将是一条链路的带宽。如果希望多条级联链路的带宽能够累加，那么可以使用链路聚合技术来实现。链路聚合的主要功能是将两台交换机的多条链路捆绑形成逻辑链路，该逻辑链路的带宽就是所有物理链路带宽之和，如图 3-24 所示。在使用链路聚合之后，当其中一条链路发生故障时，网络仍然能够正常运行，并且发生故障的链路在恢复之后能够重新加入到链路聚合中。链路聚合还能在各端口上运行流量均衡算法，起到负载分担的作用，解决交换网络中因带宽不足引起的网络瓶颈问题。

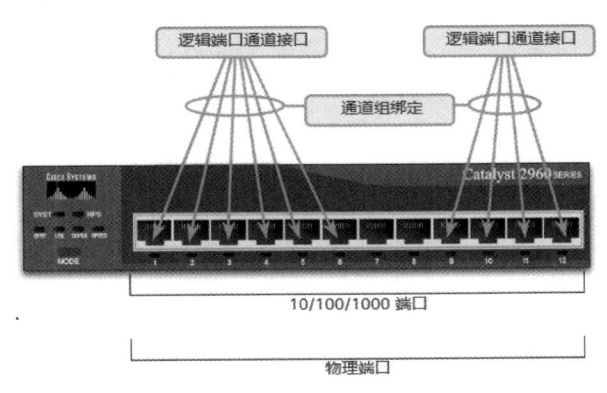

图 3-24　链路聚合

1. STP 与链路聚合是否冲突

在网络中同时使用 STP 与链路聚合技术时不会产生任何冲突，在将多条物理链路捆绑形成一条逻辑链路之后，STP 会认为这是一条链路，因此不会产生环路，从而不能阻断链路聚合中的任何一个物理接口。

2. 链路聚合技术

链路聚合是扩展链路带宽的一个重要途径，符合 IEEE 802.3ad 标准。它可以把多个端口的带宽叠加起来，比如，全双工快速以太网接口形成的逻辑链路数据传输速率可以达到 800Mbit/s，吉比特以太网接口形成的逻辑链路数据传输速率可以达到 8Gbit/s。

当链路聚合中的一条成员链路断开时，系统会将该链路的流量分配到链路聚合中的其他有效链路上，系统还可以发送 Trap 来警告链路断开。在链路聚合中，一条链路收到的广播或多播报文不会转发到其他链路上，因此，尽管链路聚合也存在冗余链路，但它不会引起广播风暴。图 3-25 所示为典型的链路聚合配置。

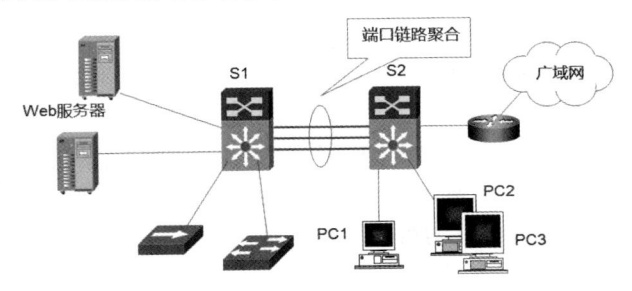

图 3-25　典型的链路聚合配置

3.5.2 链路聚合技术的应用

1. 流量平衡

链路聚合可以根据报文的 MAC 地址或 IP 地址进行流量平衡，即把流量平均地分配到聚合端口的成员链路中。在图 3-26 所示的网络拓扑结构中，如果不使用链路聚合，那么汇聚交换机和核心层交换机之间就会出现带宽瓶颈问题。在使用链路聚合之后，不但可以解决这一问题，还可以实现链路的流量平衡，提高链路的利用率。

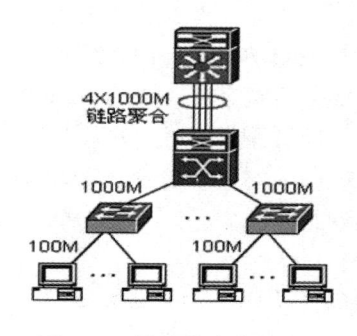

图 3-26　链路聚合流量平衡

2. PAgP 和 LACP

PAgP（Port Aggregation Protocol，端口聚集协议）和 LACP（Link Aggregation Control Protocol，链路聚集控制协议）都是用于动态创建链路聚合的协议。不同的是，PAgP 是思科专有协议，而 LACP 是 IEEE 802.3ad 定义的国际标准协议。

无论是 PAgP 还是 LACP，都是通过在交换机的级联端口之间互相发送数据包来协商创建链路聚合的。交换机端口在收到对方要求建立的 PAgP 或者 LACP 数据之后，如果允许，那么交换机会动态地将物理端口捆绑形成链路聚合。

3. 链路聚合方式

如果将链路聚合设置为 On 或者 Off 模式，则不使用动态协商的 PAgP 或 LACP，而是手动配置链路聚合；如果设置为 Auto 或 Desirable 模式，则使用 PAgP；如果模式设置为 Passive 或 Active，则使用 LACP，如图 3-27 所示。

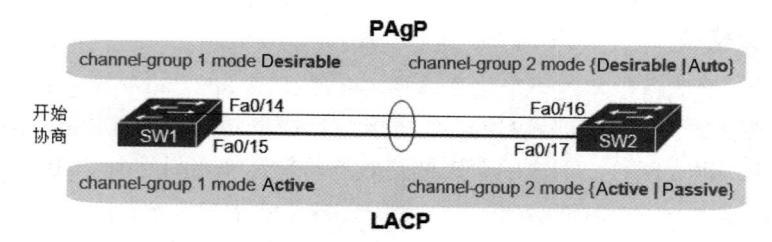

图 3-27　链路聚合的组合配置

4. 链路聚合应用场景

下面分别针对第二层接口（无 Trunk）、第二层接口（有 Trunk）和第三层接口的情况介绍链路聚合的应用。

（1）第二层接口（无 Trunk）。

当希望交换机的级联端口作为普通的二层接口使用，而不希望有 Trunk 流量时，可以使用第二层的链路聚合。采用这种方式的链路聚合，应该首先将交换机的成员接口设置为第二层模式。

（2）第二层接口（有 Trunk）。

当希望交换机的级联端口作为二层链路聚合，并且能够运行 Trunk 时，则可以使用带

Trunk 的第二层链路聚合来实现。采用这种方式的链路聚合,应首先将交换机的接口设置为第二层模式,并且配置好 Trunk,然后配置链路聚合。

(3)第三层接口。

当希望交换机之间能够通过第三层接口相连时,即像两个路由器通过以太网接口相连一样,可使用链路聚合来提高访问速度。

课堂讨论:分析实施链路聚合技术需要具备哪些条件。在图 3-28 所示的网络拓扑结构中,标识为②和④的两条链路是否可以聚合?为什么?

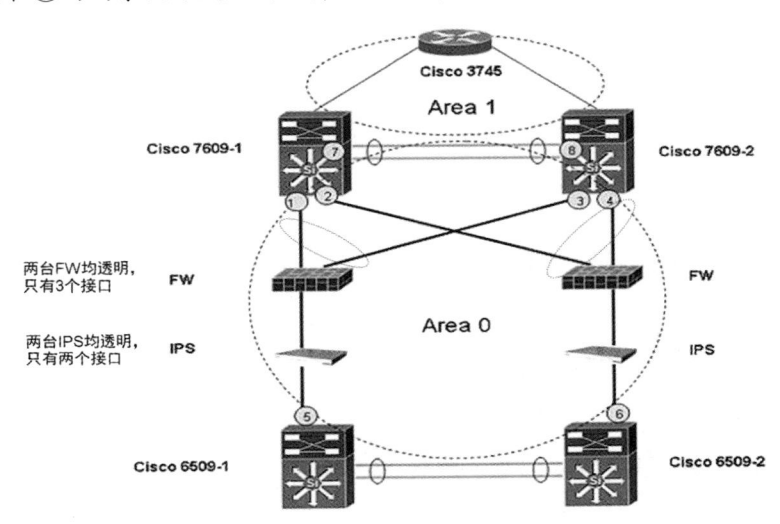

图 3-28 链路聚合网络拓扑结构

知识考核

1. 采用以太网链路聚合技术将( )。
   A. 多条逻辑链路组成一条物理链路
   B. 多条逻辑链路组成一条逻辑链路
   C. 多条物理链路组成一条物理链路
   D. 多条物理链路组成一条逻辑链路
2. ( )技术可以提供更高的带宽和链路冗余。
   A. 生成树协议   B. VLAN   C. 链路聚合   D. 动态路由
3. ( )方法不是有效的链路聚合技术的负载均衡算法。
   A. 源 MAC 地址   B. 源和目的 MAC 地址
   C. 源和目的 IP 地址   D. IP 优先级
4. 增加链路带宽的方法有哪些?
5. 网络中的冗余链路可以实现哪些功能?

任务实施

根据图 3-29 所示的网络拓扑结构，按如下步骤进行链路聚合设计。

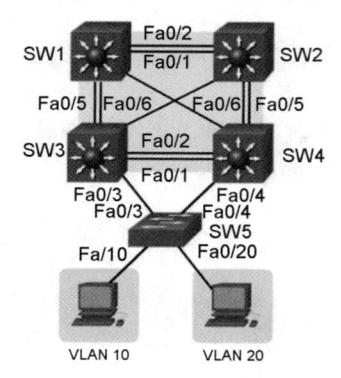

图 3-29 链路聚合网络拓扑结构

1. 确定聚合链路由交换机的哪些端口组成

指出网络拓扑结构中需要创建为聚合链路的端口，并规划聚合链路名称。

2. 确定聚合链路是二层还是三层的

分析在哪些聚合链路上配置二层链路和三层链路。

3. 确定采用手动方式还是动态聚合方式

分析在哪些聚合链路上使用手动方式或动态聚合方式，如果是动态聚合方式，则需要确定是使用 PagP 还是使用 LACP。

4. 确定使用的聚合协议和协商模式

根据已确定的聚合方式和聚合协议，确定链路协商模式。

5. 将以上信息整理到表格中

链路聚合规划表如表 3-18 所示，可自行增加表格行数。

表 3-18 链路聚合规划表

设备名	聚合链路名称	以太网链路类型	包含的物理接口	使用的管理协议	链路协商模式

任务评价

1. 考查项

PPT 及现场表达。

2. 评价标准

（1）PPT 制作精良，内容紧扣主题，表述恰当正确，逻辑分析合理，整体风格统一，图文并茂。

（2）小组分工明确，现场表述清晰，分析全面，理由充分，语言流畅，情绪饱满。

任务 3.6　规划网络拓扑结构

任务描述

某职业学院人员包括教师、学生、行政办公人员及其家属，构建一个所有人员都能相互通信但相互隔离的网络，具体需求如下。

（1）网络整体性能要求至少千兆主干，十兆到桌面。

（2）便于扩展，满足未来两年内网络用户增长的需要。

（3）确保网络的安全接入和方便管理。

（4）考虑核心骨干网络的可靠性，满足电信级不断网要求。

（5）根据教师、学生的业务需求，需要网络有一定的可靠性措施。

（6）所有用户均能访问 Internet，并提供一定的可靠性和安全性。

（7）网络实行集中统一化管理。

请完成网络拓扑结构的设计和绘制，并做简要解释和分析。

知识准备

3.6.1　网络拓扑结构类型

优良的网络拓扑结构是网络稳定可靠运行的基础，一般将网络拓扑结构分为总线型、环形、星形、树形和网状形。从网络行业应用的角度来看，网络拓扑结构可以分为平面拓扑结构和层次化拓扑结构。

1. 平面拓扑结构

在平面拓扑结构的局域网中，每台计算机都处于平等的位置，两者之间的通信不用经过别的节点，它们处于竞争和共享的总线型结构中。平面拓扑结构适用于网络规模不大、管理简单方便和安全控制要求不高的场合。

2. 层次化拓扑结构

层次化拓扑结构将网络划分出不同的功能层次，能够准确地描述用户需求。它的特点是终端节点发出的流量在到达核心节点之前要进行汇聚，使得终端节点之间的通信一般要经过上层网络线路，从而对上层网络产生依赖。

3.6.2　网络层次设计模型

网络层次设计模型是指将复杂的网络设计分为多个层次，每个层次只着重于某方面功能的设计,从而使一个复杂的问题变成几个简单的小问题。目前的网络分层设计模型采用三层网络设计模型,三层网络依次为核心层、汇聚层及接入层,如图 3-30 所示。

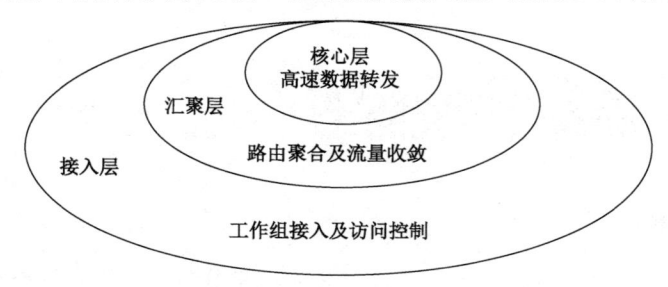

图 3-30 三层网络设计模型

1. 接入层

接入层主要为最终用户提供访问网络的能力,将用户主机连接到网络中,提供最靠近用户的服务。需要注意接入层设备工作的稳定性,如环境温度变化大、灰尘多、电压不稳定等因素都会对其造成影响。接入层设备一般为价格低廉的二层交换机,分散在用户工作区附近,其品种繁多、地点分散,因此容易出现质量问题,对网络的稳定性影响很大,可能会使网络管理工作变得困难。

2. 汇聚层

汇聚层的主要功能是汇聚网络流量,并屏蔽接入层的变化对核心层造成的影响。汇聚层构成了核心层与接入层之间的界面。汇聚层流量聚合与发散模型如图 3-31 所示。

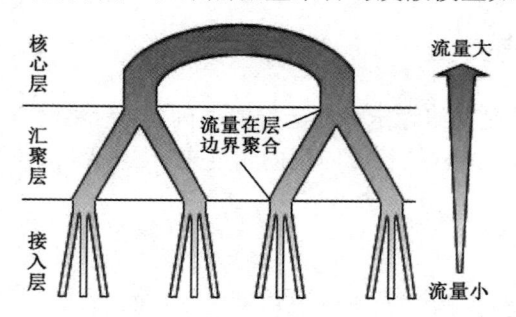

图 3-31 汇聚层流量聚合与发散模型

汇聚层交换机多选用三层交换机,可以在全网体现分布式路由思想,减轻核心层交换机的路由压力,有效地实现路由流量的平衡。例如,在根据建筑内的子网规模和应用需求来决定汇聚层交换机的类型时,对于网络规模较大的子网,应选择较高性能的模块化三层交换机;而对于网络规模较小的子网,应选择固定端口三层交换机。

在实际工作中,汇聚层交换机的下行链路端口速率可以与接入层保持一致,上行链路端口速率相对于下行链路端口速率应大一个数量级。在企业网设计中,为降低成本,汇聚层多采用光纤接口和电缆接口的交换机;而在城域网中,由于数据流量大,因此汇聚层多采用全光口交换机。

3. 核心层

核心层的主要功能是实现数据包高速交换，它是所有流量的最终汇聚点和处理点，因此结构必须简单高效，对核心设备的性能要求也十分严格。需要注意的是，不要在核心层上执行网络安全策略，核心层的所有设备都应具有充分的可到达性；不要在核心层交换机上使用默认路径到达内网，使用聚合路由能够缩减核心层的路由表。

（1）核心层网络技术选择。

核心层网络技术要根据需求中的地理距离、信息流量和数据负载决定。一般而言，主干网用来连接建筑群和服务器群，可以容纳网络上 40%～60% 的信息流，是网络大动脉。连接建筑群的主干网一般以光纤作为传输介质，典型的主干网络技术主要有千兆以太网等。

具体选择何种网络技术，一定要对整个网络的性能进行综合考虑，不但上层（核心层、汇聚层）的技术要好，而且下层（接入层）的技术也不能太差，通常按"千—千—百""千—百—百""万—千—千""万—千—百"的原则来进行设计，即核心层如果是千兆以太网，则汇聚层和接入层至少选用百兆以太网；如果核心层是万兆以太网，则汇聚层至少选用千兆以太网，接入层至少选用百兆以太网。这不仅是对各层交换机端口的要求，还是对用户端的网口及传输介质的要求。

（2）核心层网络拓扑结构选择。

核心层网络可以根据不同的应用需求，采用单星、双星和多星网络拓扑结构。单星网络拓扑结构常用于小规模局域网设计，优点是结构简单、投资少，适用于网络流量不大、可靠性不高的场合。双星网络拓扑结构解决了单点故障失效问题，不仅抗毁性强，还可采用链路聚合技术，如快速以太网的 FEC（Fast Ethernet Channel）、千兆以太网的 GEC（Gigabit Ethernet Channel）等技术，可以允许每条冗余链路实现负载分担。图 3-32 所示为双星网络拓扑结构和单星网络拓扑结构的对比，双星网络拓扑结构比单星网络拓扑结构多占用两倍的传输介质和光端口，除要求增加核心交换机外，二层交换机的上联端口中也要求有两个以上的光端口。当核心层上有 3 个节点时，网络拓扑结构将连成环形；当核心层上有 4 个节点时，网络拓扑结构将连成网状形，主要用于大型园区网和城域网设计，网络可靠性高，但建设成本也高。

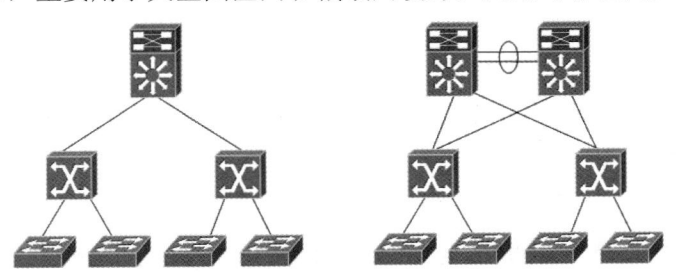

（a）单星网络拓扑结构　　（b）双星网络拓扑结构

图 3-32　单星、双星网络拓扑结构的比较

3.6.3 网络拓扑结构设计原则

如何根据网络的大小及范围，确定网络的层次结构、互联点和网络设备的类型等是网络

拓扑结构设计要解决的问题。在进行网络拓扑结构设计时，一般依据三层网络模型的设计原则，如图 3-33 所示。

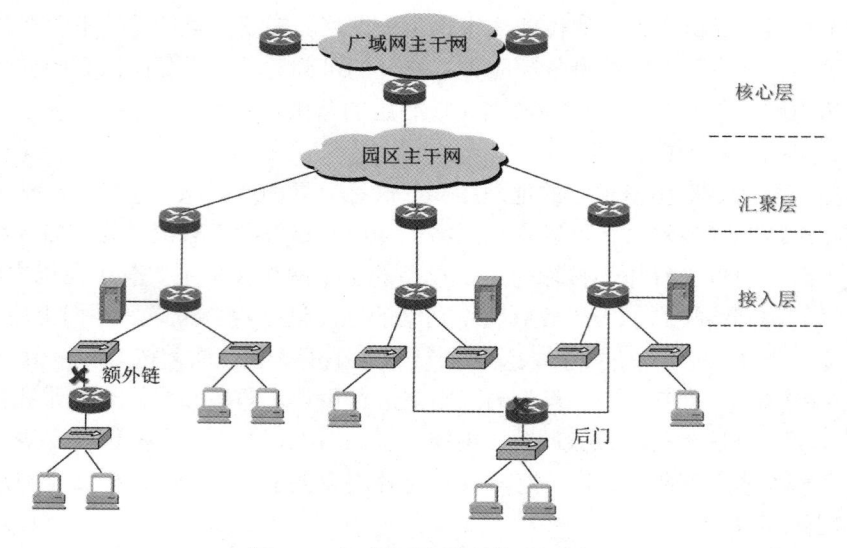

图 3-33　三层网络模型的设计原则

三层网络模型的设计原则如下。

1. 控制层次数量

过多的层次会造成设备级联过深和网络结构划分不明确，以及某台设备流量过载，从而严重影响网络性能和增加网络延迟。在图 3-33 中，将所有接入层流量都引到一台汇聚层设备上，此时汇聚层设备的性能会降低。

2. 控制网络的接入

保持接入层对网络结构的控制，不允许申请其他渠道访问外网。在图 3-33 中，设计一个后门可能会引发非授权访问的网络安全问题。

3. 保证结构的稳定

保证网络的层次性，不能在网络拓扑结构中随意增加额外链。在图 3-33 中，增加一个额外链，由于无法预知额外链产生的流量大小，因此可能导致接入层设备过载。

4. 保证优先设计接入层

从接入层开始，逐层以节点归类、链路数目、链路带宽、可靠性、安全性及层与层之间的连接性能需求等要素为依据进行设计。

5. 保证模块边界清晰

大型网络设计项目通常由不同的模块组成，每个模块的设计都可以作为一个相对独立的系统，此时同样要考虑层次及冗余。因此，除接入层之外，核心层和汇聚层应尽量采用模块化方式，且模块间的边界应非常清晰。

3.6.4 网络拓扑结构设计内容

1. 确定网络设备总数

确定网络设备总数是整个网络拓扑结构设计的基础。因为一个网络设备至少需要连接一个端口,所以设备总数一旦确定,所需交换机的端口总数也就确定了。

2. 确定交换机端口类型和端口数

一般来说,网络中的服务器、边界路由器、下级交换机、网络打印机、特殊用户工作站等所需的网络带宽较高,所以通常连接在交换机的高带宽端口上。其他设备的带宽需求不是很高,所以只需连接在普通的 10/100Mbit/s 自适应端口上即可。

3. 保留一定网络扩展所需的端口

交换机的网络扩展主要体现在两方面,一方面是与下级交换机连接的端口,另一方面是与后续添加工作站用户连接的端口。与下级交换机连接的端口一般采用高带宽端口,如果交换机提供了级联端口,则可以直接使用级联端口与下级交换机连接。

4. 确定可连接工作站总数

交换机端口总数不等于可连接的工作站总数,因为交换机中的一些端口还要用来连接那些不是工作站的网络设备,如服务器、下级交换机、网络打印机、路由器、网关、网桥等。

5. 确定关键设备连接

把需要连接在高带宽端口的设备连接在交换机可用的高带宽端口上。

6. 确定与其他网络连接

通过路由器连接其他网络,如合作伙伴的网络或 Internet。

3.6.5 网络拓扑结构设计案例

某大型钢铁公司需要建立办公、钢厂、轧钢厂、动力厂、生产部等区域的主干计算机网络及相关的二级计算机网络,并与 Internet 相连实现整个公司的信息化管理。该公司网络拓扑结构如图 3-34 所示。

1. 层次的划分

(1)核心层:将公司的网络主节点机房放置在公司办公楼,并作为公司的区域网络核心和应用服务中心。

(2)汇聚层:设置钢厂区域、轧钢厂区域、动力厂区域、生产部区域、经营部区域为网络系统的汇聚层,用于与核心层的连接和区域信息的汇聚。

(3)接入层:将各区域内的办公楼、生产车间等内部的计算机作为网络接入层,用于各信息点的接入。

建立企业的内网,并通过防火墙将其与 Internet 相连。

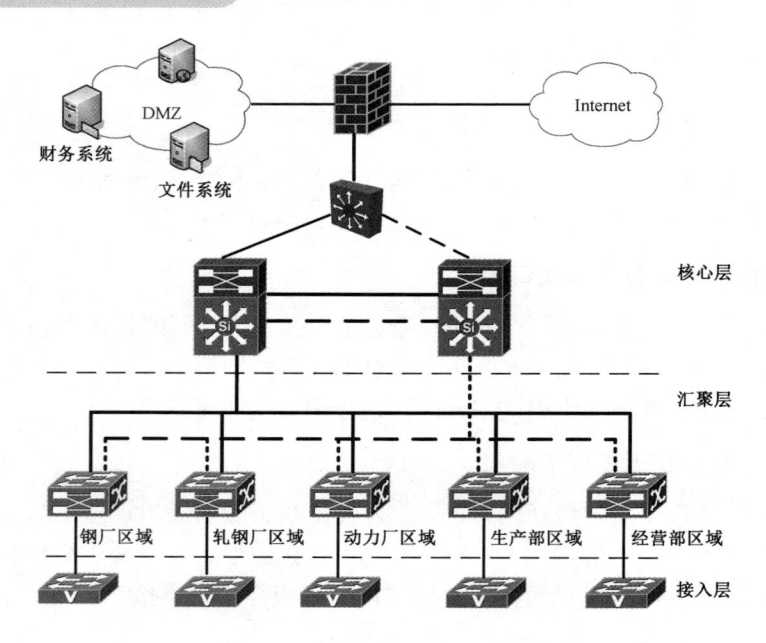

图 3-34 钢铁公司网络拓扑结构

2. 冗余设计

（1）核心层：对于企业网的设计，考虑到企业生产、经营和管理的重要性，配置两台高性能核心交换机，并将交换机引擎等关键部位设置为双引擎，实现冗余备份。

（2）汇聚层：将汇聚层到核心层的链路设计为不同路由的双链路连接或到其他汇聚层路由的备份连接，以实现汇聚层的冗余设计。

（3）接入层：在企业网的接入层中，办公楼、生产车间等信息接入点都是非常重要的，它们代表企业生产、经营和管理的最终用户，因此接入层的冗余设计要与汇聚层的设计级别等同。

3. 安全性设计

考虑到企业的应用需求，应根据各应用系统的安全级别要求，制定恰当的安全策略，使用规范的安全标准，提高网络的安全性，同时做到便于管理和维护。本案例采用防火墙、VLAN 等技术保障网络安全，选用三端口的防火墙，分别连接内网、外网和 DMZ。

知识考核

1. 以下关于分层网络功能的描述中，不正确的是（　　）。
   A. 核心层设备负责数据包过滤、策略路由配置等功能
   B. 汇聚层负责完成路由汇总和协议转换
   C. 接入层负责提供部分管理功能，如 MAC 地址认证、计费管理等

D．接入层负责收集用户信息，如 IP 地址、MAC 地址、访问日志等
2．网络拓扑结构是如何反映安全问题的？
3．网络拓扑结构会影响网络建设的哪些要素？
4．分析图 3-35 所示的网络拓扑结构存在哪些问题，并画出正确的网络拓扑结构图。

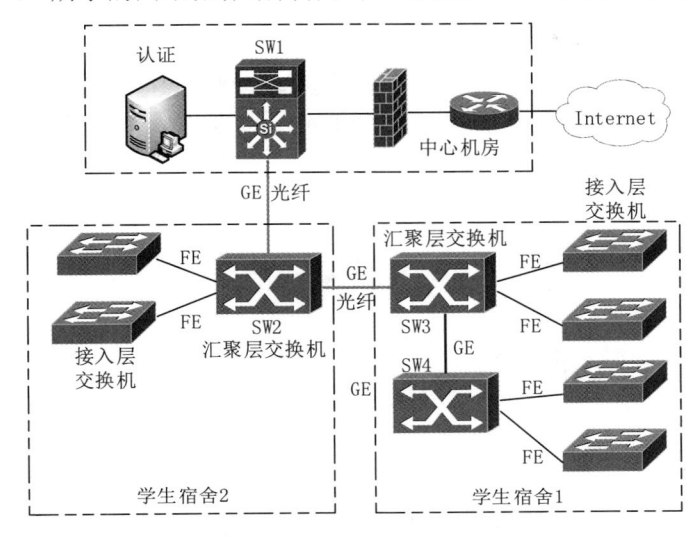

图 3-35 网络拓扑结构分析

任务实施

结合网络需求分析，规划和设计网络拓扑结构图，具体实施步骤如下。

1．规划和绘制网络拓扑结构图

使用 Visio 2016 作为专门绘图工具。
（1）选择合适的图符来表示网络设备。
（2）线对不能交叉、串接。
（3）接线处避免断线、短路。
（4）主要设备名称和用户名称加以标注。
（5）不同连接介质使用不同的线型和颜色加以标注。
（6）标明绘制日期和制图人。

2．分析网络拓扑结构特点

在进行网络拓扑结构特点分析时，需要对网络需求的要点进行回应。
（1）分析网络拓扑结构所采用的网络模型。
（2）分析网络拓扑结构中采用的通信方式。
（3）分析网络拓扑结构中有哪些增强网络可靠性的措施。
（4）分析网络拓扑结构是否具有可扩展性，能否满足未来网络扩容的要求。
（5）分析网络拓扑结构是如何反映网络安全需求的。

任务评价

1. 考查项

网络拓扑结构图、PPT 及现场表达。

2. 评价标准

（1）设计并绘制出的网络拓扑结构图能够符合行业规范和适应网络实际需求。

（2）PPT 制作精良，内容紧扣主题，表述恰当正确，逻辑分析合理，整体风格统一，图文并茂。

（3）小组分工明确，现场表述清晰、分析全面、理由充分、语言流畅、情绪饱满，能够联系社会和个人表达自己的观点。

任务 3.7 规划网络地址

任务描述

图 3-36 所示为 ABC 公司的网络拓扑结构，采用锐捷网络公司的网络设备进行构建。ABC 企业网内部数据的交换是分层进行的，分为两个层次：接入层（RG2328-24）、核心层（RG3760-24）。广域网接入的功能由路由器（RG2018、RG2004）来完成，通过串行接口技术接入 Internet。服务器集群模块用来对企业网的接入用户提供 Web、DNS、FTP、E-mail 等多种网络服务。

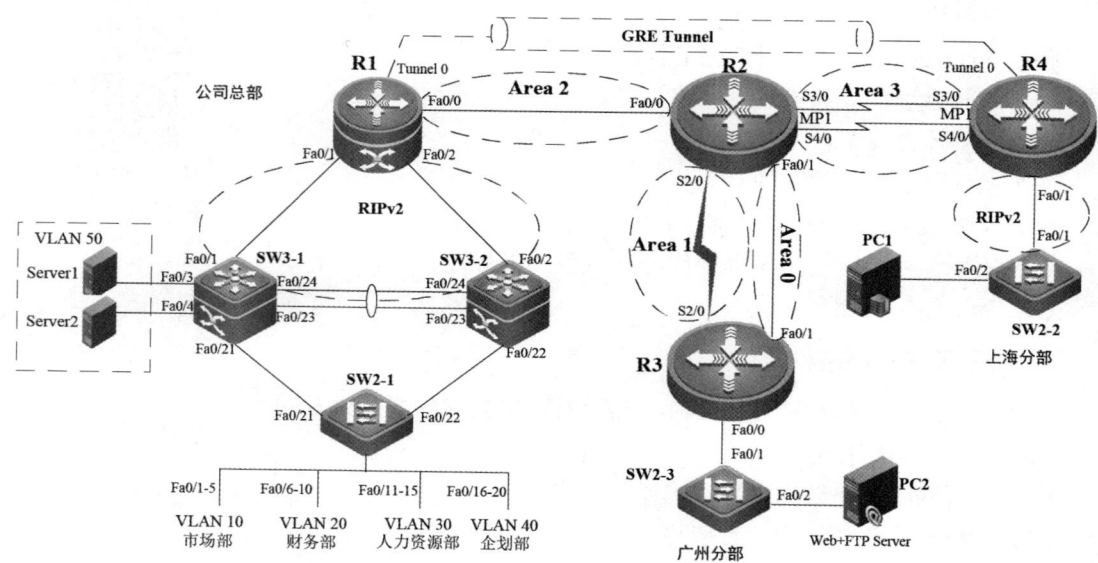

图 3-36 ABC 公司网络拓扑结构

本任务将为 ABC 公司网络中的各个部门规划 IP 地址。

> 知识准备

3.7.1 管理 IP 地址

计算机网络中有 4 类地址，分别是 MAC 地址、IP 地址、端口地址和域名，其中 MAC 地址是固化在网络适配器中的地址，在设备出厂时就设置好了，一般不允许修改；端口地址一般由开发人员指定或动态随机分配，无须网络工程师和用户直接参与设计；IP 地址是网络中主机的逻辑地址，要优先考虑高效通信和方便使用的问题，另外，由于网络规模和应用场景的不同，因此必须对 IP 地址的管理和扩展加以考虑。

扫一扫

微课：网络地址和链路地址动画

1. 网络命名方案设计

为了以后方便管理，通常需要对网络中的设备进行统一命名，可采用如下命名方式。

（1）楼栋命名设计。

在为楼栋命名时，建议从楼栋功能上进行命名，先取楼栋汉语拼音的第一个字母，然后给楼栋分别编号或将同一类功能的楼栋归为一类。在为楼栋编号时，建议统一用 A、B 等字母，如表 3-19 所示。

表 3-19　楼栋命名设计

序　号	楼栋编号	描　述	楼栋命名	设备间命名
1	A	宿舍 1	S01	S01-01
2				S01-02
3		宿舍 2	S02	S02-01
4				S02-02
5		宿舍 3	S03	S03-01
6				S03-02
7		宿舍 4	S04	S04-01

（2）设备间 / 管理间命名设计。

基本格式是"楼栋名-设备间序号"统一采用 01 作为该楼栋的设备间，其他编号作为管理间，如表 3-20 所示。

表 3-20　设备间 / 管理间命名设计

楼　栋	设备间 / 管理间	设备类型	设备序号	设备名称	备　注
X01	X01-01	路由器	1	X01-01-R2811-01	连接外网
		交换机	2	X01-01-S3560-02	核心交换机
	X01-02	交换机	3	X01-02-S3560-01	行政汇聚
		交换机	4	X01-02-S2960-02	行政接入
	X01-03	交换机	5	X01-03-S2960-01	市场部接入
		交换机	6	X01-03-S2960-02	生产部接入
		交换机	7	X01-03-S2960-02	外联部接入

2. IP 地址编码规则

"是否便于聚合"是地址分配的基本原则，而能否聚合又与路由器紧密相关。因此，根据拓扑结构（与路由器的连接关系）分配地址是最有效的方法，如图 3-37 所示，在路由器 A～路由器 D 上聚合是很容易实现的。

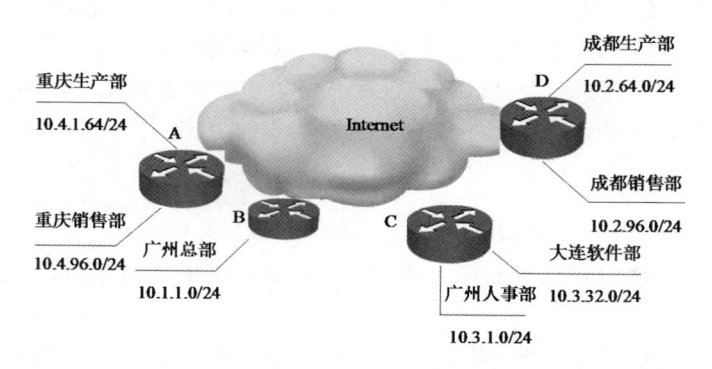

扫一扫

微课：IP 地址浪费动画

图 3-37 拓扑结构分配地址

但是，按拓扑结构分配 IP 地址的方案存在这样一个问题：如果没有相应的图表或数据库参照，那么要确定一些连接之间的上下级关系（如确定某个部门属于哪个网络）是相当困难的。解决这个问题的做法是：将按拓扑结构分配 IP 地址的方案与其他有效方案（如按行政部门分配地址）组合使用。具体做法是：用 IP 地址左边的两个字节表示地理结构，用第三个字节表示部门结构（或其他的组合方式）。相应的 IP 地址分配方案如下。

（1）进行部门编码，如表 3-21 所示。

表 3-21 部门编码表

行政部门	总部和人事部	软件部	生产部	销售部
部门号	0～31	32～63	64～95	96～127

（2）对各个接入点进行地址分配，如表 3-22 所示。

表 3-22 接入点地址分配

路由器	A	B	C	D
接入点地址	10.4	10.1	10.3	10.2

（3）对各部门进行子网地址分配，如表 3-23 所示。

表 3-23 子网地址分配

部门	地址范围
路由器 A 上的生产部	10.4.64.0/24～10.4.95.0/24
路由器 A 上的销售部	10.4.96.0/24～10.4.127.0/24
路由器 B 上的总部	10.1.0.0/24～10.4.31.0/24
路由器 C 上的人事部	10.3.0.0/24～10.3.31.0/24

续表

部　　门	地 址 范 围
路由器 C 上的软件部	10.3.32.0/24～10.3.63.0/24
路由器 D 上的生产部	10.2.64.0/24～10.2.95.0/24
路由器 D 上的销售部	10.2.96.0/24～10.2.172.0/24

以上方案用一个层次化的编址方式来表示即 10.m.n.X/Y。其中，m 表示不同的接入点：A-4、B-1、C-3、D-2，n 表示不同的部门：总部和人事部（0～31）、软件部（32～63）、生产部（64～95）、销售部（96～127），X 表示同一部门中的不同终端，Y 表示子网掩码长度。

3．IP 地址规划技巧

在逻辑网络设计过程中，IP 地址规划是一个关键内容。在进行 IP 地址规划之前需要明确的主要内容有采用哪种类型的公有地址和私有地址、访问私有网络的主机分布、访问公有网络的主机分布、私有地址和公有地址的边界、私有地址和公有地址如何翻译、VLSM 设计、CIDR 设计等。

1）公有 IP 地址分配

私有地址不能被 Internet 识别，如果要接入 Internet，则必须通过 NAT 将其转换为公有地址。在进行地址规划时，需要为以下设备分配公有地址。

（1）Internet 上的主机，如网络中需要对 Internet 开放的 WWW、DNS、FTP、E-mail 服务器。

（2）综合接入网关设备（如通过路由器的广域网接口 S0 接入 Internet），需要使用公有 IP 地址才能连接到 Internet。

2）Loopback 地址规划

为了方便管理，系统管理员通常会为每一台交换机或路由器创建一个 Loopback 接口，并在该接口上单独指定一个 IP 地址作为管理 IP 地址。在分配 Loopback 地址时，最后一位是奇数则表示路由器，是偶数则表示交换机。越是接近核心层的设备，其 Loopback 地址越小。

3）设备互联地址

互联地址是指两台或多台网络设备相互连接的接口所需的 IP 地址，通常使用 30 位掩码的 IP 地址规划互联地址，相对核心的设备则使用一个较小的地址。另外，互联地址通常在聚合之后发布，在规划时要考虑能否使用连续的可聚合地址。

4）业务地址

业务地址是连接在以太网上的各种服务器、主机所使用的地址及网关地址。网络中各种服务器的 IP 地址通常为主机号较小或较大的 IP 地址，所有网关地址统一使用相同的末尾数字，如 254 表示网关。

4．IP 地址分配策略

企业网络在采用私有 IP 地址方案时，要首先考虑使用哪一类私有 IP 地址的网段，小型企业可以选择"192.168.0.0"地址段，大中型企业可以选择"172.16.0.0"或"10.0.0.0"地址段。常用的私有 IP 地址分配方式有手动分配、DHCP 分配和自动私有 IP 寻址 3 种，具体采用哪种 IP 地址分配方式，可由网络管理员根据网络规划应用具体情况而定。

1）手动分配

手动分配 IP 地址是一种常用的 IP 地址分配方式。在以手动方式进行 IP 地址分配时，需要为网络中的每一台计算机分别设置 4 项 IP 地址信息（IP 地址、子网掩码、默认网关和 DNS 服务器地址）。所以，通常在分配路由器（三层交换机）等网络设备的接口 IP 地址和管理 IP 地址时，应采用手动分配方式。另外，在分配数量较少的公用 IP 地址，或者网络中计算机数量小于能够提供的 IP 地址数量时，也应采用手动分配 IP 地址的方式。

2）DHCP 分配

普通用户在使用网络时可能遇到以下问题，如对 TCP/IP 缺乏深入了解，不会正确配置 IP 地址通信参数，且配置的 IP 地址通信参数可能产生错误，从而导致计算机不能正常通信；计算机在多个子网间频繁移动，增加网络管理员管理和配置 IP 地址的负担；网络中的 IP 地址资源紧缺等。为解决以上问题，微软和几家公司共同建立了一个 Internet 标准——动态主机配置协议，即 DHCP，由它为客户端提供 IP 地址、子网掩码和默认网关等各种配置信息。

（1）DHCP 支持的地址分配方式。

DHCP 建立在 C/S 模型上，其中 DHCP 服务器负责分配网络地址并向动态配置的主机传送配置参数，支持以下 3 种类型的地址分配方式。

- 自动分配：在自动分配方式中，DHCP 会给主机指定一个永久的 IP 地址，这一点和手动配置方式实现的效果是一样的。
- 动态分配：在动态分配方式中，DHCP 会给主机指定一个具有时间限制的 IP 地址，当租期达到或主机明确表示释放该地址时，该地址才可以被其他的主机使用。
- 手动分配：在手动分配方式中，主机的 IP 地址是由网络管理员指定的，DHCP 只是把指定的 IP 地址告诉主机。

（2）DHCP 的实现方式。

DHCP 是一种网络服务，一般指计算机操作系统（如 Windows Server 2008）上的软件服务。目前，很多主流交换机（如 Cisco 3650）、路由器（如 Cisco 2800）、防火墙（如 RG-WALL160T）等网络设备都支持 DHCP 服务，可以在实现交换和路由转发等功能的基础上充当 DHCP 服务器的角色。

课堂讨论：除上述方式之外，根据需要，还有没有一种更简便的方式解决多 VLAN 环境下的 DHCP 服务问题呢？

3）自动私有 IP 寻址

自动私有 IP 寻址可以为没有 DHCP 服务器的单网段网络提供自动配置 TCP/IP 的功能。在默认情况下，运行 Windows 操作系统的计算机会先尝试与网络中的 DHCP 服务器进行联系，以便从 DHCP 服务器上获得自己的 IP 地址等信息，并对 TCP/IP 进行配置。如果无法提供与 DHCP 服务器的连接，则计算机改为使用自动私有 IP 寻址方式，并自动配置 TCP/IP。

在使用自动私有 IP 寻址时，Windows 会在 169.254.0.1～169.254.255.254 内自动获取一个 IP 地址，子网掩码为 255.255.0.0，并以此配置建立连接，直到找到 DHCP 服务器为止。

由于自动私有 IP 寻址范围内指定的 IP 地址是由网络编号机构（IANA）保留的，即该范围内的任何 IP 地址都不能用于 Internet；因此，自动私有 IP 寻址仅用于不连接到 Internet 的单网段网络，如小型公司、家庭、办公室等。

值得注意的是，自动私有 IP 寻址分配的 IP 地址只适用于一个子网的网络。如果网络需要与其他的私有网络通信，或者接入 Internet，则不能使用自动私有 IP 寻址分配方式。

3.7.2 设计域名

在企业网、园区网和校园网等网络中，需要进行命名的设备包括服务器、路由器、交换机、主机、打印机等。借助优秀的命名模型，网络用户可以直接通过便于记忆的名称（而不是 IP 地址）透明访问这些网络资源，从而增强网络服务的易用性和可管理性。

1. DNS 概述

在网络域名系统中，将名称映射到 IP 地址的方法主要有两种：使用域名协议的动态方法和借助于文件等方式的静态方法。

（1）DNS 的功能。

DNS 在实现 IP 地址与域名之间的相互映射时，主要用到两项功能：正向解析和反向解析。正向解析的主要任务是将域名转换为数字的 IP 地址，以便网络应用程序能够正确地找到需要连接的目的主机；反向解析的主要任务是将 IP 地址转换为域名。

（2）DNS 服务器的层次结构。

DNS 服务器按层次分为根 DNS 服务器、顶级域服务器和权威服务器。顶级域服务器负责管理顶级域名（如 com、org、net、edu 和 gov 等）和所有国家的顶级域名（如 cn）。权威服务器负责管理在 Internet 上具有公共可访问主机（如 WWW 服务器和 FTP 服务器）的每个组织结构提供的公共可访问的 DNS 记录。

（3）DNS 的资源记录。

在 DNS 服务器中，资源记录是指区域中的一组结构化的记录，常用的资源记录包括主机地址（A）、邮件交换（MX）、别名（CNAME）、名称服务（NS）、起始授权机构（SOA）等。

2. DNS 设计规则

在对网络资源进行命名并分配具体名称时，需要遵循一些特定的规则：名称要简短、能见名知义、无歧义；名称可以包含物理位置代码；名称应尽量避免使用连字符、下画线、空格等不常用字符；名称不应区分大小写，以增强易用性。

3. DNS 设计内容

在进行 DNS 设计时，应确定网络系统中的以下内容：DNS 服务器的数量和类型、需要进行正向解析的域名区域和反向解析的 IP 地址范围、各种资源记录的类型及内容规划、动态更新的时间规划等。

4. DNS 设计案例

下面用 3.4.1 节的例子说明 DNS 的设计过程。考虑到进一步保障学院内部的网络应用服务，方便学院师生和外部用户访问校园网的资源，决定部署 DNS 服务器，实现校园网域名的自动解析服务。

（1）申请域名。

在建设校园网之前要向域名申请机构提出申请，主要向中国教育和科研计算机网络中心申请，也可以向中国互联网络信息中心或者其他域名申请机构申请。假设向中国教育和科研计算机网络中心申请的域名为 cqupt，则该网络的全名为 cqupt.edu.cn。在此基础上设置 DNS 服务器的域名为 dns.cqupt.edu.cn，电子邮件服务器的域名为 em.cqupt.edu.cn，Web 信息浏览服务器的域名为 www.cqupt.edu.cn，FTP 服务器的域名为 ftp.cqupt.edu.cn，它们都分别对应相应的服务器主机 IP 地址。

（2）校园网络管理中心域名分配。

如果各个学院、教学系的主页由校园网络中心负责统一管理，那么学校各个二级学院、教学系的网络域名也均由学校网络管理中心统一提供和分配。例如，教务处的域名为 jwc，计算机学院的域名为 jsjxy，那么教务处网站的域名为 jwc. cqupt.edu.cn，计算机学院网站的域名为 jsjxy. cqupt.edu.cn。

如果各学院和教学系的主页放在本单位各自的服务器上维护，那么可以申请独立域名，但需要自行负责服务器的安全与维护，这里采用向中国教育和科研计算机网络中心申请域名的方法。

（3）DNS 设计结果。

DNS 设计结果如表 3-24 所示。

表 3-24 DNS 设计结果

名 称	记 录 类 型	IP 地址	备 注
www. cqupt.edu.cn	A（主机记录）	192.168.0.1/24	WWW 服务器
web. cqupt.edu.cn	CNAME（别名记录）	192.168.0.1/24	
ftp. cqupt.edu.cn	A（主机记录）	192.168.0.2/24	FTP 服务器
pop3. cqupt.edu.cn	A（主机记录）	192.168.0.3/34	POP3 服务
smtp. cqupt.edu.cn	A（主机记录）	192.168.0.3/24	SMTP 服务
mail. cqupt.edu.cn	MX（邮件交换记录）	192.168.0.3/24	E-mail 服务器
jwc. cqupt.edu.cn	A（主机记录）	192.168.1.2/24	教务处站点
cwc. cqupt.edu.cn	A（主机记录）	192.168.3.2/24	财务处站点
glx. cqupt.edu.cn	A（主机记录）	192.168.6.2/24	管理系站点
jsjxy. cqupt.edu.cn	A（主机记录）	192.168.7.2//24	计算机学院站点
…	…	…	…

知识考核

1. 在设计一个网络时，分配给其中一台主机的 IP 地址为 192.55.12.120，子网掩码为

255.255.255.240，则该主机的主机号是（ ① ），可以直接接收该主机广播信息的地址范围是（ ② ）。

①A．0.0.0.8　　　　B．0.0.0.120　　　C．0.0.0.15　　　　D．0.0.0.240

②A．192.55.12.120～192.55.12.127　　B．192.55.12.112～192.55.12.127

　C．192.55.12.1～192.55.12.254　　　D．192.55.12.0～192.55.12.255

2．有一个 IPv4 网络，使用 172.30.0.0/16 网段。现在需要将这个网络划分为 55 个子网，每个子网最多 1000 台主机，则子网掩码是（　　）。

A．255.255.64.0　　　　　　　B．255.255.128.0

C．255.255.224.0　　　　　　　D．255.255.252.0

3．下面的地址中，属于单播地址的是（　　）。

A．172.31.128.255/18　　　　　B．10.255.255.255

C．172.160.24.59/30　　　　　　D．224.105.5.211

4．DHCP 服务器分配的默认网关地址是 220.115.5.33/28，则（　　）是该子网主机地址。

A．220.115.5.32　　　　　　　B．220.115.5.40

C．220.115.5.47　　　　　　　D．220.115.5.55

5．主机地址 122.34.2.160 属于子网（　　）。

A．122.34.2.64/26　　　　　　B．122.34.2.96/26

C．122.34.2.128/26　　　　　　D．122.34.2.192/26

6．某公司的网络地址为 192.168.1.0，要划分为 5 个子网，每个子网最多 20 台主机，则适用的子网掩码是（　　）。

A．255.255.255.192　　　　　　B．255.255.255.240

C．255.255.255.224　　　　　　D．255.255.255.248

任务实施

根据企业提供的网络拓扑结构图，确定网络设备、服务器和业务终端互联的物理接口和逻辑接口，采用划分子网技术，以节约 IP 地址、方便管理为原则，为企业网络内部业务终端、服务器、网络设备管理和企业网络接入 Internet 分配 IP 地址。将结果填于表格相应的空白处。

1．业务 IP 地址及 VLAN 规划

ABC 公司共有信息点 1235 个。为了节省开支，合理使用 IP 地址，根据公司建网需求，决定公司局域网内部终端、设备互联、设备管理、服务器等使用私网地址。其中公司内部终端 IP 地址采用连续私网地址网段 192.168.0.0/24～（　　　　　），便于使用 CIDR 技术，减少核心交换机路由表条目，提高路由查找速度。每个网段预留一定数量的 IP 地址空间，以便将来扩展使用，具体规划结果如表 3-25 所示。

表 3-25　业务 IP 地址及 VLAN 规划

VLAN 号	VLAN 名称	IP 网段	默 认 网 关	汇　　总	说　　明
…	…	…	…	…	…

2. 设备互联 IP 地址规划

ABC 公司总部和分部之间的网络设备，核心层交换机与路由器、路由器与路由器之间的连接链路上也有 IP 地址的需求，这里使用私有地址网段 172.16.1.0/24。此时，可以将交换机看作多以太网接口的路由器，这些设备之间的连接链路由于只需要两个有效的 IP 地址，因此为其分配一个网络前缀为（　　　）的网段，具体规划结果如表 3-26 所示。

表 3-26　设备互联 IP 地址规划

设 备 名 称	接　　口	互 联 地 址	设 备 名 称	接　　口	互 联 地 址

3. 设备网管 IP 地址规划

ABC 公司网络中的所有设备都需要进行远程管理，因此每一个网络设备都至少需要一个用于配置管理的 IP 地址。而且，为保障网络设备的安全，设备网管 IP 地址必须是一个独立的网段，这里使用 172.16.0.0/24 网段，具体规划结果如表 3-27 所示。

表 3-27　设备网管 IP 地址规划

核 心 层	管 理 地 址	掩　　码	下联二层设备	管 理 地 址	掩　　码
…	…		…	…	

4. 服务器 IP 地址规划

ABC 公司的各种服务器：Web 服务器、E-mail 服务器、FTP 服务器和各个部门的服务器都需要 IP 地址。这些服务器大多放在 ABC 公司的网络中心机房中，通过高速接入交换机连接到核心交换机，或直接连接到核心交换机上。服务器网段采用 10.11.150.0/24 网段，具体规划结果如表 3-28 所示。

表 3-28　服务器 IP 地址规划

设 备 名 称	接　　口	互 联 地 址	设 备 名 称	接　　口	互 联 地 址

任务评价

1. 考查项

网络 IP 地址规划文档、PPT 及现场表达。

2. 评价标准

（1）能够根据需求实现网络地址规划，数据正确。

（2）IP 地址规划文档及 PPT 制作精良，内容紧扣主题，表述恰当正确，逻辑分析合理，整体风格统一，图文并茂。

（3）小组分工明确，现场表述清晰、分析全面、理由充分、语言流畅、情绪饱满，能够帮助同学们理解合理规划 IP 地址的意义和重要性。

任务 3.8　扩展网络地址

任务描述

为了提高访问速度、减少网络的运行费用，重庆某职业学院设计的校园网拓扑结构如图 3-38 所示。本任务将实现该校园网内的主机通过共享租用的公网 IP 地址访问 Internet。

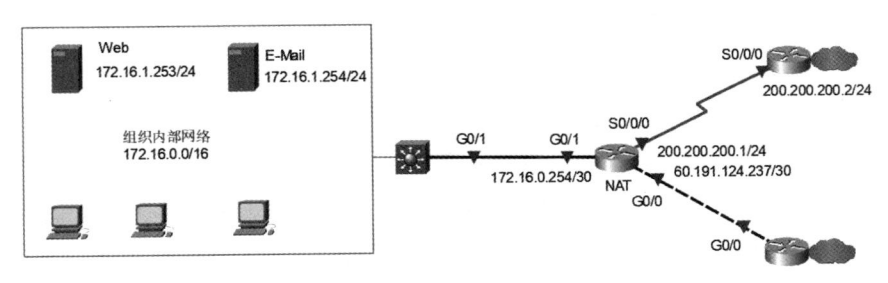

图 3-38　校园网拓扑结构

知识准备

3.8.1　网络地址转换（NAT）简介

NAT 在 RFC 1631 中进行了定义，它的主要作用是实现局部地址和全局地址的转换，从而节约 IP 地址资源。NAT 是一种能减慢 IPv4 地址空间耗尽速度的方法,在有很多主机而公网 IP 地址不够用的环境中也是一个很好的解决方案。另外,NAT 可以将内部 LAN 与外部 Internet 隔离,以实现 LAN 内部 IP 地址的隐藏,如图 3-39 所示。

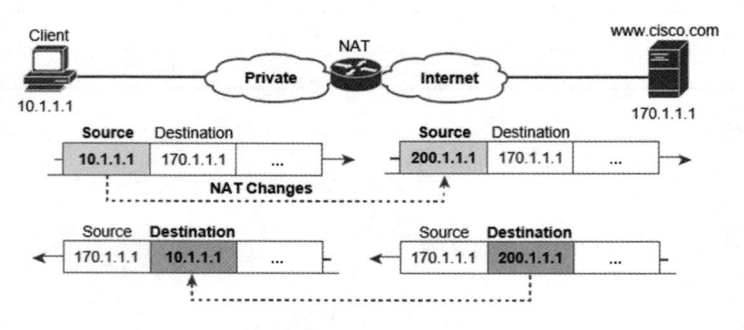

图 3-39 NAT 实现内部 IP 地址隐藏

1. NAT 的概念

从企业网络拥有者的角度来看,网络分为内网和外网;从 IP 地址是否允许在 Internet 上路由的角度来看,IP 地址分为本地地址和全局地址;从一台路由器的角度来看,其端口分为 Inside 连接内网和 Outside 连接外网。在路由器的内部或外部,一个数据包包含两个地址,代表 Inside 和 Outside 部分主机的 IP 地址,把 NAT 之前可以路由的地址叫作 Local 地址(本地地址),把 NAT 之后可以路由的地址叫作 Global 地址(全局地址),所以 NAT 中会涉及 4 类地址,如图 3-40 所示。

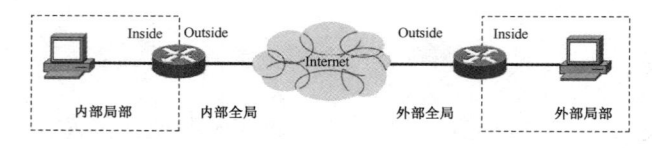

图 3-40 NAT 的概念

(1) 内部本地地址:内网主机使用的地址,全局唯一,但为私有地址。
(2) 内部全局地址:一个或多个内部 IP 地址到外网的合法 IP 地址。
(3) 外部全局地址:外网主机的合法 IP 地址。
(4) 外部本地地址:外网主机的地址,看起来是内网主机的私有地址。

内部本地地址在访问 Internet 时需要被翻译成外网上的外部全局地址,这两种地址覆盖了大部分 NAT 应用。如果外网地址和内网地址重叠,则需要对外网地址进行翻译,这就引出两个概念:外网主机在内网上显示的外部本地地址和外网设备的外部全局地址。

2. NAT 的工作方式

NAT 的工作过程与路由器和访问控制列表(ACL)的行为紧密相关。路由器一旦收到源 IP 地址为私有 IP 地址、目的 IP 地址为公网 IP 地址的数据包,就会先进行 ACL 的匹配操作,若符合匹配条件,则查找路由表,将数据包路由至转发接口(外网口);然后进行 NAT 操作,完成数据包的重新封装(可能是 PPP 帧);最后将数据包从这个接口发送出去。返回数据包的操作过程与此正好相反。

（1）静态 NAT。

静态 NAT 常用于对外提供服务的服务器，如 Web 服务器等，在 NAT 设备上手动配置生成固定不变的一对一地址转换映射，如图 3-41 所示。静态 NAT 可将一个私有地址和一个公网地址进行一对一映射，或将特定私有地址及 TCP 或 UDP 端口号和特定公网地址及 TCP 或 UDP 端口号进行一对一映射，或定义整个网段的静态转换，但这种方式不能起到节省 IP 地址的作用。

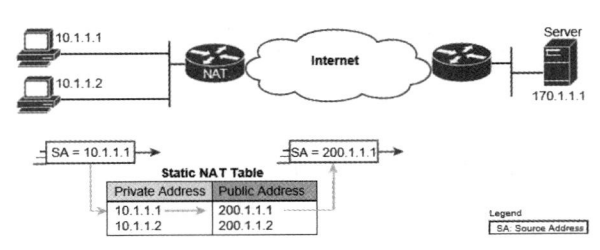

图 3-41　静态 NAT 方式

（2）动态 NAT。

图 3-42 所示为动态 NAT 方式，将一个私有地址和一个公网地址池中的某个 IP 地址做映射（注意可以定义连续 IP 地址池，也可以定义非连续 IP 地址池），在映射关系建立之后，仍是一对一的地址映射，只是使用的公网 IP 地址不确定。相比静态 NAT，动态 NAT 不需要网络管理员手动绑定，但这种方式同样不能起到节省 IP 地址资源的作用。

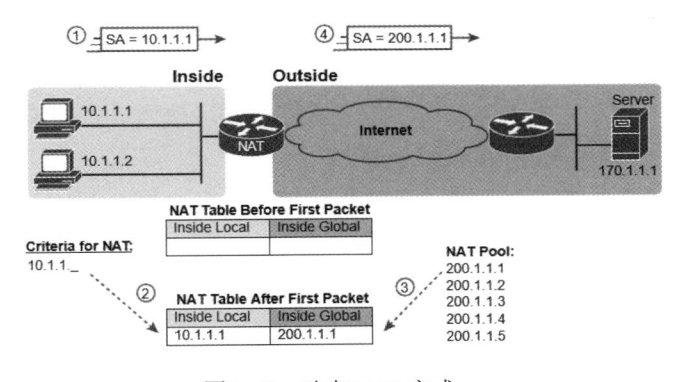

图 3-42　动态 NAT 方式

（3）Overloading。

它是一种特殊的动态 NAT，通常称为端口地址转换（PAT），可以起到节省 IP 地址资源的作用，这是目前使用最广泛的方式。PAT 让来自多个内部不同主机的 TCP 或 UDP 流看上去就像由一个或多个内部全局地址发起的数据流一样。在使用 PAT 时，不仅要转换 IP 地址，还要转换端口号，如图 3-43 所示。因此，PAT 存在两种用途：静态 PAT 通常用于组织内部采用私有地址进行寻址，需要对外提供访问服务，如 Web、FTP 等；动态 PAT 则将多个内部本地地址映射到同一个内部全局地址的多个端口上。

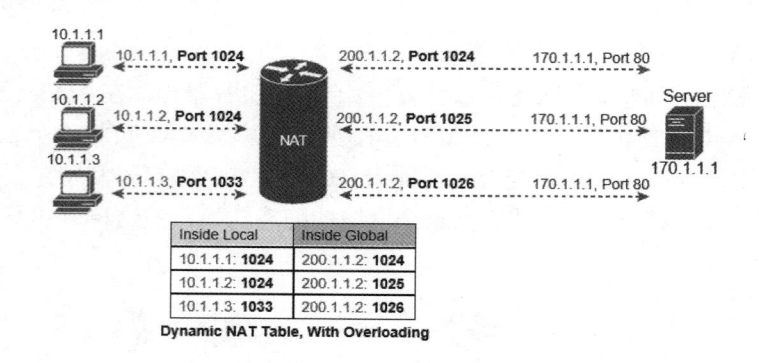

图 3-43　端口 NAT 转换方式

PAT 理论上可以支持最多 65536 个内部地址映射到同一个外部地址上，但实际在一台高性能的 NAT 路由器上，每个外部全局地址只能有效支持大约 4000 个会话。

（4）TCP 负载均衡。

TCP 负载均衡是指组织对外提供一个服务 IP 地址，而该服务 IP 地址对应内部多台主机 IP 地址，NAT 通过轮询实现负载均衡，如图 3-44 所示。但由于 TCP 连接的多样性和 NAT 的局限性，NAT 不能实现完全的负载均衡。

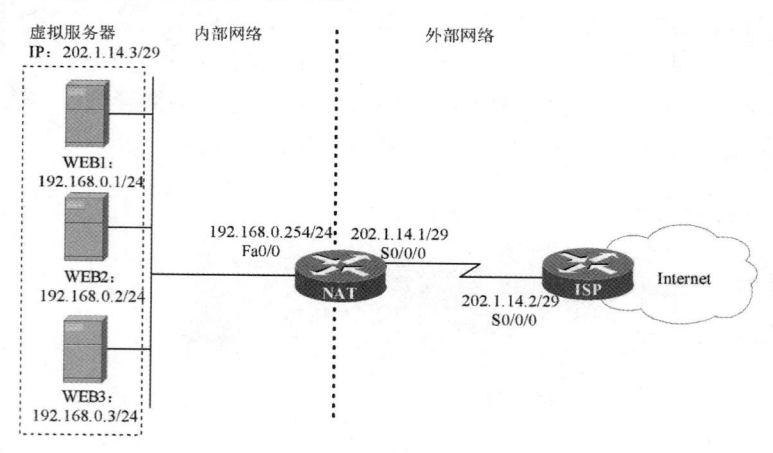

图 3-44　NAT 实现 TCP 负载均衡

（5）Overlapping。

这种情况比较复杂，是指内网使用的 IP 地址与公网使用的 IP 地址有重叠。这时，路由器必须维护一个表：在数据包流向公网时，它能够将内网中的 IP 地址翻译成公网 IP 地址；在数据包流向内网时，它能够把公网中的 IP 地址翻译成与内网不重复的 IP 地址。

3.8.2　规划与设计 NAT

NAT 的功能可以在很多设备上实现，如防火墙、路由器或计算机等，不过大部分三层交换机不具备该功能，这些设备应该是本地网络和 Internet 网络的边界。在实施 NAT 时，首先要弄清 NAT 设备的内部接口和外部接口，以及在哪个接口上启用 NAT；其次要明确是内部转换还是外部转换；再次要明确需要转换的 IP 地址范围及申请到的供转换使用的合法 IP 地址范围；然后要明确采用静态 NAT、动态 NAT 还是 PAT 满足转换需求；最后要明确 NAT 转换映射关系。

知识考核

1. 使用静态 NAT，仅对内部地址执行转换，是（   ）导致创建 NAT 表条目；使用动态 NAT，仅对内部地址执行转换，是（   ）导致创建 NAT 表条目。

2. NAT 已配置为转换网络内部数据包的源地址，但仅转换（   ）的某些主机数据包的源地址。

3. 在配置动态 NAT 的路由器上执行 show 命令，输出以下内容。

```
-- Inside Source
access-list 1 pool fred refcount 2288
pool fred: netmask 255.255.255.240
    start 200.1.1.1 end 200.1.1.7
    type generic, total addresses 7, allocated 7 (100%), misses 965
```

用户无法访问互联网，最有可能的原因是（   ）。

  A．根据命令输出中的信息，该问题与 NAT 无关

  B．NAT 地址池没有足够的条目来满足所有请求

  C．不能使用标准 ACL，必须使用扩展的 ACL

  D．命令输出没有提供足够的信息来识别问题

任务实施

根据以下步骤，将 NAT 的规划结果填到表 3-29 中。

1. 校园网的 IP 编址情况

（1）校园网内部采用私有地址 172.16.0.0/16 进行编址，且对外提供服务的 Web 服务器的内部本地 IP 地址为 172.16.1.253/24，E-Mail 服务器的内部本地 IP 地址为 172.16.1.254/24。

（2）教育网为校园网分配了一个 C 类地址 210.33.44.0/24，电信为校园网分配了一个 IP 地址 60.191.124.237/30。

（3）为了实现校园网用户使用有限的公网 IP 地址接入到 Internet，以及 Internet 上的用户可以访问校园网的 Web 与 E-Mail 服务器，需要在校园网 NAT 设备上部署 NAT。

2. 路由策略规划

（1）如果用户访问的是教育网上的资源或者电子邮件的流量，则流量走教育网出口。

（2）其他的流量走 China Net 出口。

3. NAT 规划结果

NAT 规划结果如表 3-29 所示。

表 3-29　NAT 规划表

内部接口	外部接口	NAT 类型	内部本地地址/内部本地地址:端口	内部全局地址/内部全局地址:端口
		静态 NAT		
		静态端口地址转换		
		动态端口地址转换	满足路由映射策略名为 ISP-Cernet-map 的内部本地地址（内部本地地址为 172.16.0.0/16 且由 NAT 路由器 S0/0/0 转发的流量）	
			满足路由映射策略名为 ISP-China-map 的内部本地地址（内部本地地址为 172.16.0.0/16 且由 NAT 路由器转发至下一跳 60.191.124.238 的流量）	

任务评价

1. 考查项

NAT 规划表、PPT 及现场表达。

2. 评价标准

（1）NAT 规划表内容完整，数据正确。

（2）PPT 制作精良，内容紧扣主题，表述恰当正确，逻辑分析合理，整体风格统一，图文并茂。

（3）小组分工明确，现场表述清晰、分析全面、理由充分、语言流畅、情绪饱满，能够帮助同学们理解合理规划 IP 地址的意义和重要性。

任务 3.9　构建互联网络

任务描述

网络的实现究竟是选择静态路由还是动态路由方式，与网络设备性能、应用场景、控制灵活性和安全性等有很大关系，在大多数情况下，静态路由和动态路由并非截然不同，如在网络的出口一般会部署一条通往 Internet 的默认路由，如果要网络内部的主机都能访问 Internet，则在路由器或交换机等三层设备上要有到达 Internet 的路由信息。在大规模的网络中，若仍旧采用静态路由方式，则会存在工作量大、易出错、适应性差等缺点，这主要是因为静态路由信息在默认情况下是私有的，不会传递给其他路由器。此时，如果采用动态路由方式对路由器进行相应设置使之与其他路由器进行共享，那么这些缺点便可以得到有效克服。本任务设计了规划静态路由、规划 RIP 动态路由和规划 OSPF 动态路由 3 个应用场景，以满足不同的网络应用需求。

1. 规划静态路由

在图 3-45 所示的网络拓扑结构中，制定静态路由的规划方案，实现网络的互联互通。

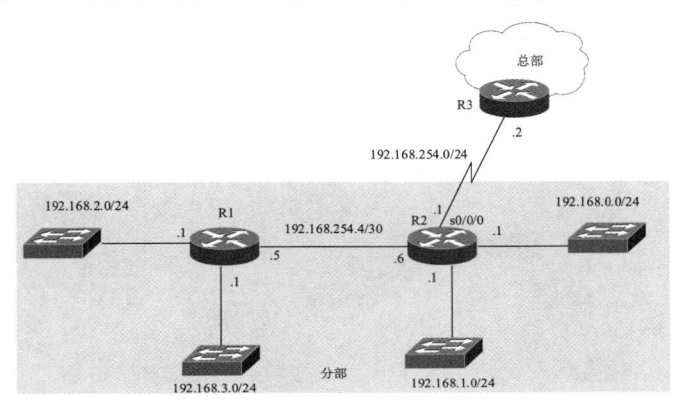

图 3-45 静态路由规划网络拓扑结构

2. 规划 RIP 动态路由

在图 3-46 所示的网络拓扑结构中，根据 RIP 动态路由的规划要点，制定 RIP 动态路由规划方案，实现企业总部和分支机构网络的互联互通，并能访问 Internet。

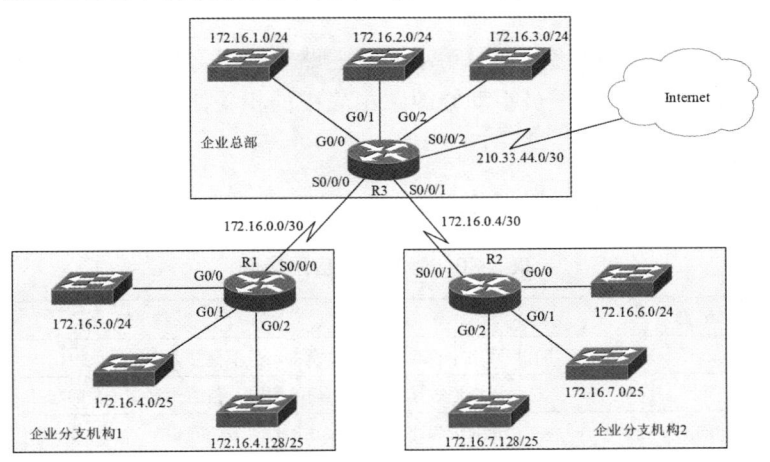

图 3-46 RIP 动态路由规划网络拓扑结构

3. 规划 OSPF 动态路由

在图 3-47 所示的网络拓扑结构中，根据 OSPF 动态路由的设计和优化思路，制定 OSPF 动态路由规划设计方案，实现公司全网的互联互通。

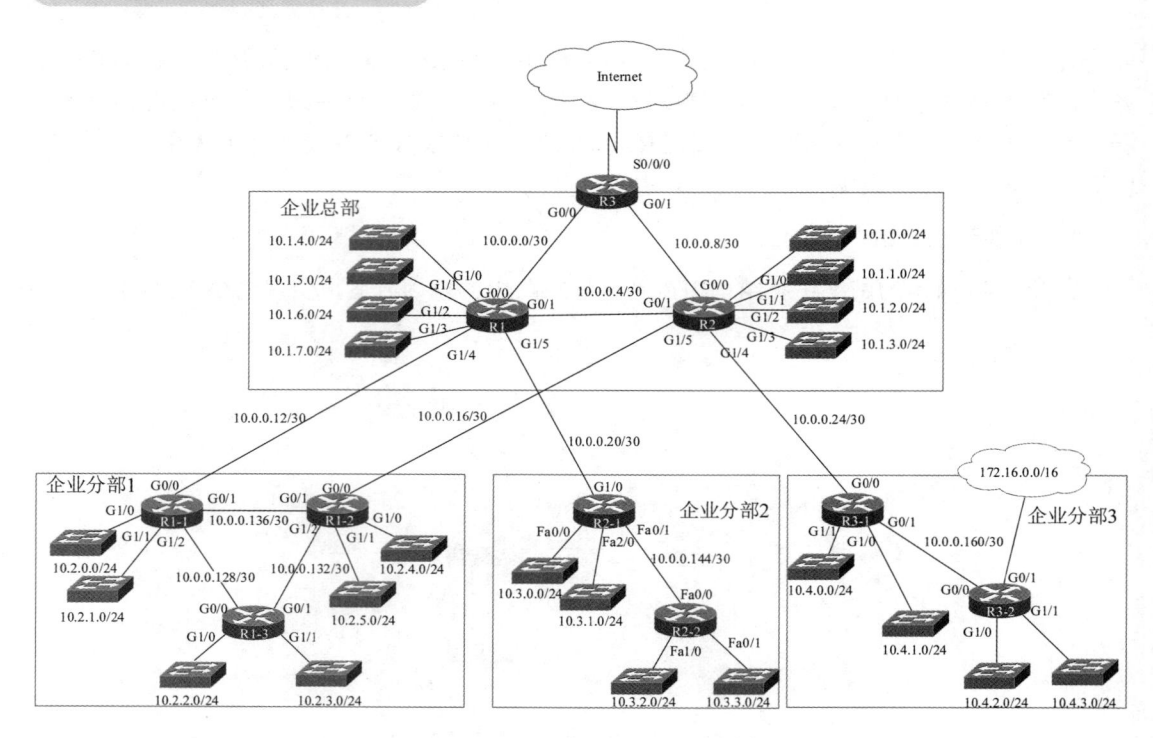

图 3-47 某公司网络拓扑结构

> 知识准备

3.9.1 设计静态路由

静态路由是指由用户或网络管理员手动配置的路由信息。当网络拓扑结构或链路状态发生变化时，需要用户或网络管理员手动修改路由表中的相关信息。

1. 静态路由应用场合

根据静态路由的特点进行分析，其应用场合如表 3-30 所示。

表 3-30 静态路由应用场合

应 用 场 合	场 景 描 述
小型网络	网络中仅含几台路由设备，且不会显著增长
末节网络	只能通过单条路径访问的网络，路由器只有一个邻居
通过单 ISP 接入 Internet 的网络	企业边界路由器接入 ISP 的网络环境
集中星形拓扑结构的大型网络	由一个中央节点向多个分支呈放射状连接的网络

2. 静态路由的分类

（1）标准静态路由。

标准静态路由是普通的、常规的通往目的网络的路由，如图 3-48 所示，在路由器 R1、R2 和 R3 上配置到达远程目的网络的路由。

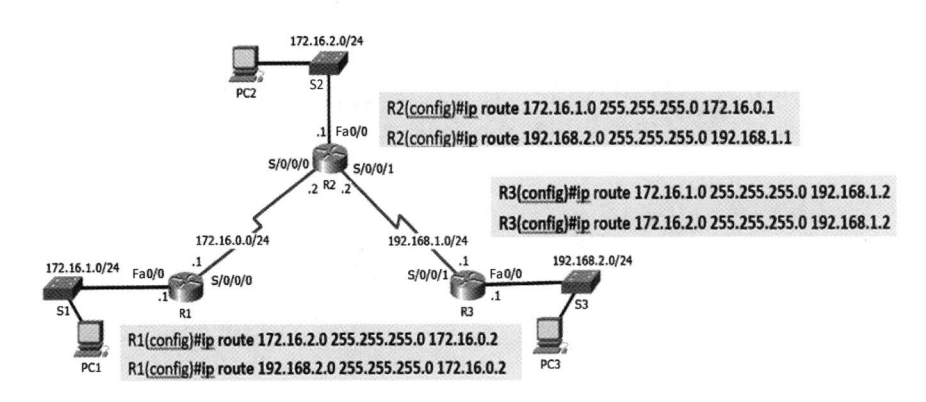

图 3-48 标准静态路由

（2）默认静态路由。

默认静态路由（简称默认路由）是一种特殊的静态路由，它将 0.0.0.0/0 作为目的网络地址，是不需要匹配的静态路由。表 3-31 所示为默认路由配置的常见问题。

表 3-31 默认路由配置的常见问题

常见问题	问题描述
末节路由器	只有一个上游邻居路由器的路由器，如图 3-48 中的 R1 和 R2
默认路由	可以在图 3-48 中的 R1 和 R3 上配置默认路由，但 R2 不可以
两台路由器是否互为末节路由器	不是，不可以在相互连接的两台路由器上配置默认路由，否则会引起环路
边缘路由器	连接 ISP 的路由器，又称企业边界路由器
默认路由的应用是否广泛	非常广泛，可以简化路由表
默认路由是否是默认网关	是，或称为最后求助网关
默认路由的分类	分为静态默认路由和动态默认路由，静态默认路由是通过用户手动添加的，动态默认路由是通过路由器上运行路由协议动态学到的

（3）汇总静态路由。

将多条静态路由汇总成一条静态路由，如图 3-49 所示，目的是减少路由表的条目，适用于路由表需要优化的场合。

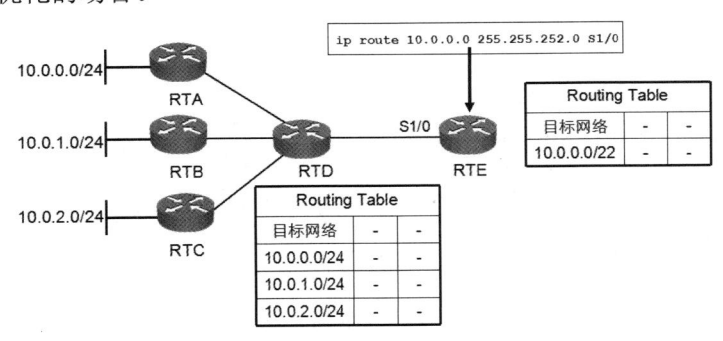

图 3-49 汇总静态路由

（4）浮动静态路由。

浮动静态路由可以为一条路由提供备份的静态路由，当链路出现故障时可以使用备用链路，适用于高可靠性或负载均衡的应用场合，如图 3-50 所示。

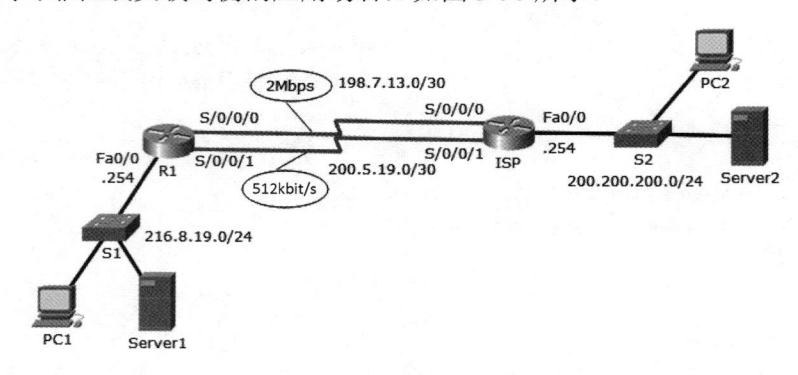

图 3-50　浮动静态路由

在图 3-50 中，上面一条串行链路的带宽要高于下面一条串行链路的带宽，因此上面的串行链路为主路径，下面的串行链路为备用路径。通常在 R1 的路由表中只有通过主路径到达目标网络的路由信息，没有通过备用路径到达目标网络的路由信息，除非主路径故障，通过备用链路到达目标网络的路由信息才会在路由器 R1 的路由表中浮现出来。

3. 静态路由的规划设计

静态路由的规划步骤如下。

（1）确定网络中每个路由器是否需要配置默认路由。

（2）确定网络中每个路由器需要对哪些远程目标网络使用静态路由选路。

（3）根据所掌握的网络状态信息，人工为目标网络选定最佳路径。

（4）确定是否存在多条静态路由可以汇总为一条静态路由的情况。

拓展提高：网络拓扑结构如图 3-45 所示，图中规划了各接口 IP 地址，并完成了网络的基本配置和在路由器设备 R1、R2 和 R3 上静态路由的配置。

在路由器 R1、R2 和 R3 上，执行 show ip route 命令查看配置的静态路由，输出结果如图 3-51 所示。

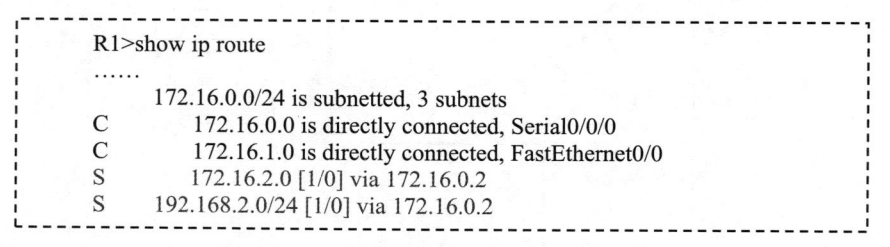

```
R1>show ip route
……
         172.16.0.0/24 is subnetted, 3 subnets
C        172.16.0.0 is directly connected, Serial0/0/0
C        172.16.1.0 is directly connected, FastEthernet0/0
S        172.16.2.0 [1/0] via 172.16.0.2
S        192.168.2.0/24 [1/0] via 172.16.0.2
```

(a) R1 的路由表

图 3-51　静态路由配置网络拓扑结构

```
R2>show ip route
……
     172.16.0.0/24 is subnetted, 3 subnets
C       172.16.0.0 is directly connected, Serial0/0/0
S       172.16.1.0 [1/0] via 172.16.0.1
C       172.16.2.0 is directly connected, FastEthernet0/0
C    192.168.1.0/24 is directly connected, Serial0/0/1
S    192.168.2.0/24 [1/0] via 192.168.1.1
```

（b）R2 的路由表

```
R3>show ip route
……
     172.16.0.0/24 is subnetted, 2 subnets
S       172.16.1.0 [1/0] via 192.168.1.2
S       172.16.2.0 [1/0] via 192.168.1.2
C    192.168.1.0/24 is directly connected, Serial0/0/1
C    192.168.2.0/24 is directly connected, FastEthernet0/0
```

（c）R3 的路由表

图 3-51　静态路由配置网络拓扑结构（续）

在完成以上步骤之后，请回答下列问题。

（1）以上配置能否实现全网的互联互通？

（2）解释路由条目"S 172.16.1.0 [1/0] via 192.168.1.2"的含义。

（3）路由器是如何使用路由表中的静态路由来转发数据包的？

（4）若路由器 R3 收到一个目的 IP 地址为 172.16.1.1 的数据包，它是怎样查询路由表作转发决定的？

（5）数据包一旦匹配了带下一跳的静态路由，还能直接被转发吗？请说出理由。

（6）将静态路由写进路由表，需要有什么条件？

知识考核

1. 网络拓扑结构如图 3-52 所示，在路由器 R1 上写出访问以太网 2 的静态路由配置命令。

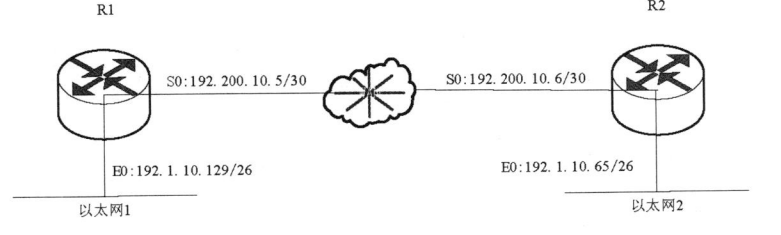

图 3-52　静态路由配置网络拓扑结构（1）

(1) 请尽可能完整地写出相关配置命令，并解释它们之间的区别。
(2) 如果将 R1 与 R2 之间的串口改为以太网接口，配置命令上有何不同？
(3) 静态路由配置命令中的目的网络可以是哪些类型的 IP 地址？
(4) 静态路由的管理距离值是 1 还是 0？如何调整其默认管理距离？
(5) 在完成以上配置之后，以太网 1 与以太网 2 之间能通信吗？

2. 在图 3-53 所示的网络拓扑结构中，配置静态路由实现网络的连通，请写出关键的配置命令。

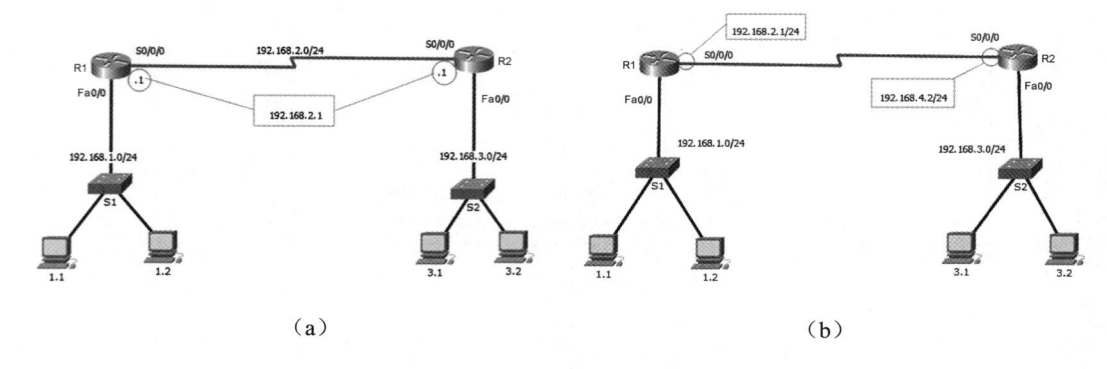

图 3-53 静态路由配置网络拓扑结构（2）

3. 在图 3-54 所示的网络拓扑结构中，使用静态路由实现链路的主备工作方式，请写出关键的配置命令。

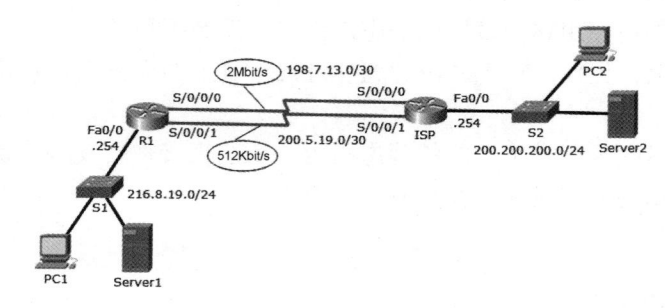

图 3-54 链路主备工作方式

任务实施

根据静态路由规划设计要点，将结果填到表 3-32 中。

表 3-32 静态路由规划结果

设 备	路由类型	目标网络	子网掩码	下一跳/出接口
路由器 R1	默认路由			
路由器 R2	汇总静态路由			
	默认路由			
路由器 R3	静态路由			
	汇总静态路由			

任务评价

1. 考查项

静态路由规划表、PPT 及现场表达。

2. 评价标准

（1）静态路由规划表内容完整，数据正确。

（2）PPT 制作精良，内容紧扣主题，表述恰当正确，逻辑分析合理，整体风格统一，图文并茂。

（3）小组分工明确，现场表述清晰、分析全面、理由充分、语言流畅、情绪饱满，能够帮助同学们理解合理规划 IP 地址的意义和重要性。

3.9.2 设计 RIP 动态路由

RIP 是最早被使用的动态路由协议之一，由于存在网络规模小、网络收敛时间慢、路由环路等问题，正逐渐淡出网络工程师的视野。由于网络基础设施建设是一个持续长久的过程，因此目前很多运行了 RIP 的网络，需要考虑网络的维护、优化或过滤等问题。本节对 RIP 动态路由的规划设计进行讲解。

1. 动态路由设计概述

在进行动态路由设计时，将默认路由用于末节网络区域；在网络层级和连通性为低等或中等时使用 RIP/RIPv2；在网络层级和连通性为高等时使用 OSPF 协议；在网络中求 EGP 时使用 BGP。OSPF 协议、BGP 协议等选择协议都应用了模块化的结构来控制路由选择开销和带宽消耗。

2. RIP 动态路由基本特点

RIP 是距离矢量路由协议的一种。距离矢量是路由器选择路由的评判标准：RIP 在选择路由的时候，会利用 D-V 算法来选择它认为的最佳路径，并将其填入路由表中，在路由表中体现出来的就是跳数（Hop）和下一跳的地址。RIP 允许的最大站点数为 15，任何超过 15 个站点的目的地均被标为不可达，所以 RIP 只适用于小型网络。

RIP 目前有两个版本 RIPv1 和 RIPv2，RIPv2 增加了对可变长子网掩码（VLSM）以及不连续子网的支持，在路由更新时发送子网掩码并且使用组播地址发送路由信息。RIP 各版本功能特点对比如表 3-33 所示。

微课：RIP 跳数动画

表 3-33　RIP 各版本功能特点对比

特　　性	RIPv1	RIPv2
采用跳数为度量值	是	是
15 是最大的有效度量值，16 为无穷大	是	是
默认更新周期为 30s	是	是

续表

特　　性	RIPv1	RIPv2
当周期性更新时，更新全部路由信息	是	是
当拓扑改变时，只针对变化的触发更新	是	是
使用路由毒化、水平分割、毒性逆转	是	是
使用抑制计时器	是	是
发送更新的方式	广播	组播
使用 UDP 520 端口发送报文	是	是
更新中携带子网掩码，支持 VLSM	否	是
支持认证	否	是

3. RIP 动态路由设计

在 RIP 路由进程中，不难发现路由自动汇总、默认路由传播、管理距离、被动接口、单播更新和路由重分发等都与 RIP 动态路由设计紧密相关，如图 3-55 所示。本节主要讨论路由自动汇总、被动接口、单播更新和路由重分发等内容，下面对此逐一进行讨论。

扫一扫

微课：RIP 周期性更新动画

```
Router(config-router)#?
  auto-summary         Enter Address Family command mode         //开启自动汇总功能
  default-information  Control distribution of default information //设置默认路由传播
  distance             Define an administrative distance          //修改协议管理距离
  exit                 from routing protocol configuration mode   //退出协议模式
  network              Enable routing on an IP network            //宣告直连网络
  no                   Negate a command or set its defaults
  passive-interface    Suppress routing updates on an interface   //设置被动接口
  redistribute         Redistribute information from another routing protocol  //路由重分发
  timers               Adjust routing timers                      //调整 RIP 计时器
  version              Set routing protocol version               //设置路由协议版本
```

图 3-55　RIP 路由进程

1）RIP 规划要素分析

（1）路由汇总。

- RIPv1 支持自动汇总，但不能关闭自动汇总。
- RIPv2 可以支持自动汇总，也可以关闭自动汇总，还支持手动汇总。
- 在接口配置模式下执行 ip rip summary-address 命令。
- 在进行手动路由汇总的时候，必须先关闭自动汇总（no auto-summary），汇总路由可以在任意一台路由器上进行，但效果不一样。
- 汇总路由的掩码必须大于或等于主类网络掩码（8/16/24）。
- 如果不是精确汇总，则需要在通告汇总路由的路由器上创建一条指向 Null0 接口的汇总路由（也称黑洞路由），如 ip route 192.168.1.0 255.255.0.0 Null 0。

（2）被动接口。

在网络中，连接用户主机或者非 RIP 邻居的路由器接口，是无须接收 RIP 发送的广播或组播路由信息的，因此需要将其设置为被动接口，其主要特点是：接收路由信息，但不通告路由信息。

在网络中，如果只有少数接口需要配置为被动接口，那么可以执行 passive-interface 命令。如果大多数接口要配置为被动接口，那么建议先执行 passive-interface default 命令把所有接口配置为被动接口；再执行 no passive-interface 命令，把不需要设置为被动接口的接口恢复为正常接口。

（3）单播更新。

图 3-56 所示 RIP 单播更新控制中的路由器运行的是 RIP，假定要求路由器 A 不能接收路由器 B 和路由器 C 的广播或组播信息，同时路由器 C 不能接收路由器 A 发来的广播信息，路由器 B 只能接收路由器 A 发来的单播信息，应该如何设计 RIP 路由呢？在路由器 A 上将 Fa0/0 设置为被动接口，同时执行 neighbor 命令指定接收单播信息的地址为路由器 B 上 Fa0/0 的 IP 地址。

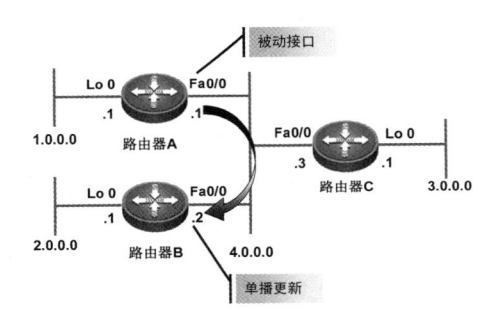

图 3-56　RIP 单播更新控制

（4）路由重分发。

网络应用场景随着网络需求而变化。组织在最开始组建网络的时候运行的是 RIP。随着网络规模的扩大，采用单纯的 RIP 已无法满足网络扩展的需要，因此新建网络考虑选择扩展性强的 OSPF 协议，但 RIP 和 OSPF 协议毕竟是两类完全不同的动态路由协议，它们之间是不能直接交互路由信息的，因此不能实现全网的互联互通。

在图 3-57 所示的网络拓扑结构中，R2 路由表中的 4 条路由是通过静态配置的，为了让 R2 通过 RIP 向 R1 通告，就必须在 R2 的路由模式下执行重分发命令，把静态路由发布为 RIP 进程。在重分发时要注意在路由边界上指定引入的外部路由的跳数，否则会导致发布失败。

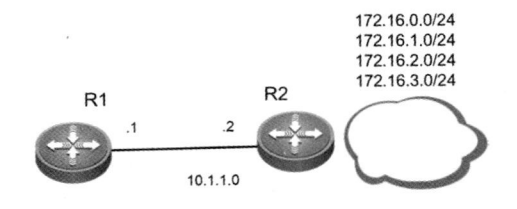

图 3-57　RIP 路由重分发

2）RIP 规划设计要点

（1）考虑路由器上有哪些直接相连的网络参与到 RIPv2 的路由更新中。
（2）考虑是否需要设置被动接口和单播更新以减少不必要的网络开销。
（3）考虑是否存在非连续子网问题和优化路由表条目数量。
（4）考虑是否需要引入路由，实现网络连通和访问 Internet。
（5）考虑是否需要配置认证以增加路由更新的安全性。

知识考核

1. RIP 是一种基于（ ① ）的协议，规定一条通路上最多可包含的路由器数量是（ ② ）。
   ①A．链路状态算法　　　　　　　B．距离矢量算法
   　C．集中式路由算法　　　　　　D．固定路由算法
   ②A．1 个　　　　B．16 个　　　　C．15 个　　　　D．无数个
2. RIPv1 与 RIPv2 的区别是（ ）。
   A．RIPv1 是距离矢量路由协议，而 RIPv2 是链路状态路由协议
   B．RIPv1 不支持可变长子网掩码，而 RIPv2 支持可变长子网掩码
   C．RIPv1 每隔 30s 广播一次路由信息，而 RIPv2 每隔 90s 广播一次路由信息
   D．RIPv1 的最大跳数为 15，而 RIPv2 的最大跳数为 30
3. 以下协议中支持可变长子网掩码、路由汇聚功能和安全认证的是（ ）。
   A．RIPv2　　　　B．OSPF　　　　C．VTP　　　　D．RIPv1
4. 归纳总结 RIPv1 和 RIPv2 的特点，以表格形式呈现。

任务实施

本任务根据 RIP 路由规划设计要点，实施 RIP 动态路由配置，制作 RIP 动态路由规划设计实施方案，具体步骤如下。

1．网络需求分析

在网络规模不大，且受到企业路由器 CPU、内存资源的限制时，需要使用 RIP 实现企业内网所有网段的互联互通。在连接到 Internet 的路由器 R1 上配置到 Internet 的默认路由，并把该默认路由重分发到 RIP 中，使企业网络中所有路由器都有到 Internet 的默认路由。如果路由器接口所连网络中不存在别的路由器，则需要把该接口设置为被动接口以优化网络性能。在满足路由需求的基础上，尽量缩减每个路由器的路由表以优化路由。在路由器 R3 上配置默认路由，并把该默认路由重分发到 RIPv2 中。

2．RIP 路由规划

根据网络拓扑结构和网络需求，结合 RIP 网络规划要素，最终可以得出 RIP 的网络规划结果。请根据提示，将结果填写至表 3-34 中。

表 3-34　RIP 路由规划结果

设备	路由协议	宣告网络	被动接口	汇总子网	汇总网络前缀及发送汇总路由的接口
R1	RIPv2	172.16.0.0	G0/0、G01和G0/2	172.16.5.0/24 172.16.4.0/25 172.16.4.128/25	172.16.4.0/23 S0/0/0
R2	RIPv2				
R3	RIPv2				

3．RIP 路由的配置

本任务看似复杂，实则非常简单，步骤如下：在 3 台路由器上配置接口 IP 地址，在 RIP 路由进程中设置 RIP 版本为 2；关闭自动汇总功能；宣告直连网络 172.16.0.0，将 G0/0、G0/1 和 G0/2 设置为被动接口；在接口配置模式下手动设置路由汇总。

4．发布动态默认路由

首先在 R3 上配置一条到达 Internet 的默认路由；然后在 RIP 进程中执行 default-information origin 命令，将默认路由动态下发至 R1 和 R2，使得分支机构的用户主机也能访问 Internet。

5．配置结果验证

在路由器 R1、R2 和 R3 上执行 show ip route 命令查看路由表，观察是否学到非直连网段的路由和一条到达 Internet 的默认路由。

➡ 任务评价

1．考查项

RIP 动态路由规划及实施方案、PPT 及现场表述。

2．评价标准

（1）RIP 动态路由规划表内容完整、数据正确。

（2）完成 RIP 动态路由配置，实现全网互联互通。

（3）RIP 动态路由规划及实施文档和 PPT 制作精良，内容紧扣主题，表述恰当正确，逻辑分析合理，整体风格统一，图文并茂。

（4）小组分工明确，现场表述清晰，分析全面，理由充分，语言流畅，情绪饱满。

3.9.3 设计 OSPF 动态路由

与 RIP 相比，OSPF 协议克服了 RIP 的问题，具有以下优势：OSPF 协议是一种无类别的路由协议，支持 VLSM 和 CIDR；OSPF 协议基于 SPF 算法计算路由信息，不会产生路由环路；OSPF 协议在网络拓扑结构发生变化之后的收敛速度很快；OSPF 协议采用链路"开销（Cost）"作为度量值；OSPF 协议根据区域建立层次网络的概念。从理论上讲，OSPF 协议对网络中的路由器个数没有限制，所以能广泛应用于大规模网络中。OSPF 协议有 3 个版本，其中，OSPFv1 是一种实验性的路由协议；RFC 2328 规定的 OSPFv2 是现行版本；1999 年，用于 IPv6 的 OSPFv3 在 RFC 2740 中发布。

扫一扫
微课：OSPF 与 RIP 路由选择动画

OSPF 协议是所有内部网关协议中比较复杂的一种，这种复杂性和 OSPF 协议的原理密切相关，在 OSPF 设计和部署中需要认真考虑以下几个问题：是否为 OSPF 路由域规划 RID、如何根据网络需求划分区域、如何规划参与 OSPF 进程的接口、是否需要优化网络收敛、是否需要使用路由静默、是否需要进行路由汇总、是否需要设置特殊区域、是否需要调整链路开销和是否需要配置安全认证等。

扫一扫
微课：OSPF 维护路由信息动画

1. 链路状态算法的路由计算

链路状态算法的路由计算过程如图 3-58 所示。

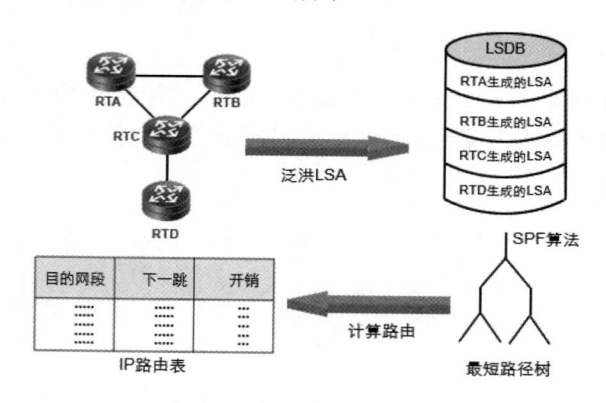

图 3-58 链路状态算法的路由计算

（1）路由器之间发现并建立邻居关系。

（2）每台路由器产生并向邻居泛洪链路状态信息，同时收集来自其他路由器的链路状态信息，完成 LSDB（Link State Database）的同步。

（3）每台路由器都基于 LSDB，并通过 SPF 算法，先计算出一棵以自己为根的最短路径优先树 SPT（Shortest Path Tree）；再以 SPT 为基础，计算去往各邻居连接网络的最优路由并形成路由表。

2. 路由器 Router ID 的确定

网络中的设备少则几台，多则几十台甚至几百台，每台路由器都需要一个唯一的 ID 来标识自己。Router ID 是一个 32 位的无符号整数，其格式和 IP 地址的格式是一样的。Router ID 的选取规则如图 3-59 所示。

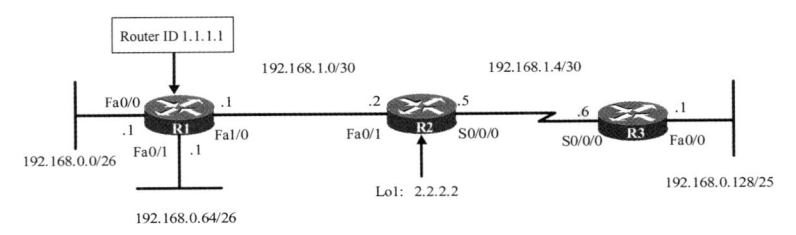

图 3-59 Router ID 的选取规则

（1）手动配置 OSPF 路由器的 Router ID（通常建议手动配置）。

（2）如果没有手动配置 Router ID，则路由器使用 Loopback 接口中最大的 IP 地址作为 Router ID。

（3）如果没有配置 Loopback 接口，则路由器使用物理接口中最大的 IP 地址作为 Router ID。

在重新配置 OSPF 路由器的 Router ID 之后，可以通过重置 OSPF 进程来更新 Router ID。当一台路由器上运行多个 OSPF 进程时，路由器会选择唯一的 RID，且被选作 RID 的接口不必进行宣告，路由表中也不必存在去往 RID 的子网路由。当重启 OSPF 路由进程时，路由器会考虑更改 RID，而 RID 变化会导致同一区域内的路由器重新执行 SPF 算法。

3. DR 和 BDR 的选举与控制

在多路访问网络中选择了一个 DR 和一个 BDR，DR 和 BDR 与本网络中的其他路由器都建立了邻接关系。DR 有以下两个主要功能。

（1）产生代表本网络的网络 LSA。

（2）与本网络中的其他 OSPF 路由器都建立邻接关系，以收集并分发各个路由器的链路状态信息。

BDR 作为 DR 的备份，当 DR 发生故障时可以接替 DR 的工作，但不负责向其他路由器发送路由更新消息，也不发送所产生的本网络的网络 LSA。

DR 的选举是基于接口的，"某个路由器为 DR"是错误的说法。控制接口的优先级是控制 DR 选举的好办法，优先级数字越大的接口越优先；优先级为 0 代表该接口不能参与 DR 的选举；优先级相等，则 Router ID 越大的接口越优先，如图 3-60 所示。

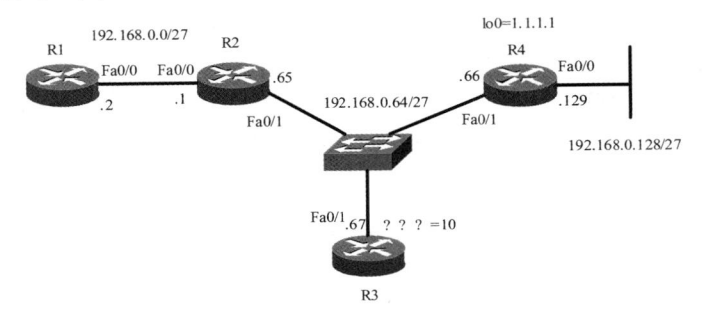

图 3-60 DR／BDR 的选举与控制

课堂讨论：在 OSPF 路由器上能够看见的邻居状态有哪些？

4．OSPF 的网络类型

OSPF 协议是一种接口敏感型路由协议，根据数据链路层媒介的不同，OSPF 的网络类型可分为以下 4 种。

（1）点到点（P2P），如 PPP、HDLC 链路。

（2）广播网络（Broadcast），如以太网。

（3）NBMA，如 ATM、帧中继网络。

（4）点到多点（P2MP），不是一种实际的网络。

网络类型会影响邻居关系、邻接关系的形成及路由计算。前 3 种 OSPF 网络的接口可以自动识别，第 4 种要人为配置，数据链路层不会自动上报。NBMA 网络需要静态指定邻居，广播网络和 NBMA 网络需要进行 DR／BDR 选举，其余网络类型可自动发现邻居。

注意：在实际网络环境中，当三层以太网接口运行 OSPF 时，一般采取修改接口类型的优化措施，以跳过 DR／BDR 的选举过程，加快 OSPF 邻居的建立过程。

5．被动接口

被动接口本身可能连接一个末节网络（只有主机，没有其他的路由器），如图 3-61 所示。

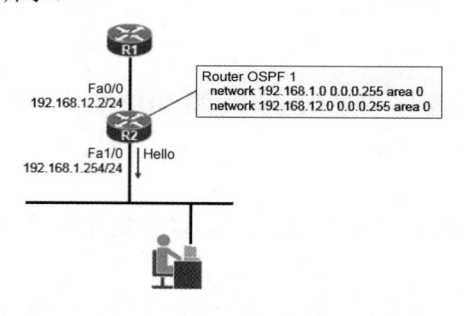

扫一扫

微课：被动接口配置实践

图 3-61　被动接口

OSPF 协议支持被动接口特性。OSPF 协议的被动接口特性与 RIP 的被动接口特性不同，在 OSPF 协议中启用被动接口会影响邻居关系的形成，但在 RIP 中不会。在 RTP 中将某个接口设置为 passive-interface 的前提是已经使用 network 关键字宣告了这个接口的网段，否则 passive-interface 没有任何意义。

课堂讨论：图 3-62 所示为一个非常典型的被动接口配置案例，GS_SW 是汇聚层交换机，与核心交换机之间运行 OSPF。GS_SW 需要通告设备上 VLAN 所对应的网段，以便核心交换机能够获知相关的路由。一旦 GS_SW 在 OSPF 进程中宣告这些 VLAN 对应的网段，相应的 SVI 接口就会向

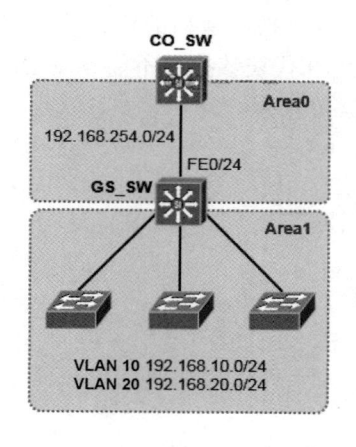

图 3-62　被动接口配置案例

VLAN 中泛洪 OSPF Hello 报文，而这些报文实际上是多余的，因为下面都是主机或终端。请写出实现被动接口的配置命令。

6. OSPF 的链路开销

OSPF 路由器可以通过调整接口成本来影响路径选择。OSPF 采用"Cost=参考带宽/实际带宽"来计算接口的 Cost，默认参考数据传输速率为 100Mbit/s。当计算结果有小数位时，Cost 只取整数位；当计算结果小于 1 时，Cost 取 1。在 OSPF 路由器上，有以下两种方法可以计算接口的 Cost。

（1）在接口模式下配置 Cost，指定的值是接口最终的 Cost 值，作用范围仅限于本接口。

（2）修改 OSPF 的参考带宽值，作用范围是本路由器使能 OSPF 的接口。建议参考整个网络的带宽情况建立基线，将所有路由器修改为相同的参考带宽值，从而确保线路的一致性。

OSPF 以"累计 Cost"为开销值，即流量从源网络到目的网络所经过的所有路由器的出接口的 Cost 总和，如图 3-63 所示。以 R1 访问 Subnet X 为例，其 Cost 计算方法是：Cost=R1's Cost+R5's Cost+ R6's Cost+ Subnet X's Cost=20+30+40+10=100。

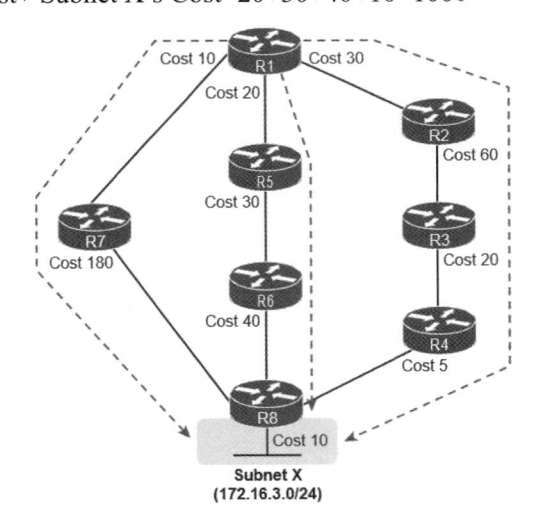

图 3-63　Cost 的度量

7. OSPF 网络的层次区域规划

OSPF 协议是一种需要层次化设计的网络协议，在 OSPF 网络中使用了区域的概念，从层次化的角度看，区域被分为两种：骨干区域和非骨干区域。骨干区域的编号为 0，非骨干区域的编号为 1~4294967295，如图 3-64 所示。处于骨干区域和非骨干区域边界的路由器被称为 ABR，处于非骨干区域的路由器被称为区域内部路由器。由于 OSPF 的区域边界处至少存在一个路由器，因此每个非骨干区域中至少会存在一个 ABR。实际上 OSPF 区域的划分就是把网络中的路由器进行归类的过程。

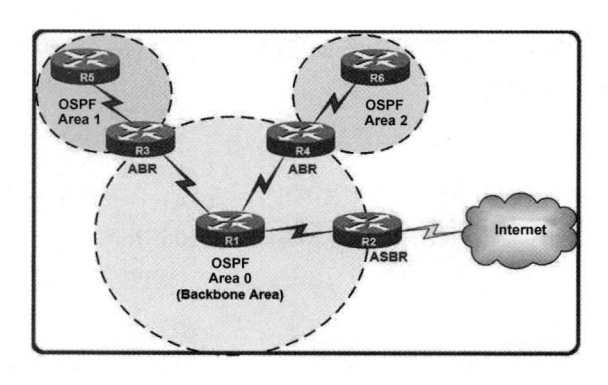

图 3-64　OSPF 区域

在设计 OSPF 区域时，首先要考虑网络的规模，对于小型 OSPF 网络，可以只使用一个 Area 0 来完成 OSPF 的规划。但是在大型 OSPF 网络中，网络的层次化设计是必要的。对于大型网络，在规划上一般遵循"核心、汇聚、接入"的分层原则，而 OSPF 骨干路由器的选择必然包含两种设备，一种是位于核心位置的设备，另一种是位于核心区域的汇聚设备。非骨干区域的范围选择根据地理位置和设备性能而定，如果在单个非骨干区域中使用了较多的低端三层交换产品，则由于其产品定位和性能的限制，应该尽量减少其路由条目数量，把区域规划得更小一些。值得注意的是，在施工中对于非骨干区域的 Area ID 定义，推荐使用 Area 10、Area 20、Area 30 等，这样可以提供 Area ID 的冗余，便于网络管理员增加区域。

8. 非骨干区域内部路由器的路由表优化

假设在非骨干区域中使用了较多的低端三层交换产品，由于其产品定位和性能的限制而不能承受过多的路由条目数量，为了精减其路由条目数量，可以采用一些特殊区域来进行路由表的优化。OSPF 协议中定义了 3 种特殊区域：末梢区域（Stub Area）、完全末梢区域（Totally Stub Area）和非完全末梢区域（NSSA Area），如图 3-65 所示。由于 NSSA Area 应用非常少，下面只简单介绍前两种特殊区域的应用场合。

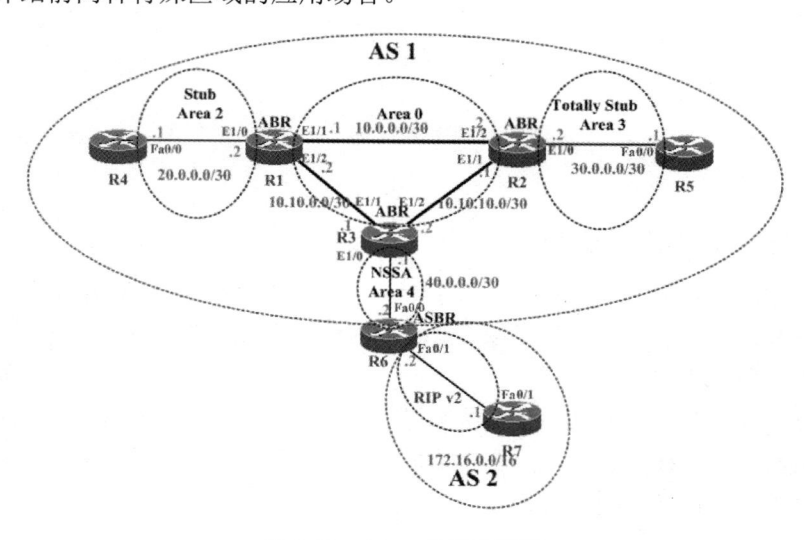

图 3-65　OSPF 的特殊区域

（1）末梢区域。

末梢区域不接收 AS 外部路由信息，当路由到 AS 外部时使用默认路由。该区域不能包含 ASBR（除非 ABR 也是 ASBR），且不能接收 LSA Type 5 报文，由 ABR 向末梢区域通告默认路由（但还是 3 类 LSA）。

（2）完全末梢区域。

完全末梢区域的内部路由器只有区域内部的明细路由和一条指向区域外部的默认路由。

在大部分情况下，网络中的非骨干区域都仅需要知道默认路由的出口在哪里，因此推荐把非骨干区域统一设置成完全末梢区域，这样能极大地精减非骨干区域内部路由器的路由条目数量，并且减少区域内部 OSPF 交互的信息量。对于极少数存在特殊要求的网络，可以根据实际情况灵活使用这几种区域类型。

9. 骨干区域内部路由器的路由表优化

对于 OSPF 的非骨干区域，使用特殊区域能够精减其内部路由器的路由表；而对于 OSPF 的骨干区域，要简化其内部路由器的路由表所采用的方式，就是减少非骨干区域使用的 IP 网段，这需要做出合理的规划以便执行区域边界汇总。对于 IP 网段的合理规划，在 3.4.1 节中已有详细的说明，本节不再赘述。在运行 OSPF 协议的路由域中，路由汇总的控制点在 ABR 路由器和 ASBR 路由器上。

（1）ABR 路由汇总条件。

在图 3-66 所示的网络拓扑结构中，在 ABR（R2）上执行区域汇总之后，ABR 不再产生 3 类 LSA 的明细（执行 show ip ospf database 命令之后，在输出结果中看不见关于 192.168.1.0/24、192.168.2.0/24、192.168.3.0/24 和 192.168.4.0/24 等的路由条目明细）。在 R2 的表中，由于存在路由环路的风险，因此会自动产生下一跳为 Null0 接口的汇总路由。

```
O       192.168.32.0/21 is a summary, 00:00:05, Null0
```

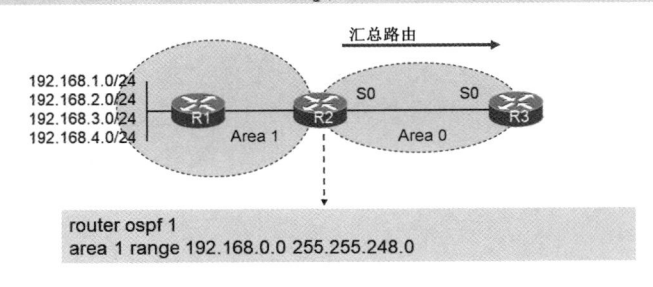

图 3-66　OSPF ABR 路由汇总

如果没有自动产生下一跳为 Null0 接口的汇总路由，则必须手动配置一条指向 Null0 接口的汇总路由。需要注意的是，只要有一条明细路由存在，那么在 ABR 上通告的汇总路由就会生效；如果不存在明细路由，那么即使在 ABR 上配置了汇总命令，也不会通告汇总路由。言外之意，如果 192.168.1.0/24、192.168.2.0/24、192.168.3.0/24 和 192.168.4.0/24 这些路由条目都失效了，那么即使在 ABR 上配置了 192.168.0.0 255.255.248.0 这条汇总路由，它也不会将这条汇总路由通告给 R3。

（2）ASBR 路由汇总条件。

在图 3-67 所示的网络拓扑结构中，在 R2 上执行区域汇总之后，与 ABR 路由汇总一样，为了预防路由环路，必须产生指向 Null0 接口的汇总路由。

```
O       172.9.0.0/16 is a summary, 00:08:20, Null0
```

同时产生有关汇总路由的明细路由。

```
R       172.9.0.1/32 [120/1] via 172.9.12.1, 00:00:20, FastEthernet0/0.12
```

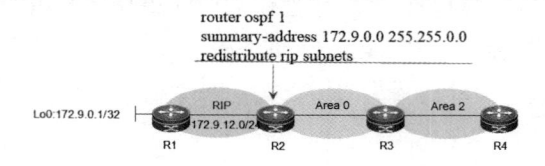

图 3-67　OSPF ASBR 路由汇总

如果在配置汇总命令之后没有产生指向 Null0 接口的路由，那么必须手动配置一条指向 Null0 接口的静态路由。在 R3 上会产生汇总路由。

```
O E2 172.9.0.0/16 [110/20] via 9.9.23.2, 00:03:09, FastEthernet0/0.23
```

在 R4 上会产生汇总路由。

```
O E2 172.9.0.0/16 [110/20] via 192.9.34.3, 00:04:33, FastEthernet0/0.34
```

ASBR 汇总生效的条件是：重分发路由生成的 5 类 LSA 中的网络号不在汇总网段范围内，则仍以精确的 5 类 LSA 通告。

10．OSPF 默认路由的引入和选路优化

对于一个大型网络，很大一部分的业务量并不在区域内部，而在通往 Internet 的出口，因此默认路由的引入也是组织网络中 OSPF 设计的一个要点。对于 OSPF 网络的默认路由引入方式，推荐使用默认路由重分发到 OSPF 网络的方法。

在实际的大多数工程案例中，组织网络的出口不止一个，如何有效地将出口的流量分担到多条链路上就成了 OSPF 设计中的一个难点。图 3-68 所示为简单的 OSPF 双出口网络，OSPF 会直接选择将所有的流量从 S0 接口发出并走 E1 线路，这是一种极大的浪费。

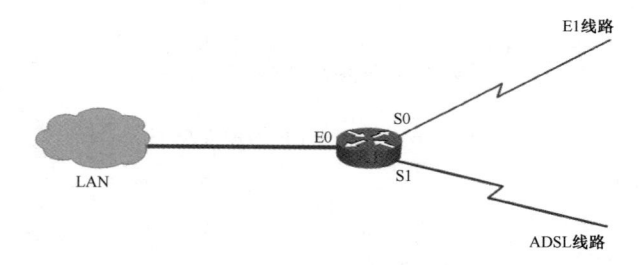

图 3-68　简单的 OSPF 双出口网络

虽然有很多种方法能够起到分担流量的目的，但最简单也是最安全的方法是使用 OSPF 内部的选路机制。因为 OSPF 路由器对一条路由的优劣判断是通过计算其 Cost 来实现的，Cost 小的路由会被路由器优先放入路由表中。通过调整 OSPF 接口的 Cost 可以使路由器选

择不同的链路出口来达到负载分担的目的。

需要注意的是，OSPF 有专门的默认路由引入命令，应使用 default-information origin 命令，而不能使用 redistribute 命令。

11. OSPF 网络的基本安全防护

在默认情况下，OSPF 路由器可以不做身份认证，完全相信邻居路由器发送过来的 OSPF 报文，也可以完全相信这些报文没有被修改过。为了确保路由信息来自特定的源，以及加强网络的安全性，OSPF 允许一定区域内的路由器之间互相进行身份认证。配置身份认证是为了防止学到非认证、无效的路由，以及避免通告有效路由到非认证路由器。在广播类型的网络中，配置身份认证还可以避免非认证路由器成为指定路由器，保证路由系统的稳定性和抗入侵性。

OSPF 的身份认证包括明文认证和 MD5 认证两种方式。这两种认证方式可以在 OSPF 区域内的路由器或接口上使用，如图 3-69 所示。

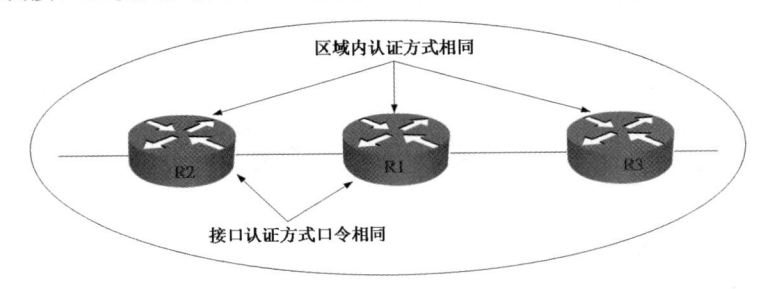

图 3-69　OSPF 的身份认证

知识考核

1. OSPF 采用（　　）算法计算最佳路由。
   A．Dynamic-Search　　　　　　B．Bellman-Ford
   C．Dijkstra　　　　　　　　　　D．Spanning-Tree
2. 以下关于链路状态协议与距离矢量协议的说法，错误的是（　　）。
   A．链路状态协议周期性地发布路由信息，而距离矢量协议在网络拓扑发生变化时发布路由信息
   B．链路状态协议由网络内部指定的路由器发布路由信息，而距离矢量协议的所有路由器都发布路由信息
   C．链路状态协议采用组播方式发布路由信息，而距离矢量协议以广播方式发布路由信息

D．链路状态协议发布的组播报文要求应答，这种通信方式比不要求应答的广播通信可靠

3. 以下关于 AS 的说法，错误的是（　　）。
   A．AS 是由某一管理部门统一控制的一组网络
   B．AS 的标识是唯一的 16 位编号
   C．AS 内部采用相同的路由技术，以实现统一的路由策略
   D．如果一个网络要从 Internet 中获取路由信息，则可以使用自定义的 AS 编号

4. 在广播网络中，OSPF 协议要选出一个指定路由器（DR）。以下关于 DR 的描述中，（　　）不是 DR 的作用。
   A．减少网络通信量　　　　　　　B．检测网络故障
   C．负责为整个网络生成 LSA　　　D．缩减链路状态数据库的大小

5. 对于一个稳定的 OSPF 网络（单区域），以下描述正确的是（　　）。
   A．必须指定路由器的 Router ID，所有路由器的链路状态数据库都相同
   B．无须指定路由器的 Router ID，路由器之间的链路状态数据库可以不同
   C．定时 40s 发送 Hello 分组，区域内所有路由器的链路状态数据库都相同
   D．定时 40s 发送 Hello 分组，区域内路由器的链路状态数据库可以不同

6. 以下关于 OSPF 协议的说法中，正确的是（　　）。
   A．OSPF 是一种应用于不同自治系统之间的外部网关协议
   B．OSPF 基于相邻节点的负载来计算最佳路由
   C．在 OSPF 网络中，不能根据网络的操作状态动态改变路由
   D．在 OSPF 网络中，根据链路状态算法确定最佳路由

7. 图 3-70 所示的 OSPF 网络由 3 个区域组成。在这些路由器中，属于主干路由器的是（　①　），属于区域边界路由器（ABR）的是（　②　），属于自治系统边界路由器的是（　③　）。

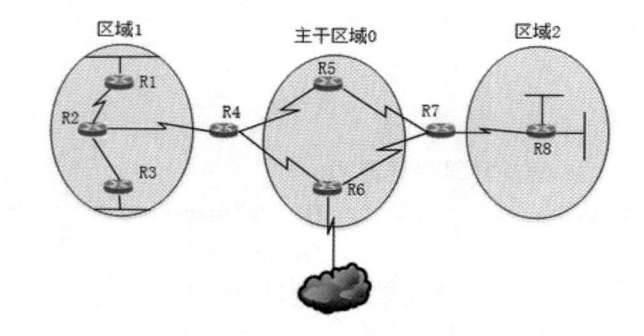

图 3-70　OSPF 区域路由器

①A．R1　　　　　B．R2　　　　　C．R5　　　　　D．R8
②A．R3　　　　　B．R5　　　　　C．R7　　　　　D．R8
③A．R2　　　　　B．R3　　　　　C．R6　　　　　D．R8

8. OSPF 协议把网络划分成 4 个区域，其中存根区域（STUB）的特点是（　　）。
   A．可以接收任何链路更新信息和路由汇总信息

B．作为连接各个区域的主干来交换路由信息
C．不接收本地自治系统以外的路由信息，对自治系统以外的目标采用默认路由 0.0.0.0
D．不接收本地自治系统之外的路由信息，也不接收其他区域的路由汇总信息

9．一家公司的网络包含 15 个路由器和 40 个子网，并且使用了 OSPF 协议。单区域设计与多区域设计相比，（　　）被认为是优势。

A．减少大多数路由器上的处理开销
B．对一个链路的状态更改可能不需要 OSPF 在其他路由器上运行
C．更简单的计划和操作
D．允许路由汇总，缩减 IP 路由表

10．在图 3-71 所示的网络拓扑结构中，PC0 与 PC1 位于不同的 VLAN；交换机使用 SVI 接口 IP 地址作为其管理 IP 地址；路由器使用 Loopback 接口 IP 地址作为其管理 IP 地址；终端 IP 地址使用 192.168.0.0/16，管理 IP 地址使用 172.16.255.0/24，服务器使用 10.1.1.0/24，内网设备互联地址使用 172.16.1.0/24，公网设备互联地址使用 192.1.1.0/24，租用公网 IP 地址为 222.222.222.1～222.222.222.14，请按此要求进行 IP 地址规划，结果以表格方式呈现；合理规划路由协议，并实现网络的互联互通。

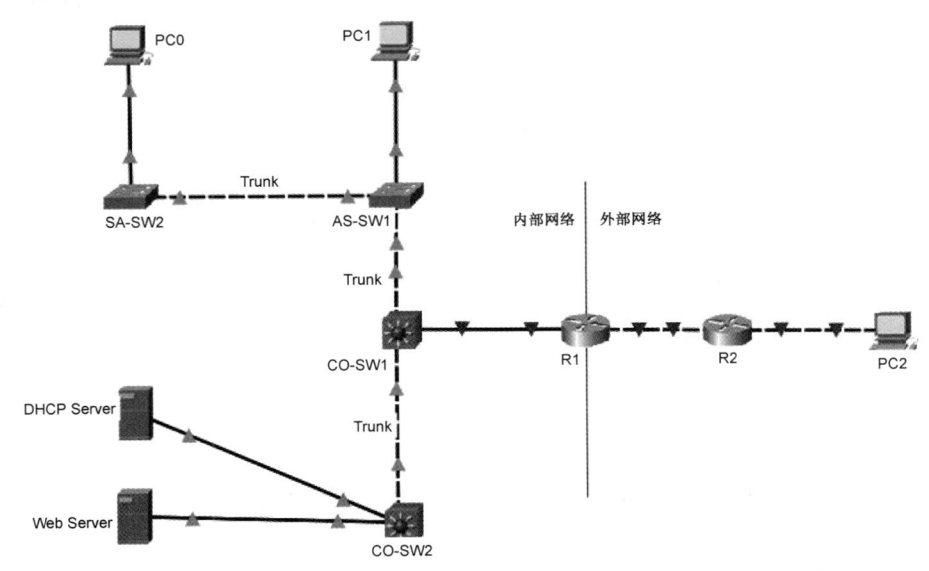

图 3-71　IP 地址规划网络拓扑结构

任务实施

本任务根据 RIP 路由规划设计要点，实施 RIP 动态路由配置，制作 RIP 动态路由规划设计实施方案，具体步骤如下。

1．网络拓扑结构分析

图 3-72 所示为某公司的网络拓扑结构，可以看出这是一个中型的园区网络，拥有 3 个

分公司和一个到 Internet 的出口，园区内网比较简单。对于这种比较典型的 OSPF 部署结构，采用前文中所学的步骤来进行规划。

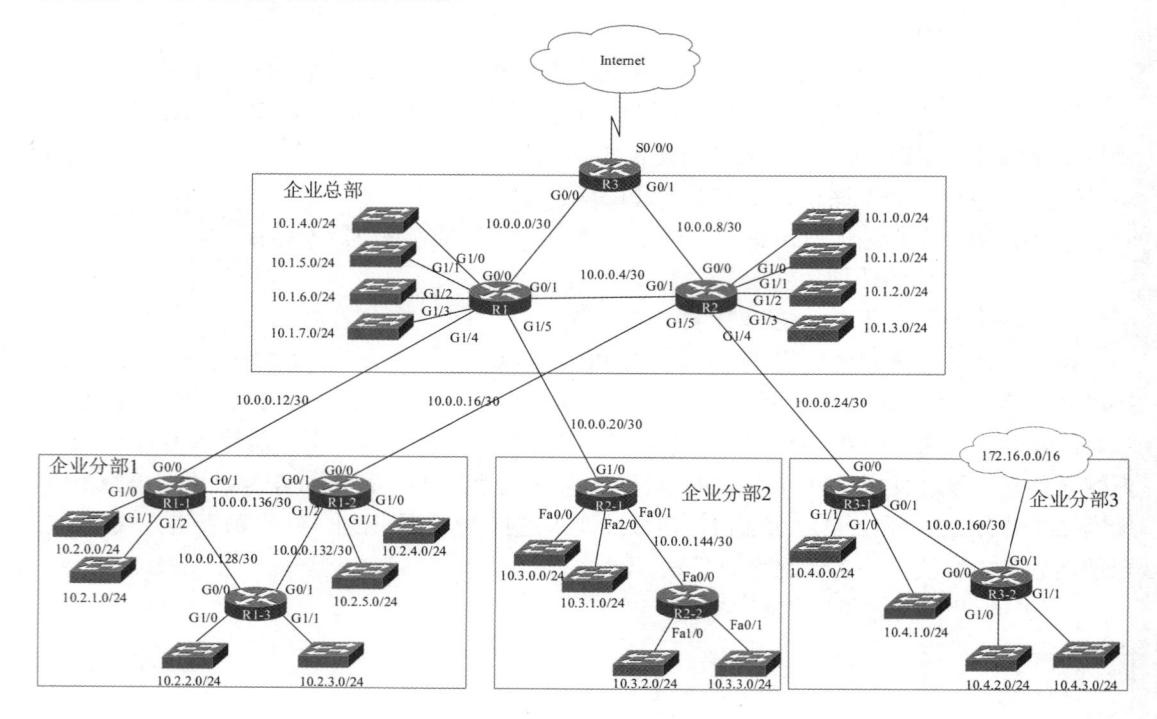

图 3-72 某公司的网络拓扑结构

2. OSPF 路由设计思路

根据网络需求，结合 OSPF 路由设计要素，完成 OSPF 路由规划。

（1）使用能扩展的路由协议实现企业内网所有网段的互联互通（选用 OSPF 协议）。

（2）避免由于网络中某个分部网络拓扑结构的改变而导致企业网络中所有路由器重新计算路由，进而引起的路由振荡网络现象（OSPF 多区域）。

（3）企业分部 2 中的路由器性能较差，在实施路由时，尽量缩减企业分部 2 中路由器上 LSDB 的大小、路由表条目数等（规划特殊区域）。

（4）企业分部 3 中的路由器 R3-2 上配置了一条到目的网络"172.16.0.0/16"的静态路由，需要把该静态路由重分发到 OSPF 路由协议中，同时，需要在企业分部 3 中使用身份认证来避免引入有害路由的信息（路由引入与协议安全）。

（5）在满足路由需求的基础上，尽量减少每个路由器路由表的条目数以优化路由（路由汇总）。

（6）优化 OSPF 路由收敛，如果路由器端口所连网络不存在别的路由器，则应把该接口设置为"被动接口"以优化网络性能（优化 LSA 通信量和路由控制）。

3. OSPF 规划结果

（1）OSPF 路由多区域规划如表 3-35 所示。根据提示，将正确结果填写至表中。

表 3-35 OSPF 路由多区域规划

区域 ID	区域类型	区域包含的路由器接口	区域汇总后的网络前缀
0	骨干区域	路由器 R1 的 G0/0、G0/1、G1/0、G1/1、G1/2 和 G1/3 接口 路由器 R2 的 G0/0、G0/1、G1/0、G1/1、G1/2 和 G1/3 接口	10.1.0.0/21
1	标准区域		
2	完全末梢区域	路由器 R2-1 和路由器 R2-2 的所有接口	10.3.0.0/22
3	次末梢区域		

（2）OSPF 路由器角色和被动接口规划如表 3-36 所示。根据提示，将正确结果填写至表中。

表 3-36 OSPF 路由器角色和被动接口规划

设备	路由器类型	路由器 ID	被动接口
R1	ABR 和 BR	1.1.1.1	G1/0、G1/2、G1/3 和 G1/4
R2			
R3			
R1-1			
R1-2			
R1-3			
R2-1			
R2-2			
R3-1			
R3-2			

（3）配置与结果验证。本任务可以在 Packet Trace 模拟器上实现，限于篇幅，由学生自行调试完成。

任务评价

1. 考查项

OSPF 动态路由规划及实施方案、PPT 报告及现场表达。

2. 评价标准

（1）OSPF 动态路由规划表内容完整，数据正确。
（2）OSPF 动态路由配置正确，实现全网互联互通。
（3）OSPF 动态路由规划及实施文档和 PPT 制作精良，内容紧扣主题，表述恰当正确，逻辑分析合理，整体风格统一，图文并茂。

（4）小组分工明确，现场表述清晰，分析全面，理由充分，语言流畅，情绪饱满。

直通职场：网络工程师的一天

网络工程师是指从事计算机网络系统的规划、设计，网络设备的软硬件安装调试，网络系统的运行、维护和管理的中级技术人员。在客户网络出现故障时，网络工程师需要用一天的时间来外出检查现场设备故障、检查网络故障、快速定位问题，并争取在第一时间恢复，以及后续对设备和系统进行维护。如果无须外出，则一天的时间主要用于准备方案所需材料，主要包括熟悉网络拓扑结构、业务情况、配置情况等。

微课：网络工程师的一天

行业观察：5G 与 ICT 融合之路

作为国民经济的基础性和先导性产业，ICT 行业在推动社会、经济、环境可持续发展方面举足轻重，已成为社会、经济和环境可持续发展的主要驱动力。5G 浪潮奔涌，变革与创新接踵而至，一个由互联世界赋能的信息社会正加速到来。通信技术将充分发挥加快人类进步和弥合数字鸿沟的巨大潜力。

微课：5G 与 ICT 的融合之路

随着全球能源危机的加剧，各行各业都在进行技术创新，致力于推动可持续发展战略，ICT 行业也不例外。ICT 行业内的可持续发展战略为减排积极制定了目标，但在制定目标时必须假设数据和连接是持续增长的。对于下一代 ICT 技术的开发人员而言，实现该目标一个巨大的挑战，因为他们必须在减少排放的同时达到消耗方面不断变化的目标，这就需要逐步改变能效。5G 将在应对这一挑战中发挥关键作用，因为它能够支持许多行业使用大量数据，同时使这些行业能够通过更灵活、更高效的运营方式来提高能源利用率。

5G 的推出有助于支持使用大量数据，同时加大对具有低延迟、高带宽的设备的支持，有助于许多行业实现数字化转型。5G 和 ICT 相互融合，相互赋能，在力争实现 5G 可持续发展的同时，运营商也在与 ICT 行业密切合作，以促进自身和 ICT 行业的可持续发展。

项目 4

网络安全设计

项目介绍

2022年6月，西北工业大学发布《公开声明》称，西北工业大学邮件系统遭受网络攻击，有来自境外的黑客组织和不法分子向校内师生发送包含木马程序的钓鱼邮件，企图窃取相关邮件数据和公民个人信息。

9月5日，国家计算机病毒应急处理中心和360公司分别发布了关于西北工业大学遭受美国国家安全局（NSA）网络攻击的调查报告，报告显示"美国国家安全局下属的特定入侵行动办公室（TAO）使用了40余种不同的NSA专属网络攻击武器，持续对西北工业大学开展攻击窃密，窃取该校关键网络设备配置、网管数据、运维数据等核心技术数据"。西北工业大学是目前我国航空、航天、航海工程教育和科学研究领域的重点大学，拥有大量国家顶级科研团队和高端人才，承担国家多个重点科研项目，地位十分特殊，网络安全十分关键。由于其所具有的特殊地位和所从事的敏感学科研究，所以成为此次网络攻击的针对性目标。网络安全关系国家安全再次得到重大警示。

案例思考：网络设备配置、网管数据、运维数据等数据资料有何作用？为何他人会发动攻击来窃取这些数据？可以采用哪些手段来构建良好的网络生态？可以从哪些方面降低网络安全风险，推进网络强国建设？

案例启示：要保护网络安全，首先需要对网络安全进行系统设计，网络安全设计是网络系统集成过程中逻辑网络设计部分的重要内容，并且网络安全涉及的内容比较多、范围比较广、专业技术性比较强。为了更好地应对网络安全问题，有必要建立健全网络安全防护体系，通过采取有效策略检测、评估和修复安全隐患，合理优化计算机及网络配置等技术手段，最大限度地降低网络安全风险。

扫一扫

微课：搭建网络安全屏障，加固国家安全堡垒

学习目标

【知识目标】

- 了解网络安全整体规划的主要内容。
- 掌握局域网安全的技术措施。
- 掌握访问控制安全技术原理。
- 掌握防火墙的工作原理。
- 掌握 IDS/IPS 的工作原理。
- 掌握 VPN 的主要功能及分类。

【能力目标】

- 能够规划和部署局域网安全。
- 能够确保设备访问和业务应用安全。
- 能够规划和部署网络边界安全。
- 能够规划和部署数据传输安全。
- 具备网络安全及可靠性规划能力。

【素养目标】

- 引导学生自觉遵守相关技术规范和标准,遵守职业道德。
- 引导学生树立责任担当意识,培养团结协作精神。
- 引导学生树立正确的国家安全观。

学习提示

随着物联网的不断扩大,每年都会有数百万台新设备加入到网络中,用户通过使用无线功能几乎可以在任何地方使用这些设备。威胁发起者将持续寻找可以利用的漏洞,网络管理员需要使用各种方法来保护网络中的设备和数据。网络本身是一个复杂的系统,具有多种连接形式,终端设备分布不均匀、网络的开放性和互联性都容易导致其遭受恶意攻击。要保护网络安全,必须对网络安全进行系统设计。

本项目结合网络安全的纵深防御模型设计了 8 个任务,分别是认识网络系统安全、实施网络设备的安全访问、保护接入层网络访问安全、监控网络设备运行状态、实施网络资源的访问控制、保护网络边界安全、部署入侵检测和防护系统、提高数据传输安全性,重点讨论路由器、防火墙、入侵检测系统和 VPN 网关等网络安全设备在网络安全设计中的应用。本项目思维导图如图 4-1 所示。

项目4　网络安全设计

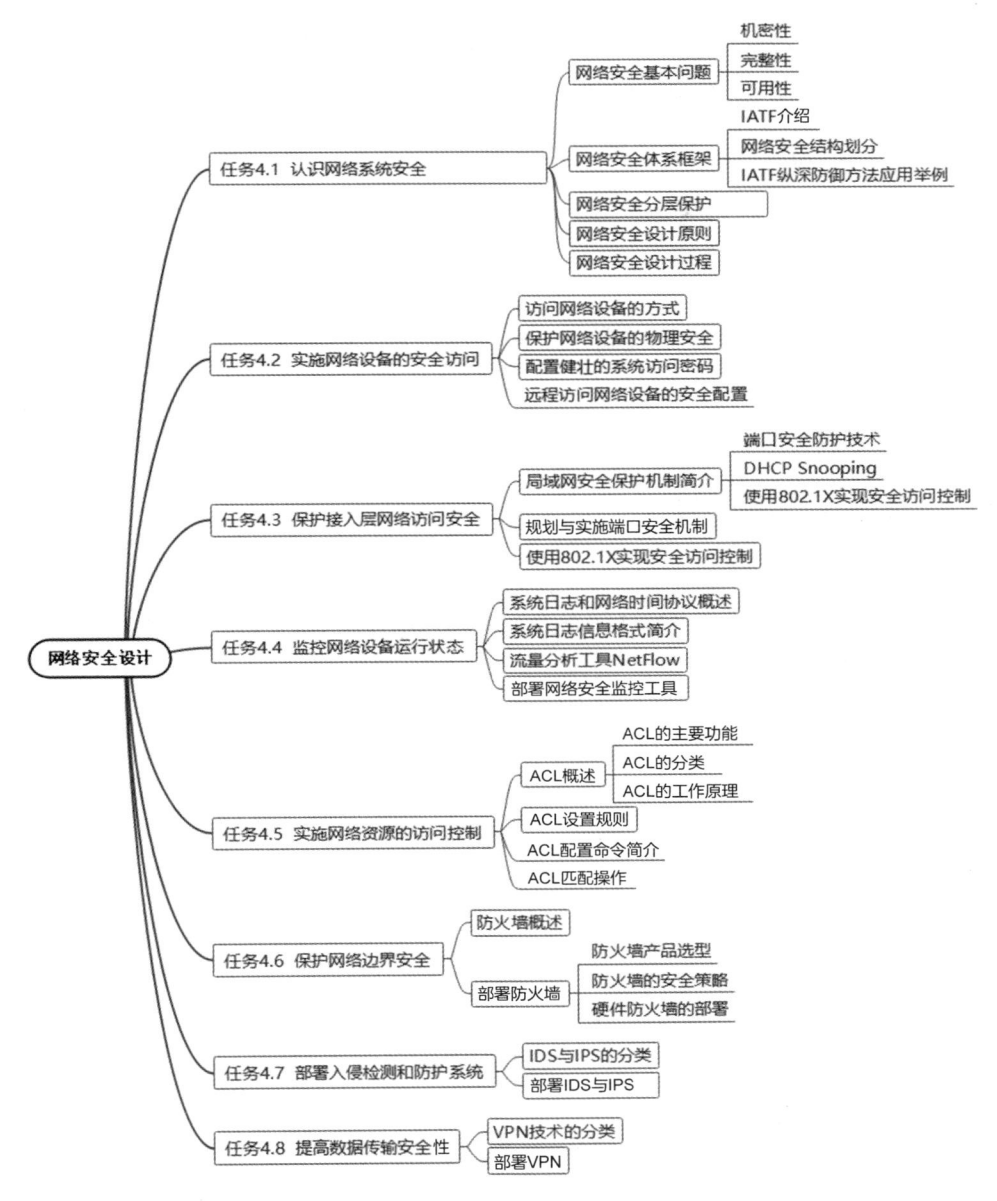

```
网络安全设计
├── 任务4.1 认识网络系统安全
│   ├── 网络安全基本问题
│   │   ├── 机密性
│   │   ├── 完整性
│   │   └── 可用性
│   ├── 网络安全体系框架
│   │   ├── IATF介绍
│   │   ├── 网络安全结构划分
│   │   └── IATF纵深防御方法应用举例
│   ├── 网络安全分层保护
│   ├── 网络安全设计原则
│   └── 网络安全设计过程
├── 任务4.2 实施网络设备的安全访问
│   ├── 访问网络设备的方式
│   ├── 保护网络设备的物理安全
│   ├── 配置健壮的系统访问密码
│   └── 远程访问网络设备的安全配置
├── 任务4.3 保护接入层网络访问安全
│   ├── 局域网安全保护机制简介
│   │   ├── 端口安全防护技术
│   │   ├── DHCP Snooping
│   │   └── 使用802.1X实现安全访问控制
│   ├── 规划与实施端口安全机制
│   └── 使用802.1X实现安全访问控制
├── 任务4.4 监控网络设备运行状态
│   ├── 系统日志和网络时间协议概述
│   ├── 系统日志信息格式简介
│   ├── 流量分析工具NetFlow
│   └── 部署网络安全监控工具
├── 任务4.5 实施网络资源的访问控制
│   ├── ACL概述
│   │   ├── ACL的主要功能
│   │   ├── ACL的分类
│   │   └── ACL的工作原理
│   ├── ACL设置规则
│   ├── ACL配置命令简介
│   └── ACL匹配操作
├── 任务4.6 保护网络边界安全
│   ├── 防火墙概述
│   └── 部署防火墙
│       ├── 防火墙产品选型
│       ├── 防火墙的安全策略
│       └── 硬件防火墙的部署
├── 任务4.7 部署入侵检测和防护系统
│   ├── IDS与IPS的分类
│   └── 部署IDS与IPS
└── 任务4.8 提高数据传输安全性
    ├── VPN技术的分类
    └── 部署VPN
```

图 4-1　网络安全设计思维导图

任务 4.1　认识网络系统安全

➡ 任务描述

某公司网络中的信息点有 800 个左右，其中接入 Internet 的信息点有 200 个左右。该网络拥有自己的 FTP 服务器、HTTP 服务器及 E-mail 服务器，存在的主要问题是安全管理差，几乎处于失控状态，一些保密数据无法得到安全控制。为此，该公司决定针对现有网络情况设计一个信息安全方案，在保证网络运行性能的同时，增强网络的安全性。信息安全方案需要达到以下目标。

（1）对重要数据有安全控制措施。

（2）对上网用户进行控制管理，限时限量。

（3）内外网用户均可以通过公司的 E-mail 服务器收发邮件，并自由访问 FTP 和 Web 服务器。

请在安全需求分析的基础上，为该公司规划基于分层保护的网络安全结构，并制定相关安全策略。

知识准备

4.1.1 网络安全基本问题

网络安全是指网络系统的硬件、软件及其系统中的数据受到保护，不因偶然或者恶意的原因而遭受破坏、更改、泄露，系统连续、可靠、正常地运行，网络服务不中断。网络安全从其本质上来讲就是网络上的信息安全。因此，实现网络安全不仅要解决网络安全基本问题，还要解决用户对网络基础设施的信心和责任感的问题，最终是为了保障信息的机密性（Confidentiality）、完整性（Integrity）和可用性（Availability），这三者简称 CIA 三元组，如图 4-2 所示。

扫一扫

微课：非法用户对信息流的攻击

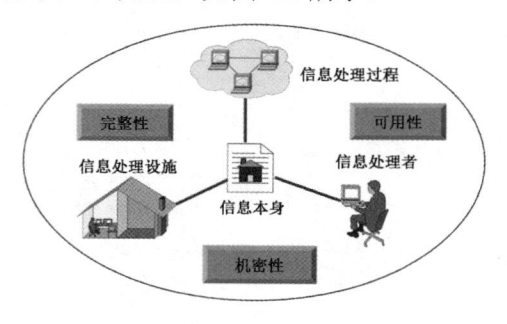

图 4-2 CIA 三元组

1. 机密性

只有获得授权的个人、实体或进程才可以访问敏感信息。

2. 完整性

保护数据免受未经授权用户的修改。

3. 可用性

获得授权的用户必须能够不受阻挡地访问重要资源和数据。

机密性、完整性和可用性三者相互依存，形成了一个不可分割的整体，三者中任何一个受到损害都将影响整个系统的安全。用户可以使用各种加密手段对网络数据进行加密（使未经授权的用户无法读取)。例如,两个 IP 电话用户之间的对话是可加密的,计算机中的文件也是可加密的。事实上,有数据通信的地方几乎都可以使用加密算法,未来趋势是对所有通信都进行加密。

4.1.2 网络安全体系框架

网络安全设计是逻辑网络设计工作的重要内容之一,在设计网络安全体系时存在多种框架模型,本节将依据信息安全保障技术框架(Information Assurance Technical Framework,IATF)进行网络安全设计的介绍,其模型如图 4-3 所示。

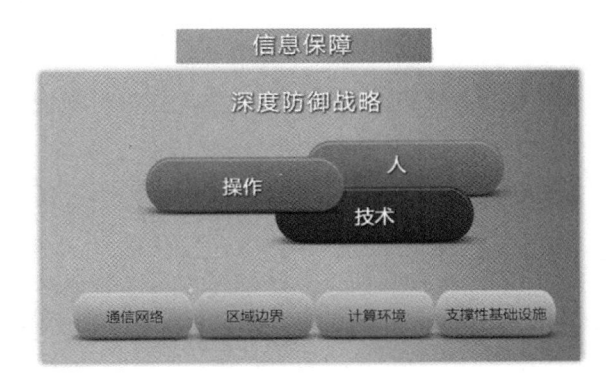

图 4-3 IATF 模型

1. IATF 介绍

IATF 依据"深度防护战略"理论,要求从整体、过程的角度看待信息安全问题,主要关注 4 个层次的安全保障工作——保护通信网络、保护区域边界、保护计算环境、保护支撑性基础设施,强调人、技术和操作这 3 个要素。

(1)人:人是信息的主体,是信息系统的拥有者、管理者和使用者,是信息安全保障体系的核心,是第一要素,同时也是最脆弱的。正是基于这样的认识,安全组织和安全管理在信息安全保障体系中是第一位的。要建设信息安全保障体系,必须先建立安全组织和安全管理,包括组织管理、技术管理和操作管理等多个方面。

(2)技术:技术是实现信息安全保障体系的重要手段,信息安全保障体系所具备的各项安全服务就是通过技术机制来实现的。当然,IATF 所指的技术是指防护、检测、响应、恢复并重的、动态的技术体系。

(3)操作:操作也称"运行",它体现了信息安全保障体系的主动防御。如果说技术的构成是被动的,那么操作和流程就是将各方面技术紧密结合在一起的主动过程。运行保障包括安全评估、入侵检测、安全审计、安全监控和响应恢复等内容。

2. 网络结构划分

当前使用的企业网、园区网和校园网等网络的结构一般会被划分为内网、外网和公共子网 3 个部分,如图 4-4 所示。

图 4-4　网络结构划分

（1）内网：内网是指各种园区网的内部局域网，包括内部服务器和用户。内部服务器只允许内部用户访问。内部用户的安全隐患比来自外网的攻击更加难以防御，内部用户的泄密是对系统安全的最大破坏。

（2）外网：外网包括不属于部门内网的设备和主机。非授权用户可以通过各种手段来攻击、窃取内网服务器上的数据和信息资源。

（3）公共子网：公共子网是唯一的内网、外网用户都能够访问的网络区域，其安全管理措施包括对服务器进行访问控制，对客户和服务器双方进行身份验证，同时对内网和外网服务器提供代理。

3. IATF 纵深防御方法应用举例

安全组织必须使用一种纵深防御方法来识别威胁（资产的任何潜在危险）并保护易受攻击的资产（任何对组织而言有价值且必须加以保护的东西，包括服务器、基础设施设备、终端设备和数据）。IATF 纵深防御方法在网络边缘、网络内部以及网络端点上使用多个安全层，其简单拓扑结构如图 4-5 所示。

图 4-5　IATF 纵深防御方法的简单拓扑结构

（1）边缘路由器：第一道防线被称为边缘路由器（图 4-5 中的 R1）。边缘路由器上设置了一组规则，用于指定允许或拒绝的流量。它可以将所有到内部 LAN 的连接传递给防火墙。

（2）防火墙：第二道防线是防火墙。防火墙是一个检查点设备，负责执行额外过滤并跟踪连接的状态。它拒绝从外网（不受信任）向内网（受信任）发起连接，同时允许内部用户建立与不受信任网络的双向连接。它还可以执行用户身份验证（身份验证代理），从而授予外部远程用户访问内网资源的权限。

（3）内部路由器：另一道防线是内部路由器（图 4-5 中的 R2），它可以在将流量转发到目标之前对流量应用最终的过滤规则。

IATF 纵深防御方法中使用的设备不只有路由器和防火墙，还包括入侵检测系统（IDS）、入侵防御系统（IPS）、高级恶意软件防护（AMP）、Web 和邮件内容安全系统、身份服务、网络访问控制等。

在 IATF 纵深防御方法中，各层设备共同创建一个网络安全体系框架。在这个网络安全体系框架中，一个防护措施出现故障不会影响其他防护措施。

4.1.3 网络安全分层保护

全方位的、整体的网络安全体系需要分层实现，不同层次反映不同的安全问题。网络安全体系层次通常被划分为物理层安全、网络层安全、系统层安全、应用层安全和管理层安全。

1. 物理层安全

物理层安全是指计算机网络设施本身及其所在环境的安全，保证物理层安全是指防止由于自然或者人为因素造成的对网络的物理破坏，如设备被盗、火灾、断电等。该层次宜采用的安全方法是加强物理安全条件及防范人为破坏，如装设机房门禁系统等。

2. 网络层安全

网络层安全涉及网络设备、数据、边界等受到的各种威胁，如 DoS 攻击、DDoS 攻击、IP 地址欺骗、MAC 地址欺骗、ARP 欺骗、Sniffer 嗅探、设备自身缺陷、ICMP 重定向等。该层次宜采用的安全方法有访问控制列表（ACL）、防火墙、入侵检测系统、入侵防御系统、网络加密机（VPN 网关）等。

3. 系统层安全

常见的操作系统有 Windows、Linux、UNIX 等，系统层的安全隐患主要有操作系统漏洞、缓冲区溢出、弱口令以及不可信的访问等。该层次宜采用的安全方法有补丁升级、选用系统加固产品等。

4. 应用层安全

应用层的主要任务有邮件服务、文件服务、数据库、Web 服务等，其安全隐患包括网页篡改、程序及脚本解释器的溢出、SQL 注入、未加密的传输、缓冲区溢出、产品自身缺陷、信息泄密、木马病毒等。该层次宜采用的安全方法有防网页篡改、传输加密、漏洞扫描、防病毒等。

5. 管理层安全

管理层是最关键的一层，是以上安全方法的有力保障，主要包括人员、制度。安全组织可以通过管理系统、培训、人员考核、安全外包等方式来解决管理层的安全问题。

4.1.4 网络安全设计原则

面对网络的种种威胁，为了最大限度地保护网络中的信息安全，所采用的安全管理和安全技术均应考虑如下原则。

1. 均衡性原则

网络信息安全中也有"木桶理论"（木桶的最大容积取决于最短的一块木板），所以应对信息进行均衡、全面的保护。

2. 整体性原则

整体性原则要求在网络被攻击、破坏的情况下，尽可能快速地恢复网络信息中心的服务，从而减少损失。

3. 一致性原则

网络安全系统是一个庞大的系统工程，其安全体系框架的设计必须遵循一系列标准，这样才能确保各个分系统的一致性，从而使整个系统可以实现安全的互联互通和信息共享。

4. 技术与管理相结合的原则

网络安全系统还是一个复杂的系统工程，涉及人、技术、操作等要素，单靠技术或管理都不可能实现。因此，实现网络安全系统必须将安全技术、运行管理机制、人员思想教育、技术培训和安全规章制度建设相结合。

5. 动态发展原则

动态发展原则是指根据网络安全的变化不断调整安全方法，使网络安全系统适应新的网络环境，满足新的网络安全需求。

6. 易操作性原则

安全方法需要人来执行，如果方法过于复杂，则对人的要求过高，也会降低网络安全系统的安全性。因此，安全方法的操作不能过于复杂，不能影响系统的正常运行。

4.1.5 网络安全设计过程

网络安全系统集成一般要经历如下过程：在分析网络安全风险的基础上，在安全策略的指导下，决定所需的安全服务类型，选择相应的安全机制，集成先进的安全技术，形成一个全面综合的安全系统，建立相关的规章制度，并对安全系统进行审计、评估和维护。

1. 确定需要保护的资产

在确定需要保护的资产时要了解如下内容：网络中的硬件资源配置情况，如路由交换设备、服务器、防火墙、个人计算机的配置情况；软件资源的配置情况，如操作系统、网络系统软件、应用软件等的情况；网络存储介质情况，如光盘、闪存、硬盘、磁带等的存储信息；系统涉及的用户群体分类及分布情况。

2. 识别网络环境中的威胁

识别网络环境中的威胁是指为安全组织提供在特定网络环境中可能面临的威胁列表。在识别威胁时，一定要明确如下问题。

（1）系统可能存在哪些漏洞？

（2）谁可能希望利用这些漏洞来访问特定信息资产？

（3）如果系统漏洞被利用并导致资产损失，那么后果是什么？

例如，电子银行网络系统的威胁可能包括如下内容。

（1）内部系统侵害：攻击者使用公开的电子银行服务器闯入银行内部系统。

（2）窃取客户数据：攻击者从客户数据库中窃取银行客户的个人资料和财务数据。

（3）来自外部服务器的虚假交易：攻击者通过冒充合法用户修改电子银行应用的代码并进行交易。

（4）窃取并使用客户 PIN 或智能卡进行虚假交易：攻击者窃取客户的身份并通过受侵害的账户完成恶意交易。

（5）内部人员对系统的攻击：银行职员寻找可发动攻击的系统缺陷。

（6）数据输入错误：用户输入不正确的数据或提出不正确的交易请求。

（7）数据中心被破坏：灾难性事件会严重破坏数据中心。

3. 网络安全需求分析

安全组织对网络安全的需求是整体的、全方位的，相应的安全体系也是分层次的，不同层次反映了不同安全需求。根据网络应用现状和网络结构，网络安全需求应从以下方面来考虑。

1）业务管理的需要

如何有效地利用现有软硬件和网络资源，简化工作流程，提高管理工作效率，实现办公自动化和信息资源共享，是安全组织中各管理部门的迫切需要。

2）生产的需要

安全组织在生产的过程中会产生大量的数据和文档资料，在确保数据安全、保密的前提下，实现数据资料的存储、传输和共享，是该安全组织对当前信息化建设的需要。

3）信息安全等级保护的需要

经济建设、信息数据等的安全与安全组织自身和国家的利益相关，所以信息化建设必须符合国家信息安全等级保护审查的要求。

4）网络安全需求的具体内容

通过对信息化网络系统的调研、分析，结合其未来发展规划，网络安全需求主要体现在以下方面。

（1）物理设备安全的需求。

物理设备的安全问题主要体现在如何有效地保证中心机房的安全建设，从而有效地保证设备放置和运行的物理安全。

（2）网络边界安全的需求。

网络安全系统由很多业务安全域组成，在划分安全域之后，涉密等级较高的部门所涉及的安全域为重要安全域，需要进行重点防护，各个子网间的边界安全也十分重要。例如，安全组织在与外网连接时，需要隔离不安全因素，最终保证安全组织网络以及内网边界的安全。

（3）防范病毒的需求。

病毒会严重威胁计算机网络系统安全，会影响业务的持续运行、用户数据的安全性等，新病毒的爆发甚至会毁掉一个病毒防御机制不健全的网络系统，因此需要建立完整的网络防病毒系统。

（4）网络入侵行为审计的需求。

为了有效地监控网络入侵行为，需要对内部和外部的入侵行为进行详细的记载，同时发出预警。

（5）接入安全的需求。

为了有效地保证网络的身份可信，以及满足资源访问控制管理的需要，要为员工建立统一的身份认证，并在接入网络的时候对员工进行身份认证，同时检查员工的主机是否符合安全策略，不符合的主机需要重新修复方可进入资源区。

（6）网络传输安全的需求。

对总部和分部的广域网来说，应采用加密传输的方式进行连接，形成一个广域的"内部网"（虚拟私有网络，VPN）。同时，对重要部门的计算机来说，在互相传输文件时，也应尽可能地采用加密传输的方式。

（7）安全管理规范建设。

明确"技术和管理并重"的原则，网络安全不仅是技术问题，还是一个管理问题，安全管理在网络安全中占有很重要的地位，安全组织应加强对网络安全管理规范的建设，在设立专门的管理机构的基础上，制定全面的管理制度并确保其得到正确执行，从而使所有安全技术措施都能够发挥作用。

4．网络安全风险分析

网络安全风险分析是指由于网络存在安全漏洞，导致攻击者所制造的各类新型风险不断产生，这些风险由多种因素引起，与网络系统的结构和应用等因素密切相关。

1）物理安全风险分析

网络物理安全是整个网络系统安全的前提。物理安全的风险主要有以下方面。

（1）地震、水灾、火灾等自然灾害造成整个系统毁灭。

（2）电源故障造成设备断电，导致操作系统引导失败或数据库信息丢失。

（3）电磁辐射可能造成数据信息被窃取或偷阅。

（4）不能保证几个不同机密程度网络的物理隔离。

2）网络安全风险分析

在内网与外网之间，如果没有采取一定的安全防护措施，那么内网会很容易遭到来自外网的攻击，包括来自Internet的风险和下级单位的风险。

内网的不同部门或用户之间，如果没有采用相应的访问控制，则可能造成信息泄露或非法攻击。据调查统计，在已发生的网络安全事件中，70%的攻击来自内部。因此，内网的安全风险更为严重。内部员工对所在安全组织的网络结构、应用比较熟悉，其发起攻击或泄露重要信息可能会成为系统安全的最大威胁。

3）系统安全风险分析

系统安全是指网络操作系统、应用系统的安全。目前的操作系统或应用系统，无论是Windows、UNIX操作系统，还是其他厂商开发的应用系统，都必然有后门（Back-Door），而且系统本身必定存在安全漏洞，这些"后门"或安全漏洞都是重大安全隐患。因此，开发厂商应正确评估自身网络的风险，并据此给出相应的安全解决方案。

4）应用安全风险分析

应用系统安全涉及很多方面。应用系统是动态的、不断变化的，因此其安全性也是动态的。例如，新增一个新的应用程序就会出现新的安全漏洞，因此必须在安全策略上做出调整并不断完善。

5. 网络安全策略制定

需求分析和风险分析是安全策略的主要来源。安全组织通过安全策略向用户、员工和管理人员告知其对保护技术和信息资产的要求。在安全策略中，需要确认满足安全需求的机制，并提供在购置、配置计算机系统和网络系统，以及审计计算机系统、网络系统是否合规时所依据的基线。

全面的安全策略有以下优势。

（1）体现安全组织对安全的承诺。

（2）为期望行为设定规则。

（3）确保系统操作与软硬件采购、使用及维护的一致性。

（4）定义违反策略的法律后果。

（5）为安全人员提供管理支持。

在进行网络安全设计时，安全策略可能包括以下 6 个方面。

（1）标识和身份认证策略：指定可以访问网络资源的人员及身份认证过程。

（2）密码策略：确保密码符合最低要求，并且定期更改。

（3）可接受使用策略：确定组织可接受的网络应用以及违反此策略的后果。

（4）远程访问策略：确定远程用户访问网络的方式以及可远程访问的资源。

（5）网络维护策略：指定更新网络设备操作系统和终端用户应用的程序。

（6）事件处理程序：描述安全事件的处理方式。

6. 网络安全机制设计

网络安全机制从 3 个层面来进行设计，分别是物理安全机制、网络系统安全机制和信息安全机制。

1）物理安全机制设计

首先，为保证网络运行环境的安全，要在网络机房中设置防辐射的屏蔽机柜，把存储重要信息数据的设备放在屏蔽机柜中；要为保密的网络提供屏蔽双绞线、屏蔽模块和屏蔽配线架。此外，还需要设置防雷设备、进行 UPS 的安全配置以及防火系统的配置等。

2）网络系统安全机制设计

（1）外网安全保护机制设计。

使用公共子网隔离内网和外网，将公共服务器放在公共子网上。在内网和外网之间使用防火墙，设置一定的访问权限，从而有效保护网络免受攻击和侵袭。在网络出口处安装专用的入侵检测系统，对网络上的信息数据进行审查和监视。对于特别机密的部门网络，使用 VPN 来创立专用的网络连接，保证网络安全和数据完整性。

（2）内网安全保护机制设计。

使用 VLAN 为内网提供安全性保护。通过对网络进行逻辑分段，使同一网段内的主机之间可以自由访问，而不同网段主机之间的访问必须经过核心交换机和路由器，从而保证网络内部信息安全和防止信息泄露。

3）信息安全机制设计

信息安全涉及信息的传输安全、信息的存储安全以及网络传输内容的审计安全等方面。使用加密技术和身份认证技术保证网络中信息数据的安全。

7．网络安全集成技术

根据前面的详细分析，安全组织所采用的网络安全集成技术主要有以下几种。

（1）身份认证技术。

（2）信息加密技术。

（3）访问控制技术。

（4）虚拟专用网络技术。

（5）网络设备安全加固技术。

（6）网络防病毒技术。

（7）网络安全设备部署。

知识考核

1．（　　）组成了 CIA 三元组。
　　A．机密性、完整性、保障　　　　B．机密性、完整性、可用性
　　C．机密性、综合性、保障　　　　D．机密性、综合性、可用性

2．某计算机遭到 ARP 病毒的攻击，为临时解决故障，可将网关 IP 地址与其 MAC 地址绑定，正确的命令是（　　）。
　　A．arp -a 192.168.16.254 00-22-aa-00-22-aa
　　B．arp -d 192.168.16.254 00-22-aa-00-22-aa
　　C．arp -r 192.168.16.254 00-22-aa-00-22-aa
　　D．arp -s 192.168.16.254 00-22-aa-00-22-aa

3．PGP 提供的是（　　）安全。
　　A．物理层　　　　B．网络层　　　　C．传输层　　　　D．应用层

4．网络安全设计是网络规划与设计中的重要环节，以下关于网络安全设计原则的说法中，错误的是（　　）。
　　A．网络安全应以不影响系统的正常运行和合法用户的操作活动为前提
　　B．网络安全设计强调安全防护、监测和应急恢复，要求在网络被攻击、破坏的情况下，尽可能快速地恢复网络信息中心的服务，减少损失
　　C．在制定安全问题解决方案时无须考虑性能和价格的平衡，应强调安全和保密系统的设计与网络设计相结合

  D．充分、全面、完整地对系统的安全漏洞和安全威胁进行分析、评估与检测，是设计网络安全系统的前提和必要条件

5．在网络开发的 5 个阶段中，IP 地址方案及安全方案是在（　　）阶段提交的。

  A．需求分析 B．通信规范分析 C．逻辑网络设计 D．物理网络设计

6．以下对于信息安全管理的描述中，错误的是（　　）。

  A．信息安全管理的核心是风险管理

  B．人们常说："三分技术，七分管理。"可见管理对信息安全的重要性

  C．安全技术是信息安全的构筑材料，安全管理是真正的黏合剂和催化剂

  D．信息安全管理工作的重点是信息系统，而不是人

7．风险分析的目的是（　　）。

  A．在实施保护所需的成本与风险可能造成的影响之间进行技术平衡

  B．在实施保护所需的成本与风险可能造成的影响之间进行运作平衡

  C．在实施保护所需的成本与风险可能造成的影响之间进行经济平衡

  D．在实施保护所需的成本与风险可能造成的影响之间进行法律平衡

8．风险评估的基本过程是（　　）。

  A．识别并评估重要的信息资产，识别各种可能的威胁和严重的弱点，最终确定风险

  B．通过以往发生的信息安全事件，找到风险所在

  C．对照安全检查单，查看相关的管理和技术措施是否到位

  D．并没有规律可循，完全取决于评估者的经验

9．以下对于信息安全策略文件的说法中，不正确的是（　　）。

  A．信息安全策略文件应由管理者批准、发布

  B．信息安全策略文件应传达给所有员工和外部相关方

  C．信息安全策略文件必须打印成纸质文件进行分发

  D．信息安全策略文件应说明管理承诺，并提出组织管理信息安全的方法

10．以下对于信息安全策略的描述中，错误的是（　　）。

  A．信息安全策略以风险管理为基础，需要做到面面俱到、杜绝风险

  B．信息安全策略是在有限资源的前提下选择最优的风险管理对策

  C．防范不足会造成直接的损失，防范过多会造成间接的损失

  D．信息安全保障需要从经济、技术、管理的可行性和有效性上做出权衡与取舍

任务实施

1．网络安全需求分析
2．分层网络安全保护结构设计
3．制定网络安全策略

任务评价

1．考查项

PPT、现场表达。

2. 评价标准

（1）能够清晰地反映被保护的网络与开放网络的有效隔离，成为可管理、可控制的内网。

（2）PPT 制作精良，内容紧扣主题，图文并茂。表述恰当正确、准备充分、逻辑清晰、语言流畅、情绪饱满。有自己的观点，能够帮助同学们开阔视野、引发思考或情感共鸣。

任务 4.2　实施网络设备的安全访问

➡ 任务描述

本任务采用图 4-6 所示的 Telnet 远程管理网络拓扑结构，使用 ACL 限制 Telnet 访问交换机，通过本地鉴别方式使用 SSH 访问路由器，增强访问和管理网络设备的安全性。

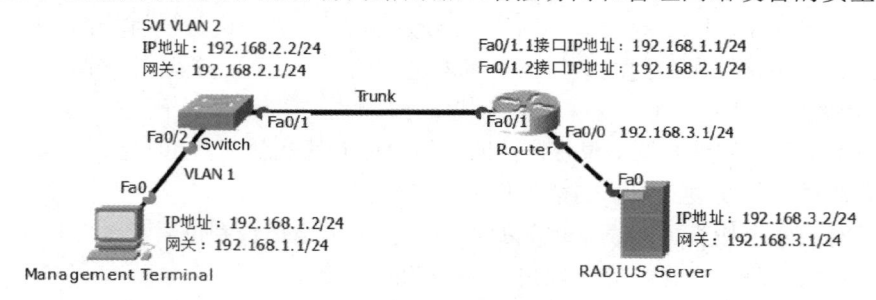

图 4-6　Telnet 远程管理网络拓扑结构

➡ 知识准备

4.2.1　访问网络设备的方式

网络是安全组织内各种业务系统的载体，因此必须保证网络持续可靠地运行。保护内网安全的重要任务之一就是保护路由器和交换机。路由器是网络系统的主要设备，也是网络安全的前沿关口，如果路由器连自身的安全都无法保障，那么整个网络就毫无安全可言了。

交换机或路由器等网络设备的访问方式包括物理访问和逻辑访问两种，可以通过控制台（Console）端口或辅助（Auxiliary）端口来物理访问 CLI，也可以通过 Telnet 或 SSH 连接来逻辑访问 CLI。

4.2.2　保护网络设备的物理安全

除管理员外，其他人不能随意接近网络设备。如果攻击者在物理上能接触到网络设备，则攻击者可以通过断电重启来实施密码修复，进而登录网络设备，从而完全控制网络设备。路由器提供了禁止访问 ROMMON 模式的选项，为了保护 ROMMON 模式，需要输入"no service password-recovery"。如果禁用密码恢复功能，则无法恢复丢失的密码或无法访问 ROMMON 模式，因此在选择禁用密码恢复功能时一定要格外慎重。

《信息技术设备 安全 第 1 部分：通用要求》（GB 4943.1—2011）、《信息技术设备的无线电骚扰限值和测量方法》（GB/T 9254—2008）等标准中有明确规定：网络设备的物理安全需考虑适当的温度、湿度等环境条件；网络设备要做到防震、防电磁干扰、防雷、防电源波动等。

4.2.3 配置健壮的系统访问密码

1. 配置密码的注意事项

密码关注的是如何保护所有的网络资源，所有需要增强安全性的网络设备都应参考以下配置指南。

（1）最小长度：密码的字符数越多，攻击者猜测密码所需的时间就越长。

（2）组合字符：密码应该是大小写字母、数字、元字符（符号和空格）的组合。字符种类和数量越多，攻击者需要尝试的密码组合就越多。

（3）不要使用字典单词：避免使用字典中出现的单词，从而降低字典攻击的成功率。

（4）经常变更密码：经常变更密码可以限制密码被破解后的有用性，从而减少整体损失。

2. 配置安全访问端口密码

网络设备系统中的 con 0 映射为 Console 端口；aux 0 映射为 Auxiliary 端口；vty 0 4 表示进入路由器的 5 个默认逻辑虚拟终端（VTY）接入端口。将控制台端口、辅助端口和虚拟终端端口都看作线路（Line）。在线路（con 0、aux 0 和 vty 0）上使用 login 命令时将启动密码检查，如果没有该命令（no login），则不检查已配置的密码（默认非加密），或者在激活线路时进行密码检查。

（1）严格控制 Console 端口的访问。

如果可以开机箱，则可以切断与 Console 端口相连的物理线路。

改变默认的连接属性，如修改波特率（默认是 9600，可以改为其他值）。

配合使用访问控制列表控制对 Console 端口的访问，命令如下：

```
R1(config)#access-list 1 permit 192.168.0.1    //定义访问列表
R1(config)#line con 0                           //进入 Console 线路终端模式
R1(config-line)#transport input none            //拒绝所有输入
R1(config-line)#login local                     //使用路由器本地的用户数据库进行远程登录验证
R1(config-line)#exec-timeout 5 0                //线路超时时间为 5min
R1(config-line)#access-class 1 in               //将上面定义的访问列表应用在 Console 端口上
```

给 Console 端口设置高强度的密码，命令如下：

```
R1(config)#line con 0                           //进入 Console 线路终端模式
R1(config-line)#password Up&atm@7!              //为 Console 端口设置高强度密码
R1(config-line)#login                           //使用本地密码验证登录方式
```

（2）禁用不需要的 Auxiliary 端口。

如果不使用 Auxiliary 端口，则禁止这个端口（默认是未被启用的），命令如下：

```
R1(config)#line aux 0                    //进入Auxiliary线路终端模式
R1(config-line)#transport input none     //拒绝所有输入
R1(config-line)#no exec                  //关闭连接
```

（3）设置使能密码。

由于用户可以通过特权模式完整地访问路由器，因此应该将以特权模式接入的访问权限留给信任的网络管理员，命令如下：

```
R1(config)#enable password cisco    //密码未加密,可以执行show run命令查看
R1(config)#enable secret cisco
//密码已使用MD5加密,执行show run命令无法获得密码的真实内容
```

若同时配置了 enable password 和 enable secret 密码，则后者生效。

（4）加密配置文件中的密码。

执行 service password-encryption 命令，将配置文件当前和将来的所有密码加密为密文，主要用于防止未授权用户查看配置文件中的密码，但很容易被密码破解程序破解，如图 4-7 所示。

图 4-7　密码破解程序

（5）设置密码最小长度。

网络管理策略应说明用于访问网络设备的密码的最小长度，密码的长度范围是 1～16 个字符，建议将路由器密码的最小长度设置为 10 个字符。在执行 user password、enable secret password 和 line password 等命令设置密码时，其长度也至少是 10 个字符，命令如下：

```
R1(config)#security passwords min-length 10   //设置密码的最小长度为10个字符
```

（6）创建本地用户数据库。

在本地数据库中维护用户和密码列表以进行本地登录验证，命令如下：

```
R1(config)#username name secret 0 password|5 encrypted-secret
```

表 4-1 所示为以上命令中各参数的详细说明。

表 4-1　参数说明

参　　数	说　　明
name	指定用户名
0	（可选）指定路由器以 MD5 认证方式对明文密码进行散列运算

续表

参　　数	说　　明
password	明文密码，用 MD5 进行散列运算
5	（可选）指定路由器以 MD5 认证方式对加密的安全密码进行散列运算
encrypted-secret	加密的安全密码，用 MD5 进行散列运算

4.2.4　远程访问网络设备的安全配置

网络管理员通常会使用 Telnet 来访问交换机或路由器。但 SSH 正在成为行业标准，因为它对安全性具有更为严格的要求。同样地，HTTP 也正在被更安全的 HTTPS 取代。

1. Telnet 的特点

Telnet 是一种不安全的协议，并且包含以下漏洞。
（1）所有的用户名、密码和数据都以明文的方式在公共网络中传输。
（2）用户使用系统中的一个账户可以获得更高的权限。
（3）远程攻击者可以使 Telnet 服务瘫痪。
攻击者通过发起 DoS 攻击，比如打开过多的虚假 Telnet 会话，就可以阻止合法用户使用该服务。
（4）远程攻击者可以找到启用的用户账户，而该账户可能属于服务器可信域。

2. SSH 的特点

在使用 SSH 进行登录时，整个登录会话（包括密码的传输）都是加密的，因此外部攻击者无法获取密码。SSHv1 有各种安全性隐患，建议管理员使用 SSHv2 代替 SSHv1。

1）SSH 的运行过程

（1）Client 端向 Server 端发起 SSH 连接请求。
（2）Server 端向 Client 端发起版本协商。
（3）在协商结束之后，Server 端发送 Host Key 公钥、Server Key 公钥、随机数等信息。至此，所有通信都是不加密的。
（4）Client 端返回确认信息，同时附带一个用公钥加密过的随机数，用于双方计算 Session Key。
（5）进入认证阶段，之后的所有通信都是加密的。
（6）在认证成功之后进入交互阶段。

2）配置 SSH 前的准备工作

（1）检查设备 IOS 版本是否支持 SSH。
（2）确保网络设备有唯一的主机名（不要使用 Router）。
（3）确保路由器使用正确的网络域名（必须设置）。
（4）确保目标网络设备配置了本地验证服务或用于用户名和密码验证的 AAA 服务。

3. 通过 AAA 本地认证方式使用 SSH 访问网络设备

AAA（认证、授权、审计）使用集中部署的标准化方法来质询用户的认证凭证，审计用户在网络设备上的操作行为。用户只有在通过身份认证之后，才能对授权资源进行访问。本任务采用 AAA 本地认证方式的网络拓扑结构，如图 4-8 所示。

（1）网络基本配置。

按照图 4-8 所示的 IP 地址，在路由器上完成设备名称、接口 IP 地址和静态路由的配置；在 PC 和 AAA Server 上配置 IP 地址参数；在 PC 上 ping 通 AAA Server 的 IP 地址，确保网络的连通性。

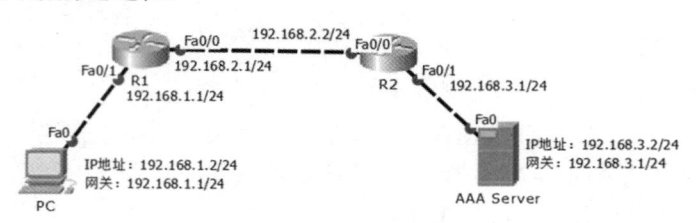

图 4-8　AAA 本地认证方式的网络拓扑结构

（2）SSH 的 AAA 本地认证方式配置。

需要注意的是，为了避免交换机或路由器因配置不当而被锁到系统之外，在配置 AAA 时应当使用控制台连接，具体配置过程如下：

```
R2(config)#enable password/secret 1234
//密码设置为1234，其中选项 password 以明文方式存储，secret 以密文方式存储
R2(config)#line vty 0 4                    //0 4 表示同时允许 5 台主机登录
R2(config-line)#transport input ssh        //只允许 SSH 登录
R2(config-line)#login local                //本地验证
R2(config)#aaa new-model                   //启用 AAA 服务
R2(config)#enable service ssh-server       //启用 SSH 服务
R2(config)#aaa authentication login default local    //在 AAA 中设置本地认证
R2(config)#username ruijie password 1234   //添加用户名（用于稍后的 SSH 登录）
R2(config)#crypto key generate rsa         //生成一个基于 RSA 算法的超强度密码
R2(config)#ip ssh authentication 4         //设置一个认证强度
```

（3）配置结果的验证。

在 PC 上执行 ssh -l ruijie 192.168.2.2 命令，输入密码"1234"，结果显示成功登录 R2。

4. 通过外部服务器认证方式使用 SSH 访问网络设备

采用与图 4-8 相同的网络拓扑结构，其中，AAA Server 认证服务器为终端 PC 远程管理路由器 R2 提供统一鉴别方式。

（1）网络基本配置。

与任务"通过 AAA 本地认证方式使用 SSH 访问网络设备"中配置基础网络的步骤完全相同。

（2）外部服务器认证方式配置。

在 Packet Tracer 7.3 中打开 AAA Server 的配置界面，如图 4-9 所示。设置客户端的名称为 R2，客户端 IP 地址为 192.168.3.1，服务器类型为 Radius，认证密钥为 123456，单击"添加"按钮即可。添加用户名为 cqcet，密码为 cisco 的用户账号，用于设备登录的身份认证。

（3）在路由器 R2 上配置 AAA 认证服务。

在路由器 R2 上设置的认证密钥与 AAA Server 上配置的密钥要完全一致，配置过程如下：

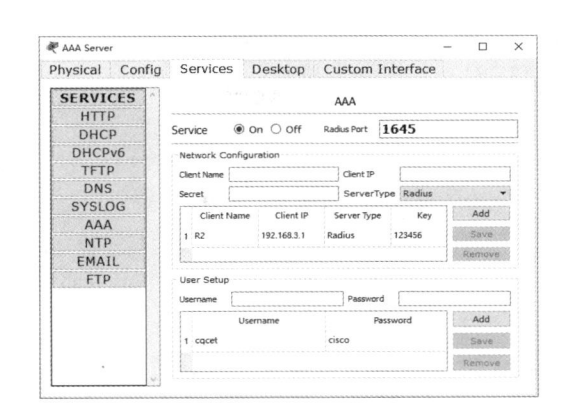

图 4-9　AAA Server 的配置界面

```
R2(config)#aaa new-model                                       //启用 AAA 服务
R2(config)#aaa authentication login default group radius
//在 AAA 中设置认证方法列表
R2(config)#radius-server host 192.168.10.3 key 123456
//设置 RADIUS 服务器的 IP 地址和认证密钥
R2(config)#line vty 0 4                                        //进入线路模式
R2(config-line)#login authentication default   //在 R2 的线路上应用认证方法列表
```

（4）配置结果的验证。

在 PC 上执行 ssh -l cqcet 192.168.2.2 命令，输入密码"123456"，结果显示成功登录 R2。

知识考核

1．使用远程登录方式配置交换机，必须进行的是（　　）。
　　A．IP 地址配置　　　　　　　　　B．主机地址配置
　　C．服务器配置　　　　　　　　　D．网络地址配置
2．下面是路由器带外登录方式的有（　　）。
　　A．通过 Telnet 登录　　　　　　　B．通过超级终端登录
　　C．通过 Web 方式登录　　　　　　D．通过 SNMP 方式登录
3．AAA 的（　　）组件用于确定用户可以访问哪些资源以及允许用户执行哪些操作。
　　A．审核　　　　B．计费　　　　C．授权　　　　D．认证
4．执行 no service password-recovery 命令将禁用（　　）功能。
　　A．aaa new-model 全局配置命令　　B．更改为配置寄存器
　　C．密码加密服务　　　　　　　　　D．能够访问 ROMMON
5．（　　）是访问攻击。
　　A．阻止用户访问网络服务的攻击

B. 攻击会在流量通过网络传播时修改或破坏流量

C. 利用漏洞进行攻击以获取敏感信息的攻击

D. 涉及未经授权发现漏洞，映射系统或服务的攻击

6. （　　）不是路由器上配置 SSH 所需的命令。

  A. 全局配置模式下的 IP 域名

  B. 在 VTY 线路上传输 SSH

  C. 删除一个 VTY 线路上的 password

  D. 加密密钥在全局配置模式下生成 RSA 密码

7. （　　）是访问路由器的第一个关口，也是防御攻击的第一道防线。

  A. VTY 登录端口   B. Console 端口

  C. 根端口   D. Auxiliary 端口

8. 如果字符"cisco"经过 service password-encryption 加密后生成的密文为"0822455D0A16"，那么将路由器的控制台密码设置为 cisco，路由器的配置如下：

```
Router(config)#line console 0
Router(config-line)#password 7 ?
Router(config-line)#login
Router(config-line)#exit
```

在"？"处应输入（　　）。

  A. cisco   B. cisco0822455D0A16

  C. 0822455D0A16   D. 0822455D0A16cisco

9. service password-encryption 和 enable secret 设置的两种加密密文中，（　　）更安全。

  A. service password-encryption

  B. enable secret

  C. 由于它们都采用 MD5 单向散列算法，所以安全性相同

  D. 无法比较，因为它们采用的算法不同

10. 输入（　　）线路配置模式命令，防止由于休眠而造成的线路（如控制台、AUX 或 VTY 线路）连接超时。

  A. no service timeout   B. timeout-line none

  C. exec-timeout 0 0   D. service timeout default

任务实施

本任务先实现"使用 ACL 限制 Telnet 访问交换机"功能，然后实现"通过本地鉴别方式使用 SSH 访问网络设备"功能，最后对配置结果进行验证。

1. 网络拓扑结构及 IP 地址规划

在图 4-6 所示的网络拓扑结构中，管理终端接入交换机，同时交换机与路由器相连，主要用于为管理终端和管理交换机提供网关功能。终端采用本地鉴别方式实现对交换机的远程管理，具有一定的安全性。

2. 网络基本配置

管理终端和交换机的管理 IP 地址处于不同的网段，因此需要在交换机上划分两个不同的 VLAN（默认已有 VLAN 1，所以还需要创建 VLAN 2）。另外，管理终端要能够远程管理交换机，必须借助三层设备实现两个不同网段之间的通信，因此将交换机上与路由器相连的端口 Fa0/1 设置为 Trunk，以传输两个不同 VLAN 的流量；同时将路由器的 Fa0/1 划分为两个子接口，并配置 IP 地址，用作两个 VLAN 之间通信的管理终端和管理交换机的网关地址。按图 4-6 中规划的 IP 地址配置终端和服务器的 IP 地址。在完成这些配置之后，确保管理终端能够 ping 通服务器的 IP 地址和交换机的管理 IP 地址。

3. 使用 Telnet 远程管理交换机

（1）设置交换机的远程登录密码。

```
SW1(config)#line vty 0 4              //进入线程，0 4 表示同时允许 5 台主机登录
SW1(config-line)#password 1234        //配置 Telnet 密码并配置本地验证
SW1(config-line)#login local          //使用交换机本地的用户数据库进行远程登录验证
```

（2）设置交换机的 enable 密码。

```
SW1(config)#enable password/secret 1234
//密码设置为 1234，其中，选项 password 以明文方式存储，secret 以密文方式存储
```

（3）建立交换机本地的用户数据库。

```
SW1(config)#username deng password deng
```

（4）限制交换机远程登录的 IP 地址范围。

```
SW1(config)#access-list 10 permit 192.168.1.0 0.0.0.255
//定义访问列表 10，设置可登录的 IP 地址访问为 192.168.1.0 网段
SW1(config)#line vty 0 4              //进入线程，0 4 表示同时允许 5 台主机登录
SW1(config-line)#access-class 10 in
//将上面定义的访问列表应用在虚拟终端 vty 0~vty 4 上
```

4. 使用 SSH 远程管理路由器

```
Router(config)#hostname R1            //修改主机名
R1(config)#ip domain-name span.com    //配置网络的域名
R1(config)#crypto key generate rsa general-keys modulus 1024    //产生单向密钥，长度为 1024 位
The name for the keys will be: R1.span.com
% The key modulus size is 1024 bits
% Generating 1024 bit RSA keys, keys will be non-exportable...[OK]
R1(config)#
*Dec 13 16:19:12.079: %SSH-5-ENABLED: SSH 1.99 has been enabled
R1(config)#username Bob secret cisco   //验证或创建一个本地用户名数据库
R1(config)#line vty 0 4
R1(config-line)#login local
R1(config-line)#transport input ssh    //启用 VTY 入方向上的 SSH 会话
```

```
R1(config-line)#exit
//以下为可选配置
R1(config)#ip ssh version 2                          //版本号
R1(config)#ip ssh time-out 30                        //超时时间
R1(config)#ip ssh authentication-retries 3   //设置认证重试次数
```

5. 验证配置结果

（1）验证 Telnet 配置。

在管理终端的 DOS 界面下执行 telnet 192.168.2.2 命令，正确输入用户名和密码，显示登录成功；执行 show users 命令，查看当前登录用户及所在 IP 地址；输入 enable 密码，执行 show run 命令查看。

（2）验证 SSH 配置。

首先，在与 R1 路由器连通的交换机上执行 ssh-l Bob 192.168.2.1 命令，输入 cisco 密码，在路由器和交换机之间便建立了一个 SSH 连接；然后，在 R1 路由器的特权模式下执行 show ssh 命令，可查看进出 R1 的 SSH 会话和用户名。

任务评价

1. 考查项

任务实施文档、PPT 报告及现场表达。

2. 评价标准

（1）能够实现基础网络的连通性。

（2）能够使用 Telnet 远程管理交换机和 SSH 远程管理路由器，并有一定的安全技术措施。

（3）任务实施文档和 PPT 制作精良，内容紧扣主题，表述恰当正确，逻辑分析合理，整体风格统一，图文并茂。

（4）小组分工明确，现场表述清晰，分析全面，理由充分，语言流畅，情绪饱满。

任务 4.3 保护接入层网络访问安全

任务描述

本任务采用图 4-10 所示的 DHCP Snooping 网络拓扑结构，Router 模拟了一台合法的 DHCP 服务器，向用户 PC 动态分配 IP 地址。在交换机 Switch 上规划了 VLAN 5，将端口 Fa0/1、Fa0/2 和 Fa0/3 划分至 VLAN 5 中。该网络模拟了一台攻击服务器接入 Switch Fa0/3 的情况，将导致合法用户主机获取错误的 IP 地址。

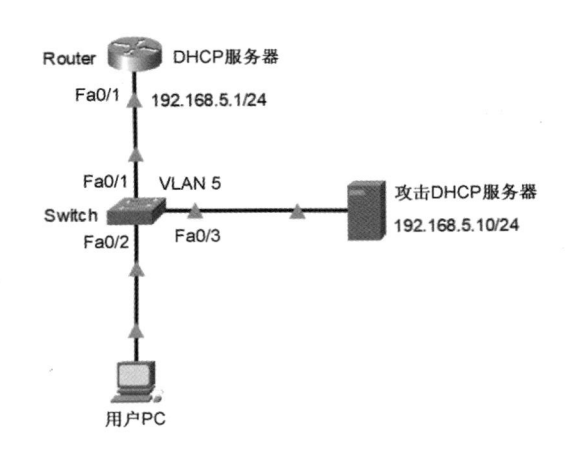

图 4-10　DHCP Snooping 网络拓扑结构

知识准备

4.3.1　局域网安全保护机制简介

实现内网安全的常见技术措施有端口安全、DHCP Snooping、动态 ARP 检测、802.1X 接入认证、缓解 VLAN 跳跃攻击、STP 防护、PVLAN、端口保护及抑制广播风暴等。由于篇幅限制，本节只讨论端口安全、DHCP Snooping 和 802.1X 接入认证这 3 项安全技术措施的部署与实现。为了方便讨论，本节以案例的形式进行介绍。

微课：广播风暴动画

1. 端口安全防护技术

端口安全防护技术会通过 MAC 地址表中的记录连接交换机端口的以太网 MAC 地址，并只允许某个 MAC 地址通过本端口通信，其他 MAC 地址发送的数据包在通过此端口时，端口安全防护技术会进行阻止。使用端口安全防护技术可以防止未经允许的设备访问网络，并增强安全性；另外，端口安全防护技术也可用于防止 MAC 地址泛洪造成的 MAC 地址表填满。

2. DHCP Snooping

DHCP Snooping 的主要作用是为主机动态分配 IP 地址信息，它的缺点是不具备验证机制。如果非法的 DHCP 服务器连接到网络，则会向合法的客户端提供错误的 IP 配置参数，从而将用户主机的流量引向攻击者所期望的目的地。

微课：DHCP 攻击与防范动画

3. 802.1X 实现安全访问控制

在前面的学习中，我们使用安全端口、地址绑定和限制最大连接数等措施实现了网络接入安全控制，但这些方法使用起来不够灵活，不能针对用户网络实施接入管理。在简单、廉价的以太网技术的基础上，提

微课：802.1X 认证动画

供用户对网络或设备访问的合法性验证，已经成为业界关注的焦点，802.1X 正是在这样的背景下诞生的。

4.3.2 规划与实施端口安全机制

某企业采用图 4-11 所示的端口安全网络拓扑结构，通过交换机与集线器的连接来扩展一个端口接入用户终端的数量。这样的网络架构存在非法用户接入的安全风险，如 MAC 地址欺骗、交换机 MAC 地址表泛洪攻击和 IP 地址资源耗尽。为了解决这些风险带来的危害，需要在接入层交换机上启用端口安全机制，如静态安全 MAC 地址绑定、动态安全 MAC 地址和黏滞安全 MAC 地址等。

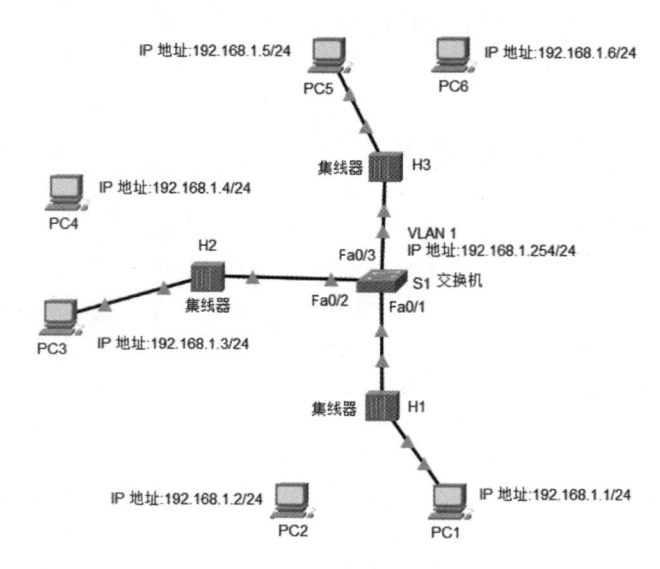

图 4-11 端口安全网络拓扑结构

1. 将交换机 S1 的 Fa0/1-3 端口配置为接入端口

```
S1(config)#interface range fastEthernet 0/1-3      //选定交换机的 Fa0/1-3 端口
S1(config-if-range)#switchport mode access         //设置端口属性为 access
```

2. 配置端口安全参数

设置端口接入的最大 MAC 地址数为 1，分别在 Fa0/1、Fa0/2 和 Fa0/3 端口上设置 shutdown、restrict 和 protect 违例规则。

```
S1(config)#interface range fastEthernet 0/1-3            //选定启用端口为安全端口
S1(config-if-range)#switchport port-security             //启用端口安全机制
S1(config-if-range)#switchport port-security maximum 1
//设置端口接入最大 MAC 数量
S1(config)#interface fastEthernet 0/1                    //选定交换机的 Fa0/1 端口
S1(config-if)#switchport port-security violation shutdown
//设置 Fa0/1 端口违例的处理方式为 shutdown
```

```
S1(config)#interface fastEthernet 0/2          //选定交换机的Fa0/2端口
S1(config-if)#switchport port-security violation restrict
//设置Fa0/2端口违例的处理方式为restrict
S1(config)#interface fastEthernet 0/3          //选定交换机的Fa0/3端口
S1(config-if)#switchport port-security violation protect
//设置Fa0/3端口违例的处理方式为protect
```

3. 配置安全端口的安全地址

在 Fa0/1 上配置静态安全 MAC 地址，在 Fa0/2 上配置动态安全 MAC 地址，在 Fa0/3 上配置黏滞安全 MAC 地址。

```
S1(config)#interface fastEthernet 0/1          //选定交换机的Fa0/1端口
S1(config-if)#switchport port-security mac-address 00D0.5819.EE5C
//将Fa0/1端口的静态安全MAC地址配置为PC1的MAC地址
//在Fa0/2端口上配置动态安全MAC地址（不需要配置）
S1(config-if)#interface Fa0/3                  //选定交换机的Fa0/3端口
s1(config-if)#switchport port-security mac-address sticky
//将Fa0/3端口配置为黏滞安全MAC地址
```

4. 配置结果验证

（1）按照图 4-11 规划的 IP 地址，先在测试终端和交换机上配置 IP 地址，再在 S1 上执行 ping 192.168.1.255 命令发送广播包，然后执行 show port-security address 命令查看端口安全地址表，发现有静态安全、动态安全和黏滞安全 3 种类型。

（2）将 PC2 连接到集线器 H1 上，发现 Fa0/1 端口因违例而被关闭，与预设的安全策略一致。

（3）将 PC4 连接到集线器 H2 上，执行 ping S1 的 SVI 接口地址命令，发现不能 ping 通；执行 show port-security 命令，发现 Fa0/2 端口状态受限（restrict）且有违例次数提示；继续用 PC3 ping S1 的 SVI 接口 IP 地址，发现不受影响。

（4）将 PC6 连接到集线器 H3 上，执行 ping S1 的 SVI 接口地址命令，发现不能 ping 通；执行 show port-security 命令，发现 Fa0/3 端口状态受到保护（protect）且没有违例次数提示；继续用 PC5 ping S1 的 SVI 接口 IP 地址，发现不受影响。

以上结果说明，当违例方式为关闭（shutdown）时，会影响原有用户终端的通信；而当违例方式为 restrict 和 protect 时，不会影响原有用户终端的通信。

通过以上配置，可以总结出端口安全设计的要点：确定需要保护的接入层交换机接口；规划端口所能支持的最大 MAC 地址数量；根据网络环境条件选择应采用的端口安全技术和违例方式。

注意：当端口进入"err-disable"状态时，若要恢复正常，则必须在全局模式下执行 errdisable recovery cause secure-violation 命令开启端口，或者先手动输入"shutdown"命令关闭端口，再输入"no shutdown"激活端口。

4.3.3 使用 802.1X 实现安全访问控制

本节采用图 4-12 所示的 802.1X 网络拓扑结构，接入层交换机 SW 支持 802.1X，RADIUS Server 用于实现用户的集中管理。由于管理员不

微课：802.1X 接入控制配置实践

必考虑用户连接到哪个端口上，因此将与 RADIUS Server 相连的接口配置为非受控端口，以便 SW 能正常地与 RADIUS Server 进行通信，从而使验证用户能通过该端口访问网络资源；将与用户 PC 相连的端口配置为受控端口，以实现对用户的控制，用户只有在通过验证之后才能访问网络资源。

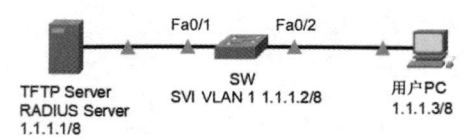

图 4-12　802.1X 网络拓扑结构

1. 配置接口 IP 地址和主机 IP 地址

交换机的 SVI VLAN 1 接口的 IP 地址为 1.1.1.2/8，由于目前交换机使用的 IOS 版本低于 15.0（执行 show version 命令查看），不支持 802.1X，因此需要将交换机的 IOS 版本升级至 15.0 及以上。为了完成交换机和服务器之间的通信，必须配置一个 IP 地址。

2. 升级交换机 IOS

在交换机的特权配置模式下执行 dir 命令，可以看到当前交换机 IOS 镜像文件为"c2960-lanbase-mz.122-25.FX.bin"，执行 del c2960-lanbase-mz.122-25.FX.bin 命令删除该镜像文件。在 TFTP 服务器上，可以看到 2960 交换机 15.0 的镜像文件 "c2960-lanbasek9-mz.150-2.SE4.bin"，执行 copy tftp flash 命令，将 TFTP 的镜像文件下载到交换机的 flash 中。执行 reload 命令，重启交换机，使新的 IOS 镜像文件生效。在重启交换机之后，执行 dir 命令，可以看到新的 IOS 镜像文件为"c2960-lanbasek9-mz.150-2.SE4.bin"。

3. 配置 RADIUS 服务器

在 AAA 服务配置界面的"Service"选项卡中选中"On"单选按钮。在网络配置选区中，设置客户端名称为 AAA，客户端 IP 地址为 1.1.1.2，认证密钥为 123456，服务器类型为 Radius，单击"添加"按钮。在"Username"文本框中输入"tester"，在"Password"文本框中输入"testing"，单击"添加"按钮。选择"Radius EAP"选项，勾选"Allow EAP-MD5"复选框。

4. 在交换机上配置 802.1X

```
SW(config)#aaa new-model                                //启用 AAA 功能
SW(config)#radius-server host 1.1.1.1 auth-port 1645 key 123456
//配置 RADIUS 服务器的 IP 地址，设置认证端口与通信密钥
SW(config)#aaa authentication dot1x default group radius
//使用默认的认证方法列表
SW(config)#dot1x system-auth-control                    //启用系统认证控制命令
SW(config)#int Fa0/2                                    //选定 Fa0/2 端口
SW(config-if)# authentication port-control auto         //启用 802.1X 功能
SW(config-if)#dot1x pae authenticator                   //设置端口的认证角色为认证者
```

5. 验证配置结果

在用户 PC 上执行 ping 服务器 IP 地址命令，发现不能 ping 通，原因是连接用户 PC 的

端口上启用了 802.1X，当前还没有通过认证。打开用户 PC 的 IP 地址配置界面，勾选"Use 802.1X Security"复选框，在"Username"文本框中输入在 RADIUS 服务器中创建的用户的名称"tester"，在"Password"文本框中输入"testing"。此时，再次在用户 PC 上执行 ping 服务器 IP 地址命令，发现能够 ping 通。

知识考核

1. （   ）最能描述 MAC 地址欺骗攻击。
   A．更改攻击主机的 MAC 地址以匹配合法主机的 MAC 地址
   B．用伪造的源 MAC 地址攻击交换机
   C．强迫选举非法根网桥
   D．大量流量淹没局域网

2. 当在交换机上启用端口安全机制时，若超过允许的最大 MAC 地址数，则默认操作是（   ）。
   A．将端口的违反模式设置为限制
   B．清空 MAC 地址表，并将新的 MAC 地址输入到该表中
   C．保持端口启用状态，但是带宽将受到限制，直到旧的 MAC 地址过期
   D．关闭端口

3. （   ）缓解技术可以帮助防止 MAC 地址表泛洪攻击。
   A．根防护					B．PDU 防护
   C．风暴控制				D．端口安全

4. （   ）不是执行动态学习单个 MAC 地址并禁用该端口的端口安全命令。
   A．switchport mode access
   B．switchport port-security
   C．switchport port-security mac-address sticky
   D．switchport port-security maximum 2

5. 802.1X 是一项基于（   ）的安全技术。
   A．IP 地址					B．物理端口
   C．应用类型				D．物理地址

6. 下面关于 802.1X 受控端口的描述中，错误的是（   ）。
   A．对于 Authenticator（认证设备），其端口分为受控端口（Controlled Port）和非受控端口（Uncontrolled Port）
   B．非受控端口始终处于双向连通状态，不必经过任何授权就可以访问或传递网络资源和服务；受控端口则必须经过授权才能访问或传递网络资源和服务
   C．对一个全局启用了 802.1X 的设备而言，默认所有的端口都是受控端口

D．端口初始状态一般为非授权（Unauthorized），在该状态下，除 802.1X 报文和广播报文外不允许任何输入、输出进行通信。当用户通过认证时，端口状态切换到授权状态（Authorized），允许客户端通过端口进行正常通信

7．DHCP Snooping 是一种 DHCP 安全特性，可以有效防范 DHCP 攻击，（　　）不是该安全特性的描述。

　　A．比较 DHCP 请求报文的源 MAC 地址和 DHCP 客户机的硬件地址是否一致
　　B．将交换机端口划分为信任端口和非信任端口
　　C．限制端口被允许访问的 MAC 地址的最大数量
　　D．对端口的 DHCP 报文进行限速

8．以下关于 DHCP Snooping 技术的描述中，不正确的是（　　）。

　　A．通过配置 DHCP Snooping 功能，可屏蔽非法 DHCP 服务器，从而避免这些服务器为用户分配错误的 IP 地址
　　B．通过配置 DHCP Snooping 功能，可阻止用户私设 IP 地址
　　C．DHCP Snooping 功能将交换机端口划分为 DHCP 信任口和非信任口，默认均为 DHCP 非信任口
　　D．通过配置 DHCP Snooping 功能，可防止 ARP 欺骗

任务实施

本任务需要完成 DHCP Snooping 安全机制的规划与实施，并对配置结果进行验证。

扫一扫

微课：DHCP Snooping 配置实践

1．网络拓扑结构及 IP 地址规划

（1）网络基本配置。

按照图 4-10 规划的 VLAN 及 IP 地址，在交换机上完成 VLAN 5 的创建与划分，并在路由器上配置接口 IP 地址。

（2）DHCP 服务配置。

在路由器上配置合法的 DHCP 服务器，DHCP 服务配置界面如图 4-13 所示。建立名为 NET5 的地址池，配置分配网段为 192.168.5.0/24、下发默认网关为 192.168.5.1；配置非法 DHCP 服务器的 IP 地址为 192.168.5.10。在 DHCP 服务配置界面中选择"Services"→"DHCP"选项，在"Service"选区中选中"On"单选按钮，在"Pool Name"文本框中输入"NET5"，在"Default Gateway"文本框中不输入任何值，这样做的目的是看清用户 PC 获得的究竟是哪一台服务器的 IP 地址。在"Start IP Address"文本框中输入"192.168.5.1"，在"Subnet Mast"文本框中输入"255.255.255.0"，单击"Add"按钮。

（3）验证用户 PC 获取的 IP 地址。

将用户 PC 获取 IP 地址的方式设置为自动获取，发现用户 PC 获取了 IP 地址，但没有网关，说明用户 PC 获取的是攻击 DHCP 服务器提供的 IP 地址，此时 DHCP 欺骗就发生了。

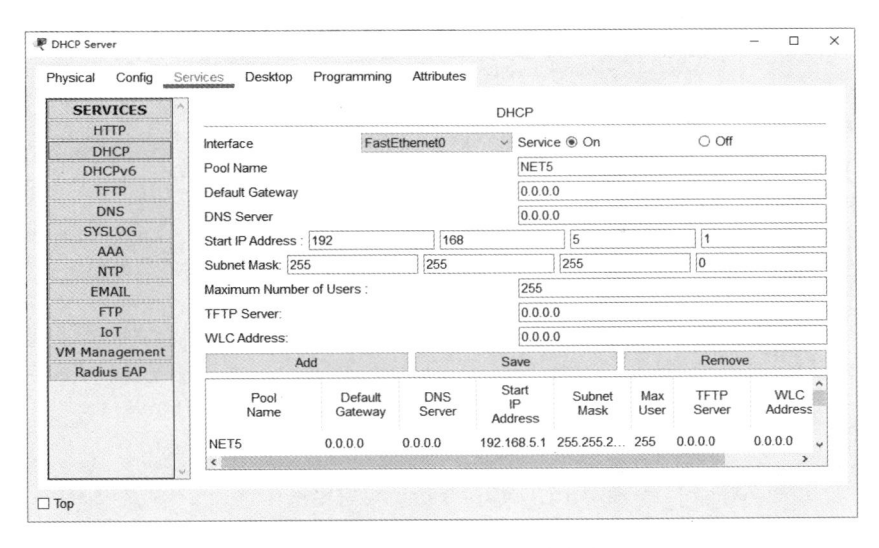

图 4-13　DHCP 服务配置界面

（4）配置 DHCP Snooping，命令如下。

```
Switch(config)#ip dhcp snooping              //全局启用 DHCP Snooping
Switch(config)#ip dhcp snooping vlan 5       //针对特定 VLAN 启用 DHCP Snooping
Switch(config)#interface fastEthernet 0/1    //选定 Fa0/1 端口
Switch(config-if)#ip dhcp snooping trust
//将 Fa0/1 端口配置为信任端口，其余为非信任端口，信任端口会放行 DHCP Offer 报文，非信任
端口会阻止 DHCP Offer 报文。将连接合法 DHCP 的服务端口配置为信任端口
Switch(config)#interface Fa0/2               //选定 Fa0/2 端口
Switch(config-if)#ip dhcp snooping limit rate 10
//配置下连端口每秒可接收 DHCP 数据包的数量（这里设置每秒最多 10 个）。其主要功能是缓解对
DHCP 服务器的恶意请求攻击
```

在完成以上配置之后，使用户 PC 重新获取 IP 地址，此时发现用户 PC 不能获取 IP 地址，主要原因是启用 DHCP Snooping 的交换机会自动在接收到的 DHCP 数据包中插入 option 82 的相关内容，DHCP 服务器会拒绝接收这一报文，因此需要在 DHCP 服务器上设置这类报文为可以信任的报文。具体做法是，在 DHCP 服务器（路由器）上执行 ip dhcp relay information trust-all 命令，使服务器能够接收带有 option 82 字段的 DHCP 报文。

使用户 PC 重新获取 IP 地址，发现能够获取 IP 地址，并且是合法 DHCP 服务器提供的 IP 地址。

2．配置结果验证

执行 show ip dhcp snooping 命令，在输出的 DHCP Snooping 配置结果中可以看到交换机上的信任端口和非信任端口，以及端口上是否对 DHCP 报文进行速率限制等信息，如图 4-14 所示。执行 show ip dhcp snooping binding 命令，输出的 DHCP Snooping 绑定信息包含了终端 MacAddress、IpAddress、Lease(sec)（租赁时间）、Type（是否启用 DHCP Snooping）、VLAN Interface 等信息，如图 4-15 所示。

```
Switch#show ip dhcp snooping
Switch DHCP snooping is enabled
DHCP snooping is configured on following VLANs:
5
Insertion of option 82 is enabled
Option 82 on untrusted port is not allowed
Verification of hwaddr field is enabled
Interface                      Trusted       Rate limit (pps)
----------------------         -------       ----------------
FastEthernet0/1                yes           unlimited
FastEthernet0/2                no            10
FastEthernet0/3                no            unlimited
```

图 4-14 DHCP Snooping 配置结果

```
Switch#show ip dhcp snooping binding
MacAddress          IpAddress           Lease(sec)    Type            VLAN
Interface
------------------  ---------------     ----------    -------------   ----
------------------
00:60:3E:A3:3E:DD   192.168.5.2         86400         dhcp-snooping   5
FastEthernet0/2
Total number of bindings: 1
```

图 4-15 DHCP Snooping 绑定信息

从 DHCP Snooping 的配置过程中可以总结出进行 DHCP 服务防护设计的要点：确定 DHCP 服务器的位置，将交换机上连接 DHCP 服务器的端口设置为信任端口。

课堂讨论：如果需要在接入层交换机上连接汇聚层交换机，并将 DHCP 服务器部署在汇聚层交换机上，则应该如何规划 DHCP Snooping？

任务评价

1. 考查项

任务实施文档、PPT 报告及现场表达。

2. 评价标准

（1）能够实现基础网络的连通性。

（2）能够有效防御 DHCP 服务的欺骗攻击，确保网络中的终端能正确获取 IP 地址。

（3）任务实施文档和 PPT 制作精良，内容紧扣主题，表述恰当正确，逻辑分析合理，整体风格统一，图文并茂。

（4）小组分工明确，现场表述清晰、分析全面、理由充分、语言流畅、情绪饱满。

任务 4.4 监控网络设备运行状态

任务描述

本任务采用图 4-16 所示的安全监控网络拓扑结构，将路由器 R1 和 R2 的日志信息记录到日志服务器上。为了确保记录信息的有序性，在网络中部署了 NTP 服务器。日志信息和 NTP 服务器的安全性主要由服务器自身保障。在时间同步过程中，R1、R2 与 NTP 服务器之间交互的信息通过协议认证来加强。另外，在 R1 上部署了 NetFlow，将通过 R1 的 Fa0/0 端口的流量（ICMP、Telnet）统计到报告系统中，并用流量分析器对其进行监控。

项目 4　网络安全设计

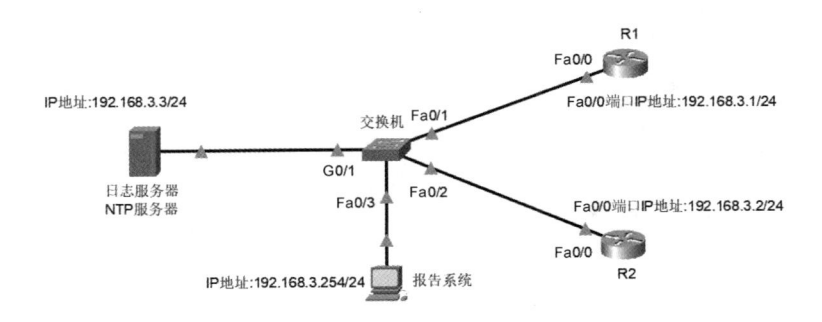

图 4-16　安全监控网络拓扑结构

知识准备

4.4.1　系统日志和网络时间协议概述

网络在运行时会发生很多突发情况，因此需要对网络设备进行监控，管理员可以使用各种类型的数据来检测、验证和遏制漏洞攻击。网络运行监控的主要措施是配置系统日志（Syslog）、网络时间协议（NTP）和 NetFlow 等。

系统日志用于记录来自网络设备和终端的事件消息，有助于使安全监控切实可行，运行日志的服务器通常侦听 UDP 的 514 端口。系统日志消息通常带有时间戳，这使得不同来源的消息能够被按照时间组织并提供网络通信过程的视图，可以通过在设备上使用 NTP来实现。NTP 使用权威时间源的层次结构，使得网络上的设备可以共享时间信息，并且将共享时间信息的设备消息提交到系统日志服务器上。NTP 通常侦听 UDP 的 123 端口。

由于系统日志和设备共享一致的时间消息对于安全监控非常重要，因此系统日志服务器和 NTP 基础设施可能成为威胁发起者的攻击目标，虽然这些攻击不一定会导致安全监控数据损坏，但可能会破坏网络可用性。

4.4.2　系统日志信息格式简介

日志信息通常是指 IOS 系统所产生的报警信息，其中每一条信息都分配了一个告警级别，并携带一些说明问题或事件严重性的描述信息，其格式如图 4-17 所示。在默认情况下，IOS 只发送日志信息到 Console 端口，但是这样的日志信息并不方便存储和管理，更多情况下会将日志发送到 Logging buffer、Logging file、Syslog server 或 SNMP 管理终端上。

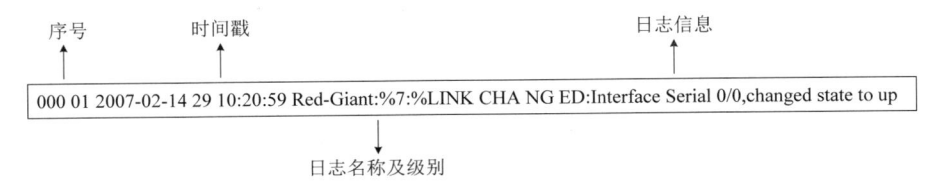

图 4-17　日志信息格式

IOS 规定，日志信息分为 7 个级别，每个级别都和一个严重等级相关，级别 0 的严重等级最高，级别 6 的严重等级最低，如表 4-2 所示。使用 logging 命令后的参数可以设置所记录的日志等级。需要注意的是，如果在 ACL 中使用关键字 log，则只有在级别为 5 或 6 时，才会在控制台上显示输出信息。

表 4-2 日志信息的严重等级

级别	名称	描述
0	Emergencies	不可用
1	Alerts	需要立即采取行动
2	Critical	情况危急
3	Errors	错误
4	Warnings	警告
5	Notice	正常但重要的事件
6	Informational	报告性消息

4.4.3 流量分析工具 NetFlow

NetFlow 是思科开发的一种协议，能够为 IP 应用提供一系列高效的重要服务，包括网络流量统计、基于利用率的网络账单、网络规划、安全、拒绝服务监控、网络监控，可提供有关网络用户、应用程序、高峰使用时间和流量路由的重要信息。

NetFlow 不像完整的数据包捕获那样捕获数据包的全部内容，而是记录有关数据包流的信息。例如，在 Wireshark 中可以查看完整的数据包捕获，NetFlow 收集元数据或有关流的数据，而不是数据流本身，并将高速缓存中的流量进行归纳总结，以更直观的网络流量统计图形在管理终端上显示出来，如图 4-18 所示。

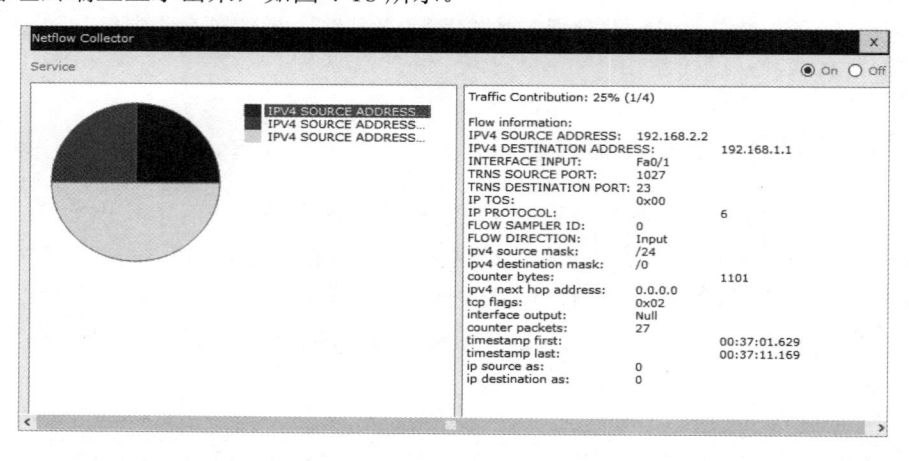

图 4-18 NetFlow 网络流量统计图形

传统的 IP 流是在单个方向上流动的一组具有 5 至 7 个属性的 IP 数据包，包含 TCP 会话终止前传输的所有数据包。NetFlow 使用的 IP 数据包的 7 个关键属性如下。

（1）源 IP 地址。

（2）目的 IP 地址。

（3）源端口。

（4）目的端口。

（5）第三层协议类型。

（6）服务类别。

（7）路由器或交换机接口。

所有具有相同源/目的 IP 地址、源/目的端口、协议接口和服务类的数据包都被分组到一个流中，对数据包和字节进行计数。这种指纹识别或确定流的方法是可扩展的，因为大量的网络信息被压缩到了 NetFlow 信息数据库（NetFlow 缓存）中。

4.4.4 部署网络安全监控工具

很多安全组织的网络安全管理员需要收集部分或全部的重要网络数据，包括谁在使用网络资源，使用这些资源的目的；利用收集到的信息进行更有效的网络安全规划，使资源配置和部署更符合用户的需求；使用收集到的信息更好地构建和定制可用的应用及服务，以满足用户的需求。

知识考核

1．NTP 的作用是什么？
2．系统日志的日志记录服务具有哪些功能？
3．下列（　　）协议或服务用于自动同步路由器上的软件时钟。
    A．NTP　　　　　B．DHCP　　　　　C．DNS　　　　　D．SNMP
4．（　　）不是 NetFlow 的特性。
    A．记录 IP 流量的"W"问题　　　　B．记录流经和终止于路由器的流量
    C．降低设备 CPU 和内存负载　　　D．支持采样
5．在下列日志管理命令中，能将日志信息写入 VTY 的是（　　）。
    A．Router(config)#terminal monitor　　B．Router(config)#logging on
    C．Router(config)#logging host　　　　D．Router(config)#loggingbuffered
6．NTP 使用的端口为（　　）。
    A．UDP123　　　B．TCP123　　　C．TCP321　　　D．UDP321

任务实施

1．网络基本配置

按照图 4-16 所示的 IP 地址规划，配置路由器接口 IP 地址、服务器和报告系统主机 IP 地址，交换机无须任何配置。

扫一扫

微课：网络安全监控配置实践

2. 配置 NTP 服务器

在 NTP 服务器的配置界面中，开启（On）NTP 服务，启用（Enable）NTP 认证功能，设置密钥（Key）为 12345、密码（Password）为 NTPpa55，如图 4-19 所示。

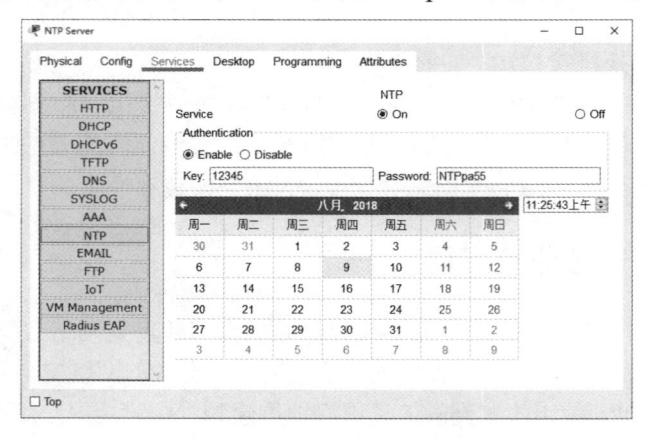

图 4-19　NTP 服务器的配置界面

3. 配置日志服务器

在日志服务器的配置界面中，开启（On）Syslog 服务，如图 4-20 所示。注意该服务没有认证功能。

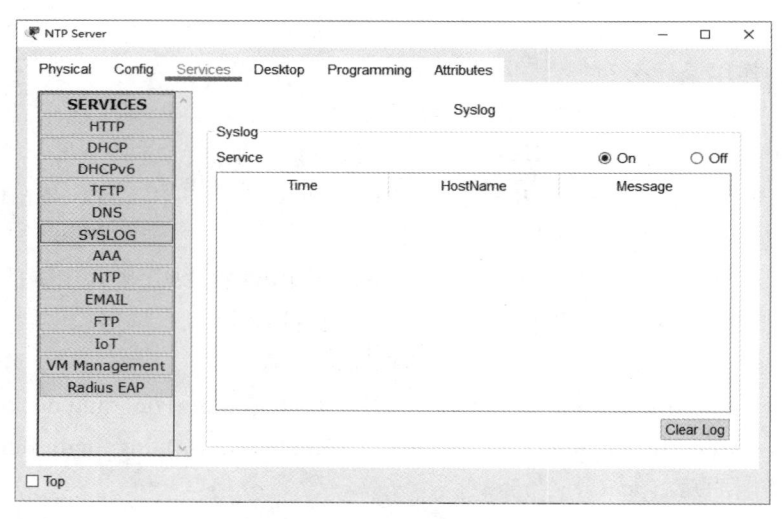

图 4-20　日志服务器的配置界面

4. 配置 NTP 客户端

分别在 R1 和 R2 全局配置模式下，完成 NTP 协议的认证，命令如下。

```
clock timezone pst -8                          //设置时区
ntp server 192.168.3.3 key 1                   //指定时钟服务器的 IP 地址和密钥 ID
ntp authenticate                               //启用 NTP 认证
ntp authentication-key 1 md5 NTPpa5
```

```
//设置NTP认证用的密码,使用MD5加密。需要和NTP Server一致
ntp trusted-key 1                          //设置可以信任的Key
ntp update-calendar                        //硬件时钟更新源
```

5. 配置日志服务

在路由器 R1 上完成审计相关的配置,命令如下。

```
logging host 192.168.3.3                   //配置日志服务器的IP地址
logging on                                 //开启记录事件功能
logging console                            //设置记录控制台日志
logging buffered 4096                      //设置日志缓冲区大小
logging trap                               //设置日志记录安全级别
logging userinfo                           //记录账户登录信息
service timestamps log datetime msec       //记录时间,精确至毫秒
```

6. 在 R2 上开启 Telnet 服务

7. 在 R1 上配置 NetFlow

NetFlow 可以从入站或出站数据包中捕获流量,其配置很简单。在 R1 的 Fa0/0 端口下,执行 ip flow egress、ip flow ingress 命令,指定需要捕获出入该接口的流量;执行 ip flow-export destination 192.168.3.254 9996 命令,指定 NetFlow 报告收集器的 IP 地址和侦听的端口号,将数据导出到报告系统上。

8. 配置结果验证

(1) 将 NTP 服务器的时间设置为主机的工作时间,在 R1 和 R2 上执行 show ntp status 命令,查看时间是否同步,注意同步的时间要长一些。在 R1 和 R2 上执行 show clock 命令,查看路由器工作时间,对比 R1 和 R2 上的时间与 NTP 服务器上的时间是否一致。

(2) 在报告主机上运行流量分析器,界面如图 4-21 所示。

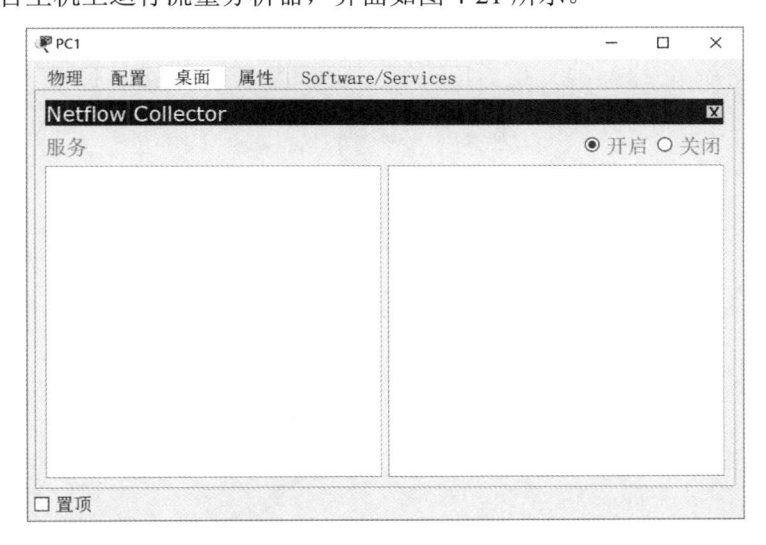

图 4-21 流量分析器界面

（3）在报告主机上 ping R1（入方向的流量），让 R1 能够连接 R2，从而在 R1 的 Fa0/0 端口上产生出入流量。以上过程需重复执行几次，统计分析效果会更明显。

任务评价

1. 考查项

任务实施文档、PPT 报告及现场表达。

2. 评价标准

（1）能够实现基础网络的连通性。

（2）能够实现全网时间同步、网络系统日志记录、网络流量监控和分析。

（3）任务实施文档和 PPT 制作精良，内容紧扣主题，表述恰当正确，逻辑分析合理，整体风格统一，图文并茂。

（4）小组分工明确，现场表述清晰、分析全面、理由充分、语言流畅、情绪饱满。观点能够联系国家、社会或个人，能够引发思考或情感共鸣。

任务 4.5　实施网络资源的访问控制

任务描述

本任务采用图 4-22 所示的 ACL 设计与配置网络拓扑结构。其中，公司办公人员的主机被划分在 VLAN 10 中，使用 192.168.10.0/24 网段；财务人员的主机被划分在 VLAN 20 中，使用 192.168.20.0/24 网段；公共 Web 服务器被划分在 VLAN 30 中，使用 10.1.30.0/24 网段；财务 Web 服务器被划分在 VLAN 40 中，使用 10.1.40.0/24 网段。上述各网段所使用的网关都部署在核心交换机上，网关地址均使用每个网段的第 1 个地址。172.16.1.0/24 网段用于设备互联，ISP 路由器用于模拟 Internet。

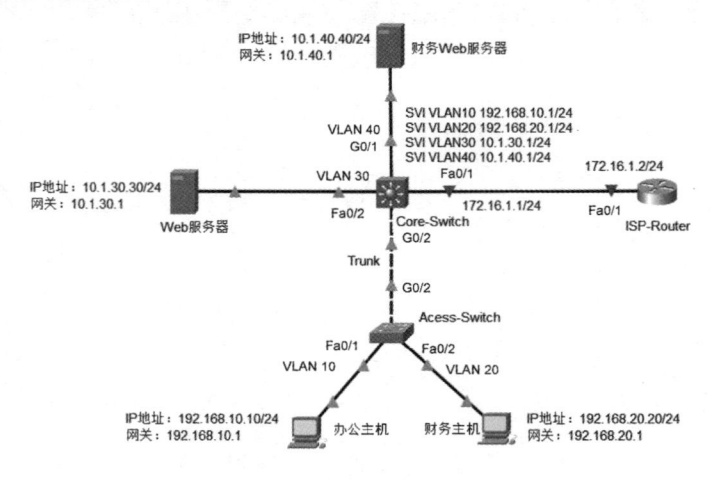

图 4-22　ACL 设计与配置网络拓扑结构

为了增强公司网络运行的安全性，要求使用访问控制列表实施以下安全策略。
（1）办公主机和财务主机之间不能相互通信。
（2）财务主机不能访问公共 Web 服务器，办公主机不能访问财务 Web 服务器。
（3）财务主机不能访问 Internet，财务 Web 服务器不能与 Internet 通信。

> **知识准备**

4.5.1 ACL 概述

ACL 是基于协议（主要是 IP）有序匹配规则的过滤器列表（由若干条语句组成），每条规则（Rule）都包括了过滤信息及匹配此规则时应采取的动作（允许或拒绝），规则包含的信息可以是 IP 地址、协议、端口号等条件的有效组合，如图 4-23 所示。

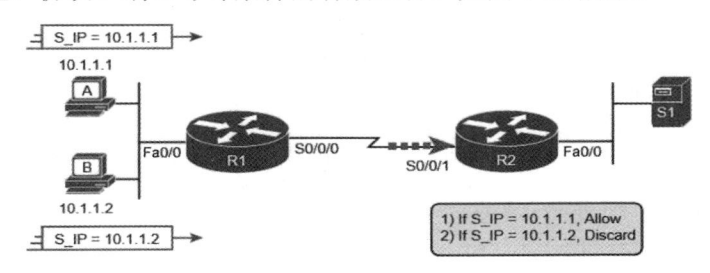

图 4-23 ACL 示意图

ACL 为网络工程师提供了一种识别不同类型数据包的方法。ACL 的配置列出了路由器可以在 IP、TCP、UDP 和其他包头中看到的检查项，如图 4-24 所示。例如，ACL 可以匹配源 IP 地址为 1.1.1.1 或目标 IP 地址是子网 10.1.1.0/24 中某个地址的数据包，或目标端口为 TCP 端口 23（Telnet）的数据包。

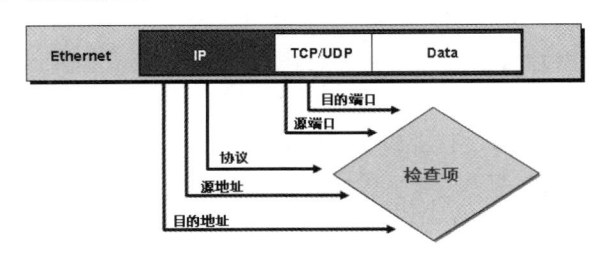

图 4-24 ACL 的检查项

1．ACL 的主要功能

（1）限制网络流量以增强网络性能。

例如，安全组织的安全策略不允许在网络中传输视频流量，应该配置和应用 ACL 以阻止视频流量，从而显著降低网络负载并增强网络性能。

（2）提供控制或优化通信流量的手段。

例如，在前缀列表、分发列表和路由图等工具中调用 ACL，限制路由更新的传输，从而确保更新都有一个已知的来源。

（3）提供基本的网络访问安全控制。

ACL 允许一台主机访问部分网络，同时阻止其他主机访问同一区域。例如，"人力资源"网络仅限授权用户访问。

（4）区分或匹配特定的数据流。

路由器还可以针对许多不同的应用程序使用匹配数据包以做出过滤决策。例如，在使用 NAT 扩展网络地址时应用了 ACL 匹配数据包的功能，之后在 VPN 部署设计中也将应用 ACL 来匹配数据包以做出建立 VPN 的决策。

2. ACL 的分类

在路由器上按照创建方式来划分 ACL，使用数字或名称来标识 ACL，同时将 ACL 分为标准的或扩展的，如表 4-3 所示。

表 4-3　ACL 的分类

ACL 类型	数　字	扩 展 数 字	检 查 项 目
IP 标准 ACL	1~99	1300~1999	源地址
IP 扩展 ACL	100~199	2000~2699	源地址、目的地址、协议、端口号及其他
命名标准 ACL	名称	名称	源地址
命名扩展 ACL	名称	名称	源地址、目的地址、协议、端口号及其他

标准 ACL 只能匹配源 IP 地址，而扩展 ACL 可以匹配各种数据包头字段，因此扩展 ACL 在匹配数据包方面具有更强大的功能。另外，将 ACL 按照功能来划分，可分为基本型、时间型等。需要注意的是，不同路由器设备生产商支持 ACL 的功能会有所差异，因此分类的方法和名称会有所不同。

3. ACL 的工作原理

路由器的 ACL 与接口和数据包流动方向（输入或输出）关联。因此，ACL 要么用于入站流量过滤，要么用于出站流量过滤。每当分组经过有 ACL 的接口时，路由器都将在 ACL 中按从上到下的顺序查找与分组匹配的语句，ACL 通过允许或拒绝规则来决定数据包的"命运"。当配置入站 ACL 时，传入数据包只有在经过 ACL 处理之后才会被路由到出站接口；当配置出站 ACL 时，传入数据包在被路由到出站接口之后，由出站 ACL 进行处理。

例如，图 4-25 中的箭头显示了可以应用 ACL 过滤网络中从左向右流动的数据包的位置和方向。假设允许主机 A 发送到服务器 S1 的数据包通过，丢弃主机 B 发送到服务器 S1 的数据包，则箭头表示路由器可以应用 ACL 来过滤主机 B 发送的数据包的位置和方向。

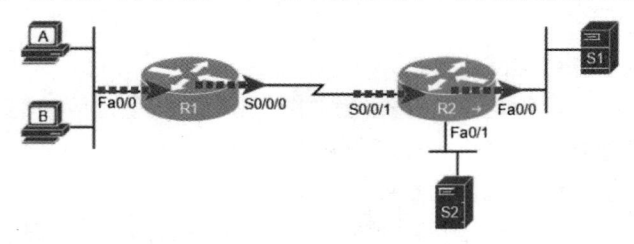

图 4-25　过滤主机 A 和主机 B 到达服务器 S1 的数据包的位置和方向

4.5.2 ACL 设置规则

在路由器上设置 ACL 时，需遵循以下规则。
（1）当没有设置 ACL 时，路由器默认允许所有数据包通过。
（2）ACL 对路由器自身产生的数据包不起作用。
（3）对于所有协议，每个接口的每个方向只能设置一个 ACL。
（4）每个 ACL 中都包含一条或多条语句，但是有先后顺序之分。
（5）每个 ACL 的末尾都隐含一条"拒绝所有流量"语句。
（6）ACL 条件中必须至少存在一条 permit 语句，否则将拒绝所有流量。
（7）不能单独删除数字标识 ACL 中的语句。
（8）可以在名称标识 ACL 中单独增加或删除一条语句。

4.5.3 ACL 匹配操作

一条 ACL 语句通常包括命令、动作和匹配参数。其中，数字标识 ACL 使用 access-list 命令，名称标识 ACL 使用 ip access-list 命令。允许或拒绝动作取决于制定的安全策略。匹配参数比较复杂，对于标准 ACL，只能使用 ACL 通配符掩码来匹配源 IP 地址或部分源 IP 地址；对于扩展 ACL，除了与通配符掩码相关，还与使用的协议、端口号等有关。

1. 通配符掩码的概念

网络中有以下类型的掩码。
（1）在 IP 地址的表示中使用默认掩码或子网掩码（Mask）：网络号为连续的 1，主机号为连续的 0，用来区分 IP 地址的网络部分与主机部分。
（2）在 OSPF 路由进程宣告某一区域的直连网络 IP 地址时使用反掩码（Wildcard Mask）：网络号为连续的 0，主机号为连续的 1，用来确定同一区域内主机 IP 地址的范围，如在 OSPF 中要求只有处于同一子网的主机才能建立邻居关系。
（3）在 ACL 中使用通配符掩码：网络号中的 1 可以不连续，用来指示路由器怎样检查数据包中的 IP 地址，并匹配一个或者一组 IP 地址。

当通配符掩码与 IP 地址配合使用时，采用"IP 地址 通配符掩码"的表示形式。其中，通配符掩码位是"0"表示必须匹配 IP 地址对应的比特，通配符掩码位是"1"表示不必匹配 IP 地址对应的比特，操作示意图如图 4-26 所示。

图 4-26 中显示了两个明显不同的 IP 地址，通配符掩码 "0.255.255.255" 用来告诉路由器在比较这两个 IP 地址时忽略最后 3 个八位字节，第 1 个八位字节的值必须为"10"。因此，这两个 IP 地址是匹配的。

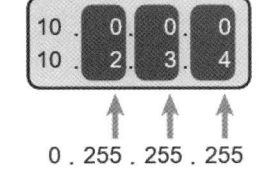

图 4-26 通配符掩码操作示意图

2. 常用的通配符掩码

（1）全 0 通配符掩码。
全 0 通配符掩码要求对应 IP 地址的所有位都必须是匹配的。例如，123.1.2.3 0.0.0.0 表示的是 IP 地址 123.1.2.3 本身，在访问列表中也可以表示为 host 123.1.2.3。

（2）全 1 通配符掩码。

全 1 通配符掩码表示对应 IP 地址的所有位都无须匹配，即 IP 地址可以是任意的。例如，0.0.0.0 255.255.255.255 表示任意主机的 IP 地址，在访问列表中也可以表示为 any。

如果想要使用通配符掩码来得到路由器检测数据是否来自 172.30.16.0～172.30.31.0 的子网，从而判断是允许还是拒绝这些数据，则通配符掩码应表示为 172.30.16.0 0.0.15.255。

通过以上分析，可以得到一个求解通配符掩码的捷径，即用最大的 IP 地址减去最小的 IP 地址，匹配 IP 地址的范围是最小 IP 地址～（最小 IP 地址+通配符掩码）。

课堂讨论：

- 写出匹配 192.168.1.0～192.168.1.255 中所有奇数或偶数地址的通配符掩码。（提示：偶数最小地址是 192.168.1.0，奇数最小地址是 192.168.1.1。）
- 写出匹配 172.16.0.0/24、172.16.1.0/24、172.16.2.0/24、172.16.3.0/24、…、172.16.7.0/24 的所有偶数路由条目的通配符掩码。
- 使用一条 ACL 来匹配 10.1.1.0/24、10.1.3.0/24、10.1.5.0/24、10.1.7.0/24、…、10.1.17.0/24、10.1.19.0/24、10.1.21.0/24、10.1.23.0/24 这些 IP 地址的通配符掩码。

注意：在配置 ACL 时必须有通配符掩码，而且通配符掩码的正确与否直接决定了 ACL 如何工作，在实际应用中应多加注意。

3. 匹配操作过程分析

在图 4-27 所示的 ACL 匹配操作示意图和图 4-28 所示的不同主机的 ACL 匹配操作比较中，ACL 伪代码使用了通配符掩码创建的逻辑，包括以下内容。

第 1 行：匹配并允许所有源地址为 10.1.1.1 的数据包。

第 2 行：匹配并拒绝所有源地址前 3 个八位字节为 10.1.1 的数据包。

第 3 行：匹配所有源地址并允许源地址第 1 个八位字节为 10 的数据包。

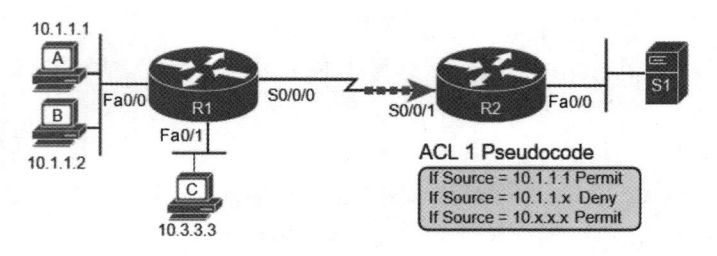

图 4-27 ACL 匹配操作示意图

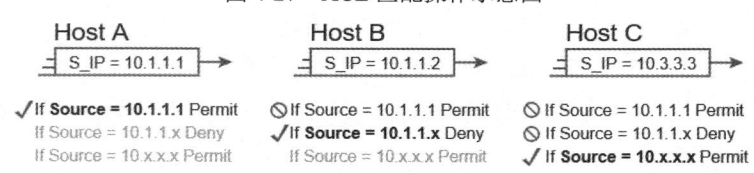

图 4-28 不同主机的 ACL 匹配操作比较

4.5.4 ACL 配置命令简介

这里只介绍数字标识 ACL 的配置命令，名称标识 ACL 的配置命令与此类似。

1. 标准 ACL 配置命令

标准 ACL 使路由器能够通过对源 IP 地址的识别来控制对来自某个或某网段主机的数据包的过滤。在全局配置模式下，标准 ACL 的命令格式如下。

```
Router(config)#access-list access-list-number deny | permit source wildcard-mask
```

该命令的含义为：定义某编号访问列表，允许（或拒绝）来自由 IP 地址"source"和通配符掩码"wildcard-mask"确定的某个或某网段主机的数据包通过路由器。其中各参数的含义如下。

（1）access-list-number 为列表编号，取值为 1~99，允许扩展使用 1300~1999 的编号。

（2）deny | permit 意为允许或拒绝，为必选项，source 为源 IP 地址或网络地址；wildcard-mask 为通配符掩码，如果不明确指定，则默认为 0.0.0.0。

2. 扩展 ACL 配置命令

配置了扩展 ACL 的路由器不仅能基于源 IP 地址对数据包进行过滤，还可以基于目标 IP 地址、协议或者端口号（服务）对数据包进行控制。使用扩展 ACL 可以更加精确地控制流量过滤，增强网络安全性。在全局配置模式下，扩展 ACL 的命令格式如下。

```
access-list acess-list-number deny|permit|remark protocol source source-wildcard-mask
   [operator port|protocol-name]destination destination-wildcard-mask [operator port|protocol-name]
   [established]
```

各参数的含义如表 4-4 所示。

表 4-4　扩展 ACL 命令参数含义

关键字或参数	含　义
protocol	协议或协议标识关键字，包括 ip、eigrp、ospf、gre、icmp、igmp、igrp、tcp、udp 等
source	源地址或网络号
source-wildcard-mask	源通配符掩码
destination	目标地址或网络号
destination-wildcard-mask	目标通配符掩码
access-list-number	访问列表号，取值为 100~199，允许扩展为 2000~2699
operator port | protocol-name	Operator 操作符，包括 lt（小于）、gt（大于）、eq（等于）、neq（不等于）和 range（范围）等；port 为协议端口号，protocol-name 为服务名
established	仅用于 TCP，表示已建立的连接

operator port | protocol-name 用于限定使用某种网络协议的数据包的端口、协议名称或关键字，如下所示。

```
eq 21|ftp
eq 20|ftpdata
//限定使用 TCP 的数据包端口为 21、20，协议名称为 ftp 或关键字为 ftpdata
eq 80|http|www
//限定使用 TCP 的数据包端口为 80，协议名称为 http 或关键字为 www
```

3. 扩展 ACL 命令实例分析

对以下语句进行详细分析。

```
Router(config)# access-list 101 deny tcp 172.16.3.0 0.0.0.255 host 172.16.4.110 eq 21。
```

（1）101：ACL 表号，表示为扩展 ACL。

（2）deny：说明匹配所选参数的流量会被禁止。

（3）tcp：指出 IP 头部协议字段是 TCP。

（4）172.16.3.0 0.0.0.255：源 IP 地址通配符，前 3 个八位字节必须匹配，无须关心后面的八位字节。

（5）host 172.16.4.110：目的 IP 地址通配符，IP 地址的所有位都必须匹配。

（6）eq 21：表示 FTP 端口号。

知识考核

1. 标准 ACL 以（　　）作为判别条件。
   A．数据包的大小　　　　　　　　B．数据包的源地址
   C．数据包的端口号　　　　　　　D．数据包的目的地址
2. 在 ACL 中，地址和掩码分别为 192.168.64.0 和 0.0.3.255，表示的 IP 地址范围是（　　）。
   A．192.168.67.0～192.168.70.255　　B．192.168.64.0～192.168.67.255
   C．192.168.63.0～192.168.64.255　　D．192.168.64.255～192.168.67.255
3. 某公司网络拓扑结构如图 4-29 所示，通过在路由器上配置 ACL 来增强内网和 Web 服务器的安全性。

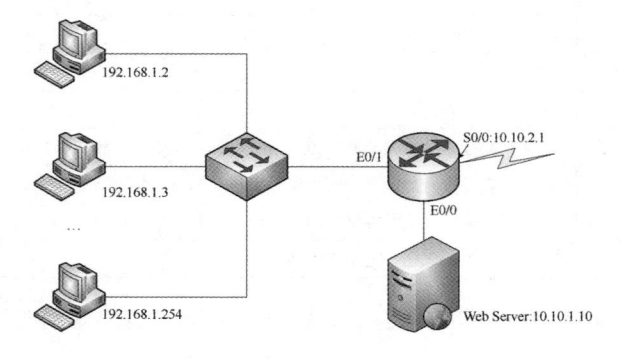

图 4-29　某公司网络拓扑结构

（1）ACL（　　　）对流入／流出路由器各端口的数据包进行过滤。ACL 按照功能可划分为两类，（　　　）只能根据数据包的源地址进行过滤，（　　　）可以根据源地址、目的地址及端口号进行过滤。

（2）根据图 4-29 所示的网络拓扑结构，补充完成以下配置命令。

```
Router(config)#interface （　　　）
Router config-if)#ip address 10.10.1.1 255.255.255.0
Router(config-if)#no shutdown
Router(config-if)#exit
Router(config)#interface （　　　）
Router(config-if)#ip address 192.168.1.1 255.255.255.0
Router(config)#interface （　　　）
Router(config-if)#ip address 10.10.2.1 255.255.255.0
```

（3）补充完成下面的 ACL 语句（禁止内网用户 192.168.1.254 访问公司 Web 服务器和外网）。

```
Router (config)#access-list 1 deny （　　　）
Router (contig)#access-list 1 permit any
Router (config)#interface ethernet 0/1
Router (config-if)#ip access-group 1 （　　　）
```

（4）请说明下面这组 ACL 语句的功能。

```
Router(config)#access-list 101 permit tcp any host 10.10.1.10 eq www
Router(config)#interface ethernet 0/0
Router(config-if)#ip access-group 101 Out
```

允许任何主机访问公司内部的 Web 服务。

（5）请在（4）的 ACL 语句前面添加如下语句，使得内网主机 192.168.1.2 可以使用 Telnet 对 Web 服务器进行维护。

```
Router(config)#access-list 101 （　　　）
```

4. 如果允许来自子网 172.30.16.0/24 到 172.30.31.0/24 的分组通过路由器，则对应的 ACL 语句应该是（　　　）。

　　A．access-list 10 permit 172.30.16.0 255.255.0.0
　　B．access-list 10 permit 172.30.16.0 0.0.255.255
　　C．access-list 10 permit 172.30.16.0 0.0.15.255
　　D．access-list 10 permit 172.30.16.0 255.255.240.0

5. ACL 是利用交换机实现安全管理的重要手段，利用 ACL 不能实现的功能是（　　　）。

　　A．限制 MAC 地址　　　　　　　　B．限制 IP 地址
　　C．限制 TCP 端口　　　　　　　　D．限制数据率

任务实施

本任务的基本操作步骤如下。

1. ACL 设计与部署

在实施 ACL 之前,需要针对具体的安全策略进行分析,并决定使用何种 ACL 以及将其应用在哪个路由器的接口上、是 in 方向还是 out 方向。因为内网中只有一台三层设备,因此将规则统一建立在核心交换机上。另外,源和目标之间的安全策略相互交织,不能通过在一个 ACL 中建立多条规则来实现,而需要建立多个 ACL,以供不同的接口调用。规则如下。

(1)实现办公和财务主机之间不能相互通信,可以在 VLAN 10 和 VLAN 20 接口的 out 方向上使用标准 ACL。

(2)实现财务主机不能访问公共 Web 服务器,在 VLAN 20 接口的 in 方向上使用扩展 ACL。

(3)实现办公主机不能访问财务 Web 服务器,在 VLAN 10 接口的 in 方向上使用扩展 ACL。

(4)实现财务主机不能访问 Internet,在 Fa0/1 端口的 out 方向上使用标准 ACL。

(5)实现财务 Web 服务器不能与 Internet 通信,在 Fa0/1 端口的 out 方向上使用标准 ACL。

对应以上规则,完成 ACL 规则设计表,如表 4-5 所示。对应(1),建立两个表,表号为 10 和 20;对应(2),建立 1 个表,表号为 120;对应(3),建立 1 个表,表号为 110;对应(4)和(5),建立 1 个表,表号为 40。请按照规则提示完善表格中的内容,作为 ACL 实施的依据。

表 4-5 ACL 规则设计表

表号	执行动作	使用协议	源网络(主机)	目标网络(主机)	端口	应用接口	方向
10	deny		192.168.20.0	—		VLAN 10	out
20	deny		192.168.10.0	—		VLAN 20	out
120							
110							
40							
40							

2. 网络基本配置

在实施 ACL 之前,一定要保证网络是连通的。接下来根据图 4-22 中的网络拓扑结构和规划的 IP 地址及 VLAN,完成网络的基本配置。本任务使用思科的 Packet Tracer 7.3 模拟软件实现。

(1)划分 VLAN。

在接入层交换机上创建 VLAN 10、VLAN 20、VLAN 30 和 VLAN 40,并将相应接口划分到对应的 VLAN 中。核心交换机与接入层交换机之间的 G0/2 接口所在的链路需要传输多个 VLAN 数据流量,因此需要将该接口设置为 Trunk。在核心层交换机上创建 VLAN 10、VLAN

20、VLAN 30 和 VLAN 40，将 Fa0/2 接口划分到 VLAN 30 中，G0/1 接口划分到 VLAN 40 中，在这之前需要先封装 Dot1Q 协议。

(2) 配置接口 IP 地址。

在核心层交换机上创建 VLAN 10、VLAN 20、VLAN 30 和 VLAN 40 这 4 个 SVI 接口，按照图 4-22 中的 IP 地址规划，为其配置 IP 地址。在配置 Fa0/1 端口的 IP 地址时，需要注意核心层交换机的接口默认处于非路由端口状态，不能直接为其配置 IP 地址，因此需要先通过 no switchport 命令将其切换为路由端口，再将 IP 地址配置为 172.16.1.2/24。

(3) 配置路由。

为了简化配置，这里使用 RIPv2 动态路由协议。在核心交换机上，先执行 ip routing 命令开启路由功能，再在 RIP 进程下指定 RIP 版本为 2，关闭自动汇总功能，宣告 4 个 SVI 接口形成的直连网段和与路由器相连的网段。按照同样的方法，在路由器上配置 RIPv2 动态路由协议，并宣告直连网段为 172.16.1.0。

(4) 配置主机 IP 地址。

按照 IP 地址规划，分别为办公主机、财务主机、财务 Web 服务器、公共 Web 服务器配置 IP 地址。

(5) 验证网络基本配置。

在 ISP 路由器上执行 show ip route rip 命令，查看是否能正确获取到办公主机、财务主机、财务 Web 服务器、公共 Web 服务器所在网络的路由信息。在获取相应网段的路由信息之后，在办公主机的命令行界面中执行 ping 命令，分别测试办公主机与财务主机、财务 Web 服务器、公共 Web 服务器和路由器接口 IP 地址之间的网络连通性，若能够 ping 通，则说明网络已连通，网络基本配置没有问题。

3. 配置访问列表

配置访问列表的基本操作步骤是：先建立表，再在表中添加规则，最后将该表应用到接口上。

(1) 配置办公主机和财务主机之间不能相互通信的访问列表，实现财务主机不能访问办公主机，命令如下。

```
access-list 10 deny 192.168.20.0 0.0.0.255
access-list 10 permit any
interface VLAN 10
ip access-group 10 out
```

使办公主机不能访问财务主机，命令如下。

```
access-list 20 deny 192.168.10.0 0.0.0.255
access-list 20 permit any
interface VLAN 20
ip access-group 20 out
```

(2) 配置办公主机不能访问财务 Web 服务器的访问列表，命令如下。

```
access-list 110 deny tcp 192.168.10.0 0.0.0.255 host 10.1.40.40 eq 80
access-list 110 permit ip any any
```

```
interface VLAN 10
ip access-group 110 in
```

（3）配置财务主机不能访问公共 Web 服务器的访问列表，命令如下。

```
access-list 120 deny tcp 192.168.20.0 0.0.0.255 host 10.1.30.30 eq 80
access-list 120 permit ip any any
interface VLAN 20
ip access-group 120 in
```

（4）配置财务主机不能访问 Internet、财务 Web 服务器不能与 Internet 通信的访问列表，命令如下。

```
access-list 40 deny 192.168.20.0 0.0.0.255
access-list 40 deny 10.1.40.40 0.0.0.0
access-list 40 permit any
interface Fa0/1
ip access-group 40 out
```

4. 验证访问列表配置结果

（1）在办公主机上 ping 财务主机的 IP 地址，结果是（　　）。

（2）在财务主机上 ping 办公主机的 IP 地址，结果是（　　）。

（3）在财务主机的 Web 浏览器中使用 http://10.1.30.30 访问公共 Web 服务器，结果是（　　）。

（4）在办公主机的 Web 浏览器中使用 http://10.1.40.40 访问财务 Web 服务器，结果是（　　）。

（5）在财务主机上 ping ISP 路由器接口的 IP 地址，结果是（　　）。

（6）在财务 Web 服务器上 ping ISP 路由器接口的 IP 地址，结果是（　　）。

（7）在办公主机上分别 ping 公共 Web 服务器的 IP 地址和 ISP 路由器接口的 IP 地址，结果是（　　）。

（8）在财务主机上 ping 财务 Web 服务器的 IP 地址，结果是（　　）。

任务评价

1. 考查项

任务实施文档、PPT 报告及现场表达。

2. 评价标准

（1）能实现基础网络的连通性。

（2）能控制终端的接入和网络资源的访问。

（3）任务实施文档和 PPT 制作精良，内容紧扣主题，表述恰当正确，逻辑分析合理，整体风格统一，图文并茂。

（4）小组分工明确，现场表述清晰、分析全面、理由充分、语言流畅、情绪饱满。观点能够联系国家、社会或个人，能够引发思考或情感共鸣。

任务 4.6 保护网络边界安全

任务描述

为了提高信息通信的安全访问能力，本任务采用图 4-30 所示的网络拓扑结构（含 IP 地址规划）。

在网络出口部署一台 ASA5505 防火墙。在防火墙上规划 inside、outside 和 DMZ 3 个不同的接口，对应的安全级别为 100、0、50，使用防火墙默认的安全访问策略，这样组织内部与 Internet 之间互访的所有数据流（包括组织内部用户访问公网 Web 服务器的 Web 资源和公网用户访问组织内部公共 Web 资源）都必须接受防火墙的检查，防火墙根据配置的规则来允许或拒绝数据流通过，从而达到网络边界安全访问的目的。

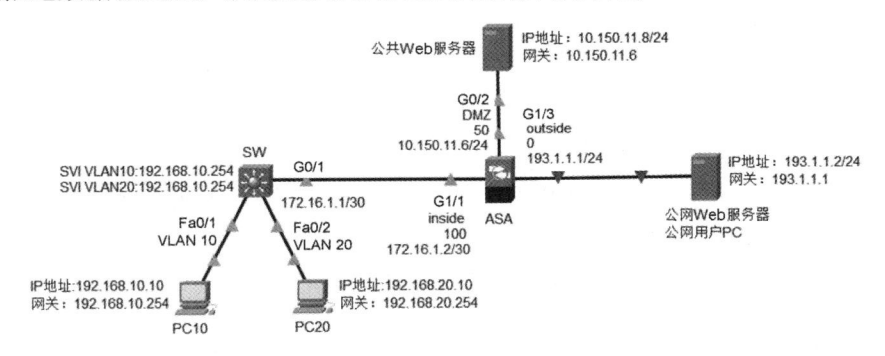

图 4-30 防火墙实施网络拓扑结构

知识准备

4.6.1 防火墙概述

1. 防火墙的通用特征

防火墙是在网络之间强制实施访问控制策略的一个或一组系统。防火墙有以下通用属性。
（1）防火墙可抵御网络攻击。
（2）防火墙是组织内网和外网之间唯一的中转站，所有流量均流经防火墙。
（3）防火墙强制执行访问控制策略。

2. 使用防火墙的好处

在网络中使用防火墙有以下好处。
（1）防止将敏感的主机、资源和应用暴露给不受信任的用户。
（2）净化协议流，防止协议缺陷被利用。
（3）阻止来自服务器和客户端的恶意数据。
（4）通过将大多数网络中的访问控制功能转移到防火墙上来降低安全管理的复杂性。

3. 防火墙的分类

为了正确使用防火墙，了解不同类型的防火墙及其特定功能是非常有必要的。防火墙总体上可以分为硬件防火墙和软件防火墙，硬件防火墙性能优于软件防火墙，但价格相对较贵。这里只讨论硬件防火墙。

（1）数据包过滤（无状态）防火墙：能够根据一组配置好的规则过滤某些数据包内容（如第 3 层信息，有时是第 4 层信息），如图 4-31 所示。

扫一扫

微课：数据包过滤防火墙动画

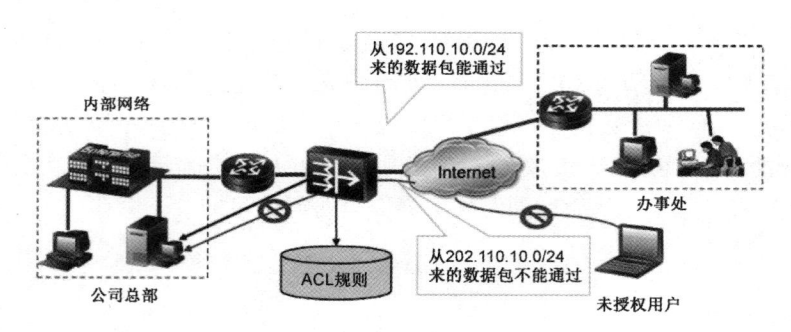

图 4-31　数据包过滤防火墙

（2）状态防火墙：最通用和最常用的防火墙。状态防火墙使用状态表所维护的连接信息来提供有状态数据包过滤功能，如图 4-32 所示。有状态数据包过滤是在网络层防火墙架构上进行的，还可以分析 OSI 第 4 层和第 5 层的流量。

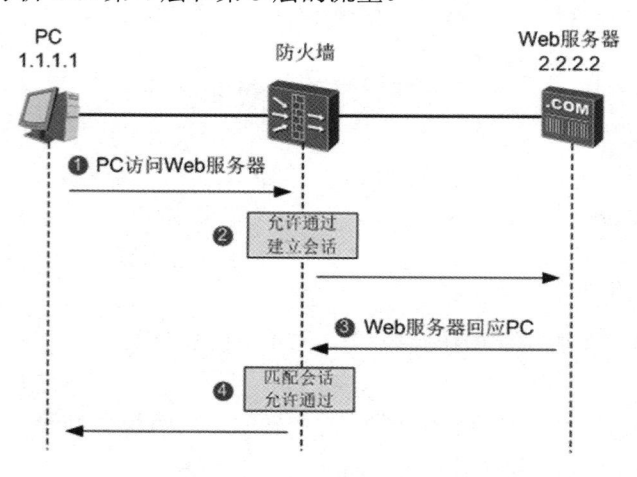

图 4-32　状态防火墙

（3）代理防火墙（应用网关防火墙）：用于过滤 OSI 参考模型的第 3、4、5 和 7 层的信息。大多数防火墙控制和过滤是使用软件完成的。当客户端需要访问远程服务器时，将连接到代理服务器，代理服务器会代表客户端连接到远程服务器，如图 4-33 所示。因此，服务器只能看到来自代理服务器的连接。

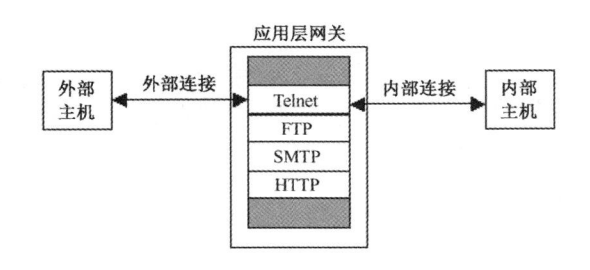

图 4-33 代理防火墙

4.6.2 部署防火墙

1. 防火墙产品选型

防火墙的主要性能参数是指影响网络防火墙包处理能力的参数。在选择网络防火墙时应主要考虑网络的规模、网络的架构、网络的安全需求、在网络中的位置以及网络端口的类型等要素，选择性能、功能、结构、接口、价格都最为适宜的网络安全产品。防火墙的参数主要参考以下 6 种。

（1）系统性能。

防火墙系统性能参数主要是指防火墙处理器的主频、内存容量、闪存容量、存储容量和类型等。一般来说，高端防火墙的硬件性能更优越，它的处理器应当采用 ASIC 架构或 NP 架构，并拥有足够大的内存。

（2）接口。

接口数量关系到防火墙能够支持的连接方式。在通常情况下，防火墙应当至少提供 3 个接口，分别用于连接内网、外网和 DMZ。其中，在 DMZ 内可以放置一些必须公开的服务器设施，如 Web 服务器、FTP 服务器等。如果能够提供更多数量的端口，则可以借助虚拟防火墙实现多网络连接。

接口速率关系到网络防火墙所能提供的最高传输速率，为了避免出现可能的网络瓶颈，防火墙的接口速率应当为 1000Mbit/s 甚至更高。

（3）并发连接数。

并发连接数是衡量防火墙性能的一个重要指标，体现防火墙或代理服务器对其业务信息流的处理能力，是防火墙能够同时处理的点对点连接的最大数目，反映出防火墙设备对多个连接的访问控制能力和连接状态跟踪能力，并直接影响到防火墙所能支持的最大信息点数。低端防火墙的并发连接一般为 1000 个左右，而高端防火墙则可以达到数万甚至数十万个并发连接。

（4）吞吐量。

防火墙的主要功能是对网络中传输的数据包进行过滤，需要消耗大量的资源。吞吐量是指在不丢包的情况下，单位时间内通过防火墙的数据包数量。防火墙作为内外网之间的唯一数据通道，如果吞吐量太小，则会成为网络瓶颈，给整个网络的传输效率带来负面影响。因此，考查防火墙的吞吐量有助于更好地评价其性能表现，这也是测量防火墙性能的重要指标。

（5）安全过滤带宽。

安全过滤带宽是指防火墙在某种加密算法标准下的整体过滤性能，如 DES（56 位）算法或 3DES（168 位）算法等。一般来说，防火墙总的吞吐量越大，其对应的安全过滤带宽越宽。

（6）支持用户数。

防火墙的用户数限制分为固定用户数限制和无用户数限制两种。固定用户数限制如 SOHO 型防火墙，一般支持几十到几百个用户，而无用户数限制大多用于大型部门或公司。这里的用户数和前面介绍的并发连接数是不同的，并发连接数是指防火墙的最大会话（或进程）数，而每个用户都可以在一段时间内产生多个连接。

在进行防火墙产品选型的时候，应更多地从组织网络安全现状和需求出发，并结合防火墙的性能指标，特别是某些用户的系统为涉密系统，因此只能选择国产产品。防火墙通常支持外部攻击防范、内网安全、流量监控、网页过滤、邮件过滤等功能，能够有效地保证网络的安全；采用状态检测技术，可对连接状态过程和异常命令进行检测；提供多种智能分析和管理手段，支持邮件告警，支持多种日志，提供网络管理监控，能够协助网络管理员完成网络的安全管理；支持 AAA、NAT 等技术，可以确保在开放的 Internet 上实现安全的、满足质量要求的网络应用；支持多种 VPN 业务，如 L2TP VPN、IPSec VPN、GRE VPN、动态 VPN 等，可以构建 Internet、Intranet、Remote Access 等多种形式的 VPN；支持 RIP/OSPF 路由策略；支持丰富的 QoS 特性，提供流量监管、流量整形及多种队列调度策略。

2. 防火墙的安全策略

硬件防火墙最少有 3 个接口：内网口（高安全级别）、外网口（低安全级别）和 DMZ 口（中等安全级别），它们之间的关系应能满足外网口可以访问 DMZ 口，而不能直接访问内网口；DMZ 口可以访问外网口，而不能访问内网口；内网口可以访问外网口和 DMZ 口，如图 4-34 所示。若网络中存在安全级别较高的区域，则可以通过网闸等设备实施物理隔离。

3. 硬件防火墙的部署

在部署防火墙时，通常采用单防火墙 DMZ 网络结构、双防火墙 DMZ 网络结构和基于区域的策略防火墙等。

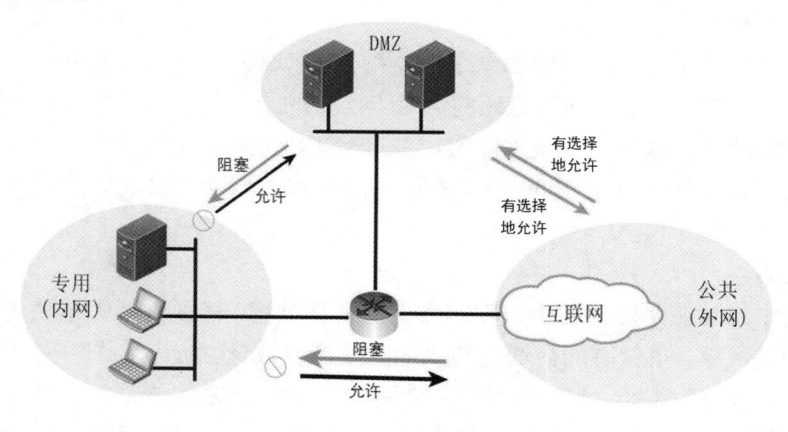

图 4-34 防火墙的安全策略

（1）单防火墙 DMZ 网络结构。

单防火墙 DMZ 网络结构将网络划分为 3 个区域——内网（LAN）、外网（Internet）和 DMZ。DMZ 是外网与内网之间附加的一个安全区域，也称为屏蔽子网、过滤子网等。这种网络结构构建成本低，多用于小型企业网络，如图 4-35 所示。

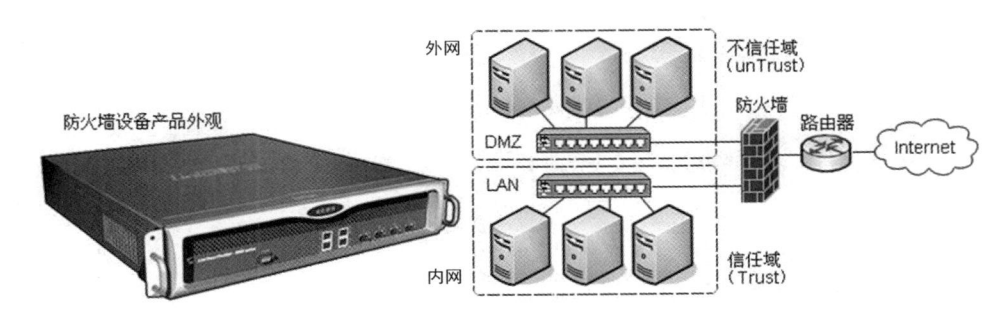

图 4-35　单防火墙 DMZ 网络结构

课堂讨论：在图 4-35 中，可将防火墙放在路由器的前方或后方，请说出这两种部署方式有什么区别。

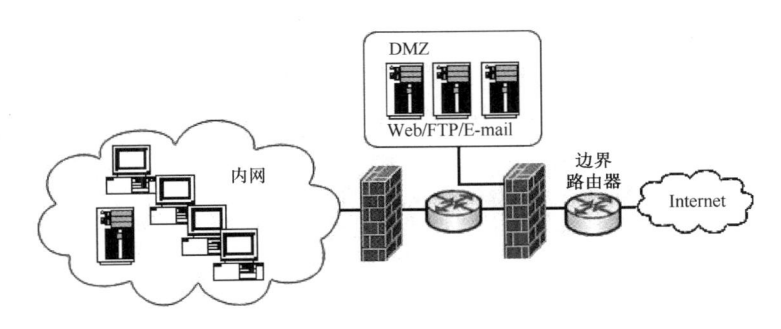

（2）双防火墙 DMZ 网络结构。

防火墙通常与边界路由器协同工作，边界路由器是网络安全的第一道屏障，如图 4-36 所示。在路由器中设置数据包过滤和 NAT 功能，让防火墙完成特定的端口阻塞和数据包检查，这样可以整体上增强网络性能。

图 4-36　双防火墙 DMZ 网络结构

（3）基于区域的策略防火墙。

区域是具有类似功能或特性的一个或多个接口组，是应用防火墙策略的最小单位。ZFW（Zone-Based Policy Firewall）是一种基于区域的防火墙。在默认情况下，区域之间的通信采用丢弃策略，同区域内主机之间可以自由互访，所以区域之间的通信必须配置相应的策略来允许某些数据通过。如果要实现不同接口之间的通信，那么只需要把这些接口划入同一个区域即可，因此使用区域概念可以提供额外的灵活性，如图 4-37 所示。

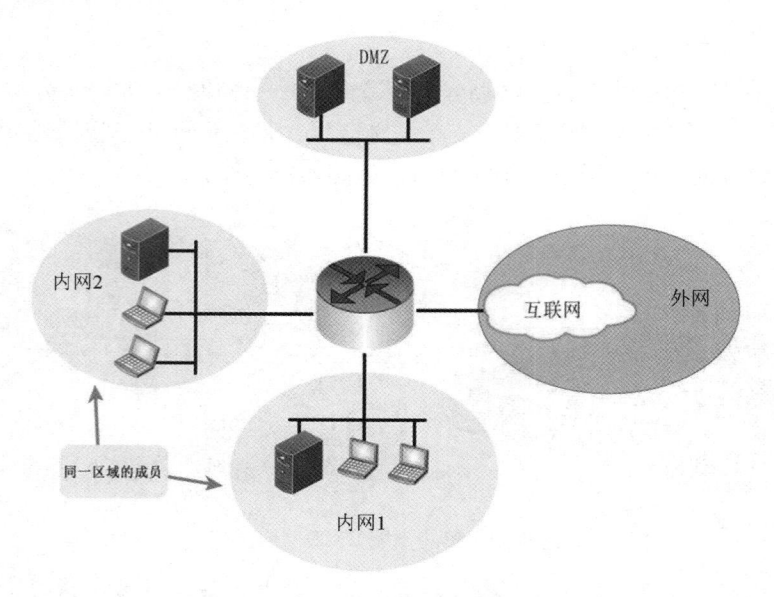

图 4-37 基于区域的策略防火墙

知识考核

1. 数据包过滤防火墙通过（　　）来确定数据包能否通过。
   A．路由表　　　　B．ARP 表　　　　C．NAT 表　　　　D．过滤规则
2. 数据包过滤防火墙会对通过防火墙的数据包进行检查，只有满足条件的数据包才能通过，对数据包的检查内容一般不包括（　　）。
   A．源地址　　　　B．目的地址　　　　C．协议　　　　D．有效载荷
3. 代理防火墙的功能是（　　）。
   A．代表客户端连接到远程服务器
   B．过滤桥接接口间的 IP 流量
   C．使用签名来检测网络流量中的模式
   D．根据数据包报头信息来丢弃或转发流量
4. 关于防火墙的功能，下列叙述中错误的是（　　）。
   A．防火墙可以检查进出内网的通信量
   B．防火墙可以使用过滤技术在网络层中对数据包进行选择
   C．防火墙可以阻止来自网络内部的攻击
   D．防火墙既可以在网络层工作，又可以在应用层工作
5. （　　）不是实现防火墙的主流技术。
   A．包过滤技术　　　　　　　　　　B．NAT 技术
   C．代理服务器技术　　　　　　　　D．应用级网关技术

6. 某机构要新建一个网络，除内部办公、员工邮件等功能外，还要对外提供访问 Web 和 FTP 服务。设计师在设计网络安全策略时给出的方案是：利用 DMZ 保护内网不受攻击，在 DMZ 和内网之间配置一个内部防火墙，在 DMZ 和 Internet 间较好的策略是（ ① ），在 DMZ 中最可能部署的是（ ② ）。

① A．配置一个外部防火墙，其规则为除非允许，都被禁止
　 B．配置一个外部防火墙，其规则为除非禁止，都被允许
　 C．不配置防火墙，自由访问，但在主机上安装杀毒软件
　 D．不配置防火墙，只在路由器上设置禁止 ping 操作

② A．Web 服务器、FTP 服务器、邮件服务器、相关数据库服务器
　 B．FTP 服务器、邮件服务器
　 C．Web 服务器、FTP 服务器
　 D．FTP 服务器、相关数据库服务器

7. 硬件防火墙中的网卡一般设置为（　　）模式，这样可以监测到流经防火墙的数据流。
　 A．混杂　　　　　B．交换　　　　　C．安全　　　　　D．配置

8. 防火墙集成了两个以上的（　　），因为它需要连接一个以上的内网和外网。
　 A．以太网卡　　　B．防火模块　　　C．通信卡　　　　D．控制卡

9. 硬件防火墙至少应当具备 3 个接口：内网接口、外网接口和（　　）接口。
　 A．DMZ　　　　　B．路由　　　　　C．控制　　　　　D．安全

10. 包过滤防火墙工作在 TCP/IP 的网络层和（　　）层。
　 A．接口　　　　　B．传输　　　　　C．应用　　　　　D．会话

11. 防火墙内部的网络称为（　　）网络。
　 A．可依靠　　　　B．可信任　　　　C．不可依靠　　　D．不可信任

任务实施

1. 网络基本配置

参照图 4-30 所示的网络拓扑结构进行 VLAN 及 IP 地址规划。在交换机 SW 上创建并划分 VLAN 10 和 VLAN 20，配置 SVI VLAN 10、SVI VLAN 20 逻辑接口和 G0/1 物理接口的 IP 地址（需在接口配置模式下，执行 no switchport 命令将二层接口切换为路由端口）；配置 PC10、PC20、公共 Web 服务器和公网 Web 服务器的 IP 地址。

微课：防火墙部署规划与配置实践

2. ASA 防火墙基本配置

防火墙规划了 3 个接口，其配置过程是相同的。下面给出防火墙 inside 接口的基本配置步骤，参照该步骤完成 DMZ 和 outside 接口的基本配置。

```
ciscoasa(config)#hostname ASA                            //配置主机名
ASA(config)# interface GigabitEthernet1/1                //选定接口
ASA(config-if)# nameif inside                            //配置接口名称
ASA(config-if)#security-level 100                        //配置安全级别
```

```
ASA(config-if)#ip address 172.16.1.2 255.255.255.252        //配置 IP 地址
ASA(config-if)#no shutdown                                  //激活接口
```

3. 路由配置

使用静态路由实现网络的连通性。在三层交换机上配置一条去往外网的默认路由，即执行 ip route 0.0.0.0 0.0.0.0 172.16.1.2 命令，要使本条命令生效，还需要执行 ip routing 命令开启三层交换机 SW 的路由功能。

公共 Web 服务器和公网 Web 服务器与防火墙的 DMZ 及 outside 接口直连，因此在防火墙上只需要配置到达内网的路由，即执行 route inside192.168.10.0 255.255.255.0 172.16.1.1 和 route inside192.168.20.0 255.255.255.0 172.16.1.1 命令即可。需要注意的是，防火墙上的静态路由配置命令和路由交换设备上的静态路由配置命令稍有不同，route 后的 inside 为定义的接口名称。

4. NAT 配置

ASA 5505 防火墙的 AutoNAT 功能用于配置 NAT 规则，该规则允许 LAN 网段上的主机连接到 Internet，因为这些内部主机使用了 Internet 上不可路由的私有 IP 地址，所以需要进行网络地址转换。网络地址转换可以使私有 IP 地址看起来像 ASA 的外部 IP 地址。如果 ASA 的外部 IP 地址更改频繁（使用 DHCP），则使用 AutoNAT 更为适合。

通过创建代表每个 LAN 子网的网络对象来完成 LAN 子网的 AutoNAT 配置。在这些网络对象中，动态 NAT 规则会在内部网络地址从内部接口传递到外部接口时，对其进行端口地址转换（PAT）。ASA 5505 防火墙支持静态 NAT 和动态 NAT 转换。

（1）配置内网用户 PC10 和 PC20 访问公网用户主机，命令如下。

```
object network VLAN 10                                  //定义网络对象 VLAN 10
subnet 192.168.10.0 255.255.255.0     //允许转换的内网地址为 192.168.10.0
nat (inside,outside) dynamic interface                  //动态 NAT 调用
object network VLAN 20                                  //定义网络对象 VLAN 20
subnet 192.168.20.0 255.255.255.0     //允许转换的内网地址为 192.168.20.0
nat (inside,outside) dynamic interface                  //动态 NAT 调用
```

（2）配置 DMZ 服务器访问公网，命令如下。

```
object network DMZ                                      //定义网络对象 DMZ
subnet 10.150.11.0 255.255.255.0      //允许转换的内网地址为 10.150.11.0
nat (DMZ,outside) dynamic interface                     //动态 NAT 调用
```

（3）将公共 Web 服务器发布到公网上，命令如下。

```
object network PublicWeb                                //定义网络对象 PublicWeb
host 10.15.11.8                       //静态转换的公共 Web 服务器地址为 10.150.11.8
nat (DMZ,outside) static 193.1.1.8    //静态 NAT 调用，发布公网地址为 193.1.1.8
```

需要注意的是，在创建动态 NAT 规则时，流量的触发只能从 inside 流向 outside，而不能逆流；在创建静态 NAT 规则之后，流量的触发是双向的。

（4）配置公网主机访问公共 Web 服务器。

在完成以上配置之后，PC10、PC20 和公共 Web 服务器就能够访问公网 Web 服务器了，

主要原因是在默认情况下，只允许 IP 分组从高安全级别的接口流向低安全级别的接口。

为了使 IP 分组从低安全级别的接口流向高安全级别的接口，如允许公网 Web 服务器访问 DMZ 的公共 Web 服务器，则需要设置分组过滤器来允许该流量通过，命令如下。

```
object network webserver-external-ip
//定义使用公网 IP 地址访问公共 Web 服务器的网络对象
host 193.1.1.8                              //指定公共 Web 服务器的公网 IP 地址
access-list OUTSIDE extended permit tcp any object webserver-external-ip eq www
//使用扩展访问列表建立过滤规则，允许外部任何主机访问 DMZ 的公共 Web 服务器上的 www 服务
access-list OUTSIDE extended permit tcp any host 193.1.1.8 eq www
//与上一条命令是等价的，只不过上一条命令中目标 IP 地址的指定是通过调用网络对象定义的公网
IP 地址实现的，而这里是通过 host 关键字直接指定的
access-group OUTSIDE in interface outside
//在接口上调用分组过滤规则时，要注意分清接口方向
```

5. 配置结果验证

在配置结束之后，做如下验证测试。

（1）PC10 与 PC20 之间能否相互 ping 通。

（2）PC10 或 PC20 能否 ping 通 inside、DMZ 和 outside 接口的 IP 地址，试分析原因。

（3）在 PC10 或 PC20 的 Web 浏览器中输入"http://193.1.1.2"，测试能否打开网页。

（4）在公共 Web 服务器的 Web 浏览器中输入"http://193.1.1.2"，测试能否打开网页。

（5）在公网 Web 服务器的 Web 浏览器中输入"http://193.1.1.8"，测试能否打开网页。

任务评价

1. 考查项

任务实施文档、PPT 报告及现场表达。

2. 评价标准

（1）能实现基础网络的连通性。

（2）能够正确配置防火墙安全策略，保护内网的基础设施。

（3）任务实施文档和 PPT 制作精良，内容紧扣主题，表述恰当正确，逻辑分析合理，整体风格统一，图文并茂。

（4）小组分工明确，现场表述清晰、分析全面、理由充分、语言流畅、情绪饱满。观点能够联系国家、社会或个人，能够引发思考或情感共鸣。

任务 4.7　部署入侵检测和防护系统

任务描述

思科路由器集成了 IPS，采用基于特征库的入侵检测机制。首先加载特征库，特征库包

含用于识别各种入侵行为的信息流特征,一旦在某个路由器接口的输入或输出方向上设置入侵检测机制,就需要采集通过该接口输入或输出的信息流;然后将采集到的信息流与加载的特征库中的特征进行比较,如果该信息流与某种入侵行为的信息流特征匹配,则需要对其采取相应动作。因此,特征库中与每一种入侵行为相关的信息有两部分,一是用于识别入侵行为信息流特征的标识,二是对具有入侵行为特征的信息流所采取的动作。

本任务采用图 4-38 所示的 IPS 配置网络拓扑结构。具体要求如下。

(1)在路由器 R1 中 Fa0/0 端口的输出方向上设置入侵检测机制,一旦检测到终端 C 发送给终端 A 的 ICMP ECHO 请求报文,就丢弃该请求报文,并向日志服务器发送警告信息。

(2)在启动该入侵规则后,如果终端 C 发起 ping 终端 A 的操作,则 ping 操作不仅无法完成,还会在日志服务器中记录警告信息,而其他终端之间的 ping 操作依然能够完成。

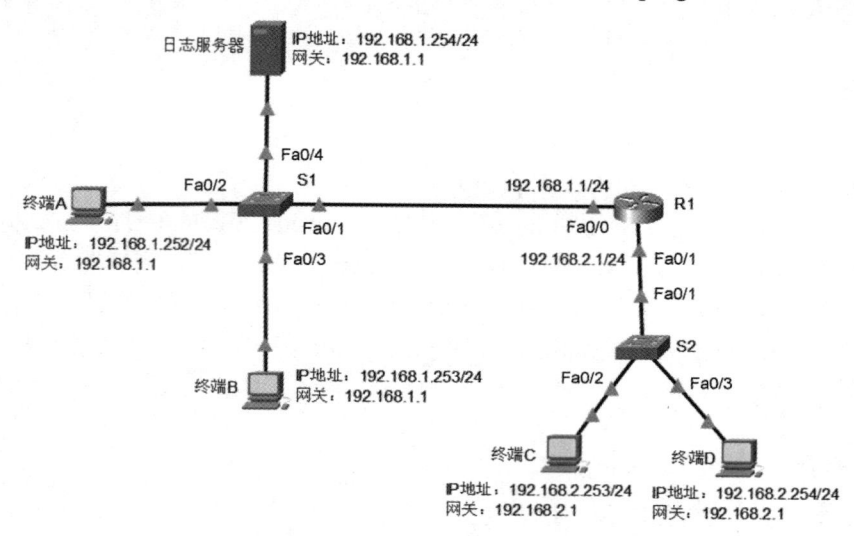

图 4-38 IPS 配置网络拓扑结构

➡ 知识准备

4.7.1 IDS 与 IPS 的分类

1. 入侵检测和防御设备

网络要抵御快速演变的各类攻击,就需要具有有效检测和防御功能的系统设备,如 IDS 或 IPS,通常将这类系统设备部署到网络的入口点和出口点上。IDS 和 IPS 技术使用签名来检测网络流量中的滥用模式。签名是 IDS 或 IPS 用来检测恶意活动的一组规则,可用于检测严重的安全漏洞、常见的网络攻击和收集信息。IDS 和 IPS 技术均部署为传感器,可以检测原子签名模式(单数据包)或组合签名模式(多数据包)。

2. IDS 和 IPS 的优缺点

(1)IDS 的优点和缺点。

IDS 的主要优点是可以在离线模式下部署。因为 IDS 传感器不是以在线方式部署的,所以它对网络性能没有影响，不会带来延迟、抖动或其他流量传输问题。此外，即使 IDS 传感器出现故障也不会影响网络功能，只会影响其分析数据的能力。

但是，部署 IDS 还有许多缺点。IDS 传感器侧重于识别可能发生的事件、记录事件的相关信息以及报告事件，无法停止触发数据包，并且不能保证停止连接。另外，IDS 传感器不是以在线方式部署的，因此实施 IDS 更容易受到采用各种网络攻击方法的网络安全规避技术的影响。

（2）IPS 的优点和缺点。

IPS 的优点在于可以配置数据包丢弃，以停止触发数据包、与连接关联的数据包或来自源 IP 地址的数据包。此外，由于 IPS 传感器是以在线方式部署的，因此可以支持流规范化技术（一种用于在多个数据段受到攻击时重建数据流的技术）。

IPS 的缺点在于当出现错误、故障或者 IPS 传感器的流量过多时，会对网络性能造成负面影响。IPS 传感器会通过引入延迟和抖动来影响网络性能。此外，IPS 传感器的尺寸和实施方式必须适当，才能保证时间敏感的应用（如 VoIP）不会受到负面影响。

4.7.2 部署 IDS 与 IPS

IDS 和 IPS 的部署方式可以分为基于主机的 IDS 和 IPS 及基于网络的 IDS 和 IPS，需要根据组织网络安全策略中的安全目标来决定采用哪一种部署方式。

1. IDS 的部署策略

IDS 的旁路一般连接在网络的各个关键位置上，如图 4-39 所示。IDS 的部署策略如下。

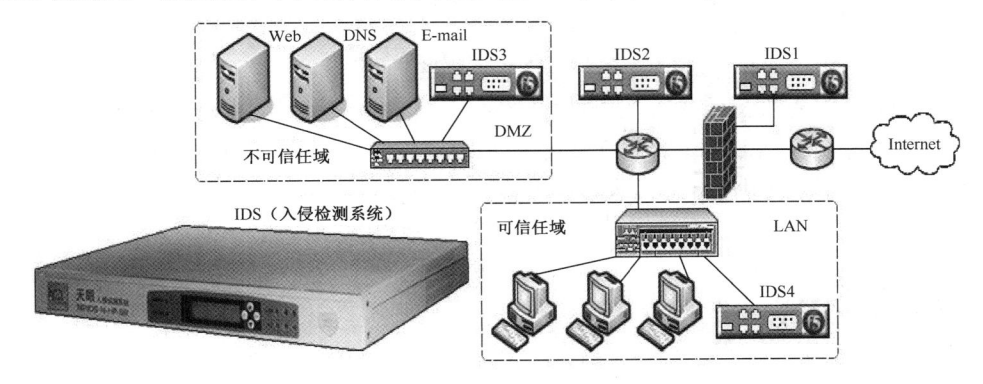

图 4-39　IDS 在网络中的位置

（1）IDS 安装在网络边界区域。

IDS 非常适合安装在网络边界区域，如防火墙的两端和网络的连接处。如果 IDS 与路由器并联安装，则可以实时监测进入内网的数据包，但是这个位置的带宽很宽，因此 IDS 性能必须要跟上通信流的速度。

（2）IDS 安装在服务器群区域。

对于流量速度不是很高的应用服务器，IDS 是非常好的选择；对于流量速度高，而且特别重要的服务器，可以考虑安装专用 IDS。DMZ 往往是遭受攻击最多的区域，在此部署一台 IDS 传感器非常有必要。

（3）IDS 安装在网络主机区域。

IDS 可以安装在主机区域，从而监测位于同一交换机上的其他主机是否存在攻击现象。例如，将 IDS 部署在内部各个网段中，可以监测来自内部的网络攻击行为。

（4）IDS 安装在网络核心层。

网络核心层带宽非常高，不适合部署 IDS。

2. IPS 的部署策略

IPS 不但能够检测入侵行为的发生，而且能实时终止入侵行为。IPS 在网络中采用串接工作模式连接，从而保证所有网络数据都能经过 IPS 设备。IPS 可以检测信息流中的恶意代码，核对策略，在未转发到服务器之前将数据包或信息流阻截。IPS 是网关型设备，最好串接在网络的出口处，它经常被部署在网关出口的防火墙和路由器之间，从而监控和保护内网，如图 4-40 所示。

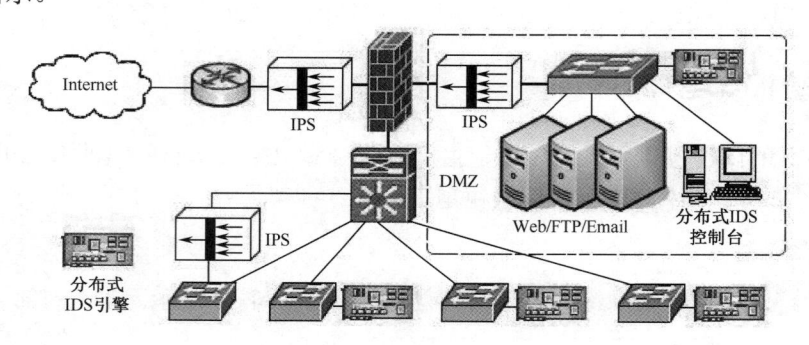

图 4-40　IPS 在网络中的位置

在部署 IDS 和 IPS 时，使用其中一种技术并不是对另一种技术的否定。事实上，IDS 和 IPS 技术可以互为补充。例如，可以实施 IDS 来验证 IPS 的运行，配置 IDS 可以通过离线方式进行更加深入的数据包检测，这使 IPS 可以专注于更少但更关键的在线流量。

知识考核

1. IDS 是一类重要的安全技术，其基本思想是（ ① ），与其他网络安全技术相比，IDS 的最大特点是（ ② ）。

①A．过滤特定来源的数据包　　B．过滤发往特定对象的数据包
　C．利用网闸等隔离措施　　　D．通过网络行为判断是否安全
②A．准确度高　　　　　　　　B．防木马效果最好
　C．能发现内部误操作　　　　D．能实现访问控制

2. 根据网络安全防范需求，需在不同位置部署不同的安全设备，进行不同的安全防范。根据图 4-41 所示的拓扑结构选择相应的网络安全设备。

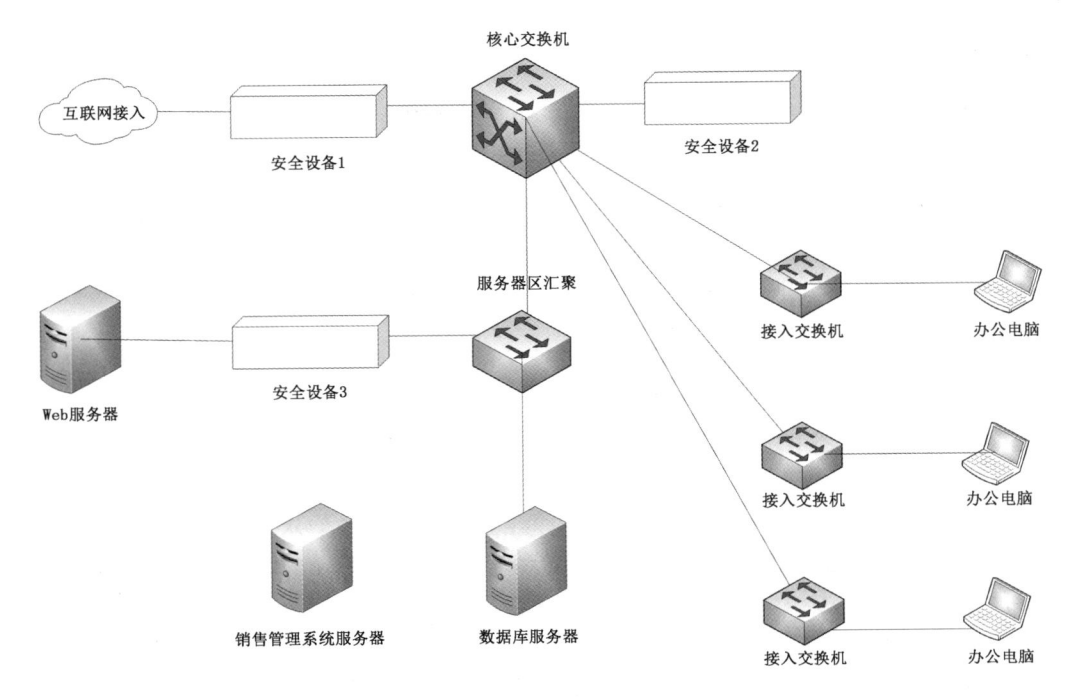

图 4-41 网络安全设备部署拓扑结构

在"安全设备 1"处部署（　　），在"安全设备 2"处部署（　　），在"安全设备 3"处部署（　　）。

A．防火墙　　　　B．入侵检测系统（IDS）　　　　C．入侵防御系统（IPS）

在网络中需要加入以下安全防范措施：

A．访问控制　　　　　　　　B．NAT
C．上网行为审计　　　　　　D．包检测分析
E．数据库审计　　　　　　　F．DDoS 攻击检测和阻止
G．服务器负载均衡　　　　　H．异常流量阻断
I．漏洞扫描　　　　　　　　J．Web 应用防护

其中，在防火墙上可部署的安全防范措施有（　　），在 IDS 上可部署的安全防范措施有（　　），在 IPS 上可部署的安全防范措施有（　　）。

结合上述拓扑结构，简要说明 IPS 的优点和缺点。

3．传统的防火墙只能对网络层和传输层进行检查，无法阻止内部人员的攻击。IDS 和 IPS 技术却能在应用层对信息流进行分析，并在网络遭受攻击之前进行报警和响应，针对部署方式和实现原理对 IDS 和 IPS 进行比较。

扫一扫

微课：入侵防护系统的配置实践

任务实施

本任务的基本操作步骤如下。

1．网络基本配置

按照图 4-38 规划的 IP 地址，配置路由器 R1 的接口 IP 地址、各终

173

端的 IP 地址和日志服务器的 IP 地址，并开启日志服务。

2. 确定特征库的存储位置

（1）在特权模式下执行 mkdir ipsdir 命令，在闪存中创建用于存储特征库的目录。

（2）在全局配置模式下执行 ip ips config location flash:ipsdir 命令，指定用于存储特征库的目录。

3. 制定入侵检测规则

执行 ip ips name IPS 命令，建立名为 IPS 的入侵检测规则。

4. 开启日志功能

（1）将事件记录在日志服务器中，并将其作为指定的事件通知方法，执行 ip ips notify log 命令。

（2）指定日志服务器的 IP 地址，执行 logging host 192.168.1.254 命令。

（3）在发送日志信息中标记日期事件，精确到毫秒，执行 service timestamps log datetime msec 命令。

（4）设置日期与时间，执行命令：clock set 时间 日期，其中时间和日期与电脑同步。

5. 配置每一类特征

（1）进入特征库分类配置模式，执行 ip ips signature-category 命令。

（2）指定所有类别特征库，执行 category all 命令。

（3）释放指定类别的特征库，执行 retired true 命令。

（4）指定特征库的类别名和类别子名，执行 category ios_ips basic 命令。

（5）加载指定类别的特征库，这里指的是 ios_ips 类别中的 basic 子类别，执行 retired false 命令。

6. 定义扩展分组过滤器

指定信息流类别的扩展分组过滤器并将其与入侵检测规则绑定在一起，命令如下：

```
access-list 100 permit ip host 192.168.2.253 host 192.168.1.252
access-list 100 deny ip any any
ip ips name IPS list 100
```

7. 将规则作用到路由器接口上

在 R1 的 Fa0/0 端口配置模式下，执行 ip ips IPS out 命令。

8. 重新定义特征

（1）进入特征定义模式，执行 ip ips signature-definition 命令。

（2）指定编号为 2018、子编号为 0 的特征，所匹配的报文是 ICMP ECHO 请求报文，执行 signature 2018 0 命令。

（3）指定特征定义模式下使用的命令，执行 status 命令。

（4）加载指定类别的特征库，执行 retired false 命令。

（5）启动指定特征，并用该特征匹配需要检测入侵行为的信息流，执行 enabled true 命令。

（6）进入指定特征引擎配置模式，执行 engine 命令。

（7）对与指定特征匹配的信息流采取在线丢弃的动作，执行 event-action deny-packet-inline 命令。

（8）对与指定特征匹配的信息流采取发送警告信息的动作，执行 event-action produce-alert 命令。

9. 配置结果验证

执行 show ip ips all 命令查看配置结果，并且使用终端 C 分别 ping 终端 A、终端 B、终端 D 和日志服务器，结果如图 4-42 所示。

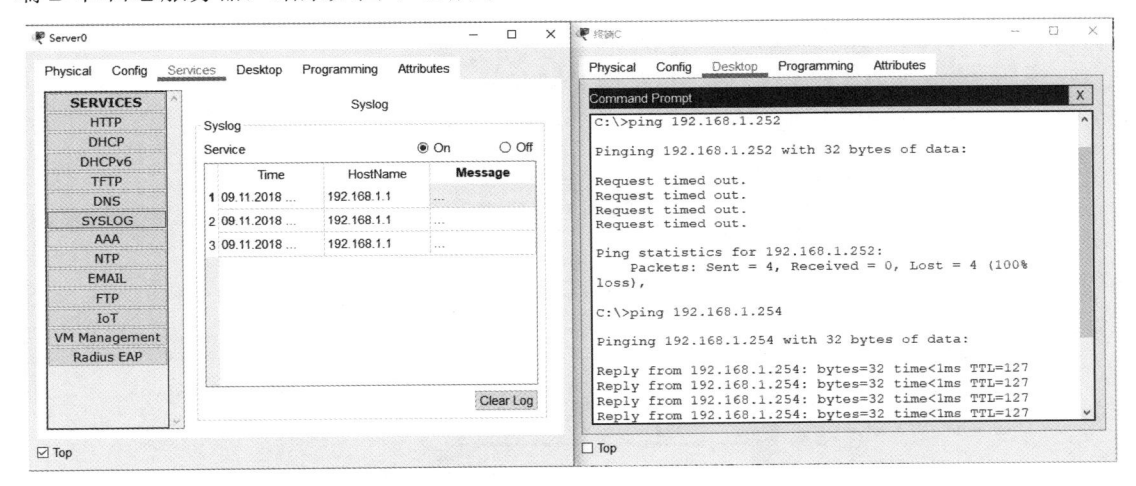

图 4-42　IPS 与 IDS 的配置结果验证

任务评价

1. 考查项

任务实施文档、PPT 报告及现场表达。

2. 评价标准

（1）能实现基础网络的连通性。

（2）能完成入侵检测系统与入侵防御系统的配置并进行结果验证。

（3）任务实施文档和 PPT 制作精良，内容紧扣主题，表述恰当正确，逻辑分析合理，整体风格统一，图文并茂。

（4）小组分工明确，现场表述清晰、分析全面、理由充分、语言流畅、情绪饱满。观点能够联系国家、社会或个人，引发思考或情感共鸣。

任务 4.8　提高数据传输安全性

任务描述

本任务采用图 4-43 所示防火墙 IPSec VPN 与 SSL VPN 配置的网络拓扑结构，详细规划了 IP 地址及 VLAN，在总部和分部的网络出口上分别部署一台 ASA5505 防火墙，提供 NAT 功能，使总部用户能够访问 Internet 中的公网服务器资源；同时提供 IPSec VPN 功能，实现总部用户 PC1 和分部用户之间的安全互访；公网用户能够访问 DMZ 的公共服务器或通过 SSL VPN 访问内部服务器的资源。

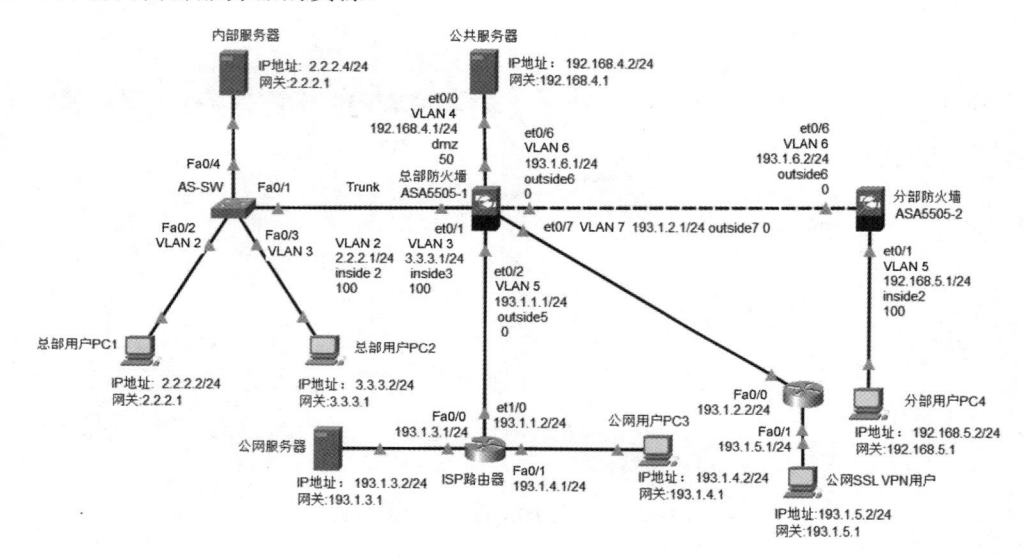

图 4-43　防火墙 IPSec VPN 与 SSL VPN 配置的网络拓扑结构

假定你是一名网络管理员，请在防火墙上实现 IPSec VPN 和 SSL VPN 的配置。

知识准备

4.8.1　VPN 技术的分类

VPN 的种类和标准非常多，这些种类和标准是在 VPN 的发展过程中产生的。用户可以根据不同的网络环境和安全需求来选择合适的 VPN，因此，先认识 VPN 使用的常见封装协议类型是非常必要的。

微课：VPN 隧道原理动画

1. 按隧道协议分类

VPN 按隧道协议分类可以分为以下 6 种。

（1）点到点隧道协议。

点到点隧道协议（Point to Point Tunneling Protocol，PPTP）是由微软公司开发的，包含

了 PPP（Point-to-Point Protocal，点到点协议）和 MPPE（Microsoft Point-to-Point Encryption，微软点对点加密）两个协议，其中 PPP 用来封装数据，MPPE 协议用来加密数据。

（2）第二层隧道协议。

第二层隧道协议（Layer 2 Tunneling Protocol，L2TP）是由 Microsoft、Cisco、3COM 等公司共同制定的，主要用于解决兼容性的问题。PPTP 只有工作在纯 Windows 的网络环境中才可以提供所有的功能。

（3）通用路由封装协议。

通用路由封装（Generic Routing Encapsulation，GRE）协议是由 Cisco 公司开发的，它不是一个完整的 VPN 协议，因此不能提供数据的加密、身份认证、数据报文完整性校验等功能。GRE 技术在企业网中经常会结合 IPSec 使用，以弥补其安全性方面的不足。

（4）IP 安全协议。

IP 安全（IP Security，IPSec）协议是现今企业使用最广泛的 VPN 协议之一，工作在第三层。它是一个开放性的协议，各网络产品制造商都会对 IPSec 协议进行支持。

（5）安全套接层协议。

安全套接层（Secure Sockets Layer，SSL）协议是网景公司基于 Web 应用提出的一种安全通道协议，它具有保护传输数据和识别通信机器的功能。SSL 协议主要采用公开密钥体系和 X509 数字证书，在 Internet 上提供服务器认证、客户认证、SSL 链路上数据保密性、安全性的保证，被广泛用于 Web 浏览器与服务器之间的身份认证。

（6）多协议标签交换协议。

多协议标签交换（Multi-Protocol Label Switching，MPLS）协议可用于快速数据包交换和路由，它为网络数据流量提供了路由、转发和交换等能力，特别地是，它具有管理各种不同形式通信流的机制。

2. 按应用领域分类

由 VPN 的定义可以知道，VPN 为远程站点、远程用户和总部站点之间提供的安全功能是通过实施加密协议（如 IPSec 协议和 SSL 协议等）实现的。因此，按照 VPN 的应用领域，可以将其划分为以下两类。

（1）站点到站点 VPN。

站点到站点 VPN 可以在 VPN 网关之间保护两个或更多个站点间的流量，站点间的流量通常是指局域网之间（L2L）的通信流量。L2L VPN 多用于总公司与分公司、分公司之间在公网上传输重要业务数据，如图 4-44 所示。对于两个局域网的终端用户来说，VPN 网关中间的网络是透明的，两个局域网就像是通过一台路由器连接的。总公司的终端设备通过 VPN 连接访问分公司的网络资源，数据包封装的 IP 地址都是公司内网地址（一般为私有地址），对数据包再次封装的过程，客户端是全然不知的。

（2）远程访问 VPN。

远程访问 VPN 通常用于单用户设备与 VPN 网关之间的通信连接，单用户设备一般为一台 PC 或智能终端设备等，如图 4-45 所示。在远端的移动办公人员与总公司的网络实现远程访问 VPN 连接之后，该人员就像总公司局域网中的一个普通用户一样，不仅可以使用总公司网段内的 IP 地址访问公司资源，而且因为其使用隧道模式，真实的 IP 地址会被隐藏起来，实际公网通信的链路对于远端移动办公人员是透明的。

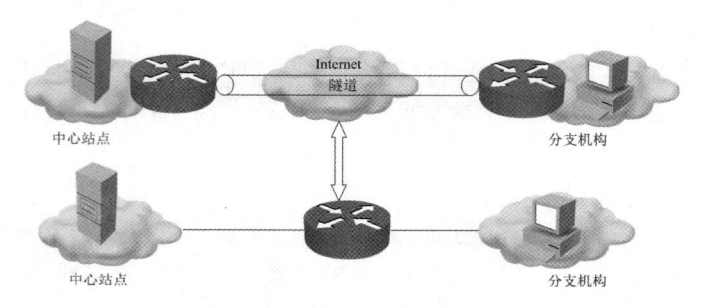

图 4-44　站点到站点 VPN

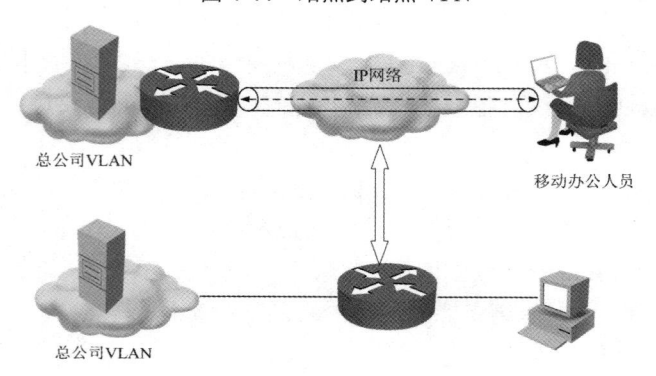

图 4-45　远程访问 VPN

4.8.2　部署 VPN

1. GRE VPN 的应用场景

GRE VPN 主要用于使内网的数据通过公共网络来传输、扩大包含跳数受限协议（如 RIP）的网络工作范围、将一些不连续的子网连接起来等场景中。GRE 隧道在构建时使用了公网 IP 地址和私有 IP 地址，但是每一个运行 GRE 的路由器都只有一个路由表，因此公网与私网之间只能通过不同的路由策略来加以区分。在实际部署 GRE VPN 时，对隧道端点的路由器有以下要求。

（1）连接到 IP 私网的物理接口和 Tunnel 0 接口属于私网路由域，它们采用一致的私网路由策略，如图 4-46 所示。

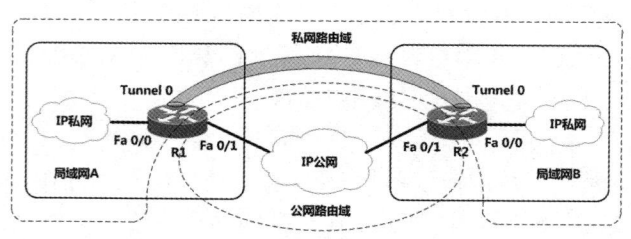

图 4-46　私网路由域与路由策略

(2)连接到公网的物理接口属于公网路由域，必须与公网使用一致的路由策略。

企业连接到 IP 公网的边缘路由器（R1 或 R2）通常会从 IP 公网获得一个公网路由，以保证隧道两端路由器物理接口的可达性。被用于为私网转发数据的 Tunnel 0 接口，可以使用静态路由或任何动态路由协议获知对方站点的私网路由。

- 静态路由配置：需要手动配置到达目的 IP 私网（不是 Tunnel 的目的地，而是未进行 GRE 封装的报文的目的网段）的路由，下一跳是对端 Tunnel 接口的 IP 地址。
- 动态路由配置：需要将隧道和 IP 私网作为一个私网路由域对待，在 IP 私网接口和 Tunnel 0 接口上启用相应的路由协议。例如，如果图 4-46 所示的 IP 私网要求运行 OSPF 协议，则应对 R1 和 R2 的 Tunnel 0 接口均运行 OSPF 协议，以保证 R1 和 R2 相互学习到对方站点的私网路由。

2. IPSec VPN 的应用场景

IPSec VPN 的应用场景非常有限，主要是点到点、站点之间的安全传输数据和安全远程访问（需要预先安装和配置 IPSec VPN 客户端软件）等技术领域。在进行 IPSec VPN 部署时，需要考虑以下问题。

（1）选择合适的安全策略。

IPSec VPN 能够执行加密、认证、防篡改和防重放等操作，支持 AH 或 ESP 封装方法，采用传输或隧道运行模式。因此，在部署 IPSec VPN 时，要根据用户需求合理选择 IKE 协商阶段的安全策略。

（2）选择合适的路由协议。

若要使 IPSec VPN 正常运行，则首先要保证 VPN 网关能够正常连接到 Internet，同时需要验证 VPN 网关之间能够相互访问。IPSec 隧道使用的地址是公网 IP 地址，而 VPN 网关之间的 IP 地址不可能在同一网段，因此要建立动态路由协议邻居关系的可能性很低。IPSec 建立的隧道是逻辑隧道，没有点到点的连接功能。因此，IPSec 隧道只支持单播，不支持组播或广播，动态路由协议的流量不可能穿越 IPSec 隧道。在部署 IPSec VPN 时使用静态路由协议，通常在 VPN 网关上配置一条指向 Internet 的默认路由。

（3）选择合适的运行模式。

当 IPSec 不需要实现隧道功能，只实现保护数据安全的功能时，可以使用传输模式。当 IPSec 工作在此模式下时，IPSec 报文头部被加在原始 IP 报文头部与上层协议之间，原始 IP 报文头部在传输过程中是可见的。因此，数据报文无法通过 Internet 传输到另一端，即缺乏对 NAT 的支持。

通过 Internet 互访的两个网络之间，都希望通过私有 IP 地址来通信，但是私有 IP 地址在到达公网后会被丢弃。要使私有 IP 地址的数据报文能通过 Internet 传递，必须在数据报文头部打上公网 IP 头，IPSec 的隧道模式就具有这样的功能，它会在 Internet 上隐藏私有 IP 地址空间，原始数据报文的所有内容都会被加密。因此，隧道模式被认为更安全。

通过以上表述，可知在使用 IPSec 建立 VPN 的两个网络之间运行动态路由协议十分困难，但并非不可以实现。建议使用 GRE 隧道协议，它不仅能提供 IP 组播和动态路由协议的传递功能，还能使用 IPSec 功能来保护数据安全，其隧道两端的 IP 地址处于同一网段，使得动态路由协议运行更加稳定，这种结合称为 GRE over IPSec。

需要注意的是，在 GRE over IPSec 的情况下，IPSec 的两种运行模式都是被允许的，但有时传输模式会有局限性，所以建议优先选用隧道模式。

（4）考虑 NAT 对 IPSec VPN 的影响。

NAT 是为了缓解 IPv4 公网 IP 地址日益枯竭的问题，而采用的一种将私有 IP 地址映射为公网 IP 地址的技术。然而，IPSec 的设计目的是保证数据的机密性、完整性等，采用加密、摘要等算法来防止数据被窃听和恶意修改。可以看出，IPSec 和 VPN 在设计思想上是矛盾的。

由于 IPSec 流量是不能穿越 NAT 的，因此需要引入 NAT 穿越技术，将 ESP 协议报文封装到 UDP 报文中（在原 ESP 协议的 IP 报文头部外添加新的 IP 头和 UDP 头），使得 NAT 对待它像对待一个普通的 UDP 报文一样。

（5）最大程度节省部署成本。

在 VPN 网关的两端都使用静态公网 IP 地址建立的 VPN 称为静态 GRE over IPSec；在 VPN 网关的一端使用静态 IP 地址，对端使用动态 IP 地址的情况下建立的 VPN 称为动态 GRE over IPSec。

因为申请一个静态的公网 IP 地址花费非常高，所以一个可行的做法是，总公司申请静态的公网 IP 地址，分公司使用动态的公网 IP 地址，这样可以节省一部分成本。

3. SSL VPN 的应用场景

SSL VPN 主要提供基于 Web 应用程序的安全访问，用户通常不需要在远程主机上安装客户端软件。另外，客户端只需要在远程主机上通过 Web 浏览器即可使用 SSL VPN，其用户几乎不需要接受任何培训。SSL VPN 在易用性方面有很大的提升，但缺点是只对 Web 流量实施加密保护。

根据 SSL VPN 网关在网络中位置的不同，SSL VPN 在实际应用中有单臂和双臂两种组网模式。

（1）双臂组网模式。

在采用双臂组网模式时，SSL VPN 网关跨接在内网和外网之间，如图 4-47 所示。

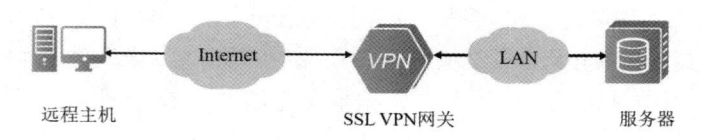

图 4-47 SSL VPN 双臂组网模式

这种组网模式的优势在于，外网对内网所有的访问流量都经过网关，网关可以对这些流量进行全面的控制。不足之处在于，网关处于内网与外网通信的关键路径上，网关出现故障将导致整个内网与外网之间通信的中断；网关的处理性能也会对整个内网访问外网的速度产生影响。在 SSL VPN 网关与防火墙集成时，一般采用双臂组网模式。借助防火墙对网络攻击的防护，SSL VPN 可以比较安全地运行。

（2）单臂组网模式。

在采用单臂组网模式时，SSL VPN 网关并不跨接在内网和外网之间，而像一台服务器一样与内网相连，如图 4-48 所示。

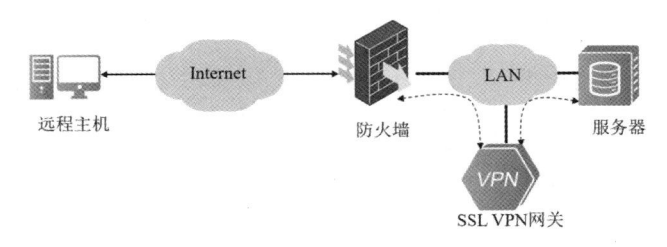

图 4-48　SSL VPN 单臂组网模式

SSL VPN 网关作为代理服务器响应外网远程主机的接入请求，在远程主机与内网服务器之间转发数据报文。使用单臂组网模式的优势在于，设备不处在网络流量的关键路径上，设备出现故障不会导致整个网络通信的中断；另外，网关的处理性能不会影响到整个内网与外网通信的性能。使用单臂组网模式的不足之处在于，设备不能充分地保护内网，有些流量可以不经过此设备而访问内网中的其他服务器。单纯的 SSL VPN 网关设备一般采用单臂组网模式，不但可以免受外部的网络攻击，还可以避免成为网络的性能瓶颈和单点故障源。

知识考核

1．下列关于 GRE 的说法正确的是（　　）。
　　A．GRE 封装只能用于 GRE VPN　　　　B．GRE 封装并非只能用于 GRE VPN
　　C．GRE VPN 不能分隔地址空间　　　　D．GRE VPN 可以分隔地址空间
2．承载网 IP 头以（　　）标识 GRE 头。
　　A．IP 协议号 47　　　　　　　　　　　B．以太协议号 0x0800
　　C．UDP 端口号 47　　　　　　　　　　D．TCP 端口号
3．关于 GRE 隧道 Tunnel 接口配置，以下说法正确的是（　　）。
　　A．Tunnel 接口是一种逻辑接口，需要手动创建
　　B．在隧道两个端点路由器的 Tunnel 接口上指定的源地址必须相同
　　C．在隧道两个端点路由器的 Tunnel 接口上指定的目的地址必须相同
　　D．在隧道两个端点路由器的 Tunnel 接口上指定的 IP 地址必须相同
4．以下对 IPSec 描述错误的是（　　）。
　　A．适用于向 IPv6 迁移　　　　　　　　B．提供在网络层上的数据加密
　　C．适用于设备动态 IP 地址的情况　　　D．支持除 TCP/IP 外的其他协议
5．IPSec 的 AH 协议号和 ESP 协议号分别为（　　）。
　　A．51 和 50　　　B．50 和 51　　　C．47 和 48　　　D．48 和 47

6. （　　）不会出现在 IKE 第二阶段中。
   A．主模式　　　　　　　　　　B．指定一个散列算法
   C．运行 DH　　　　　　　　　 D．协商要使用的转换集
7. 在 IKE 第一阶段中，最安全的认证方法是（　　）。
   A．RSA　　　　　　　　　　　 B．PSK
   C．DH 组 5　　　　　　　　　 D．对称的 AES-256
8. 在一个强调极为安全的网络中，使用 DH 组（　　）是最谨慎的做法。
   A．1　　　　B．2　　　　C．5　　　　D．6
9. （　　）可以用来保护 IPSec（IKE 第二阶段）隧道的协商过程。
   A．在转换集中协商的加密方式
   B．为 IKE 第二阶段隧道协商的加密方式
   C．在 ISAKMP 策略中协商的加密方式
   D．在这个阶段不使用加密算法，而使用 DH
10. 在部署 IPSec VPN 网络时，配置（　　）可以提供更可靠的数据验证。
    A．DES　　　B．3DES　　　C．SHA　　　D．128 位 MD5
11. 在部署 IPSec VPN 网络时，配置（　　）可以提供更可靠的数据加密。
    A．DES　　　B．3DES　　　C．SHA　　　D．128 位 MD5
12. 在部署大中型 IPSec VPN 网络时，从安全性和维护成本考虑，建议采用（　　）技术手段提供设备间的身份认证。
    A．预共享密钥　　B．数字证书　　C．路由协议认证　　D．802.1X
13. 在部署 IPSec VPN 网络时，需考虑 IP 地址的规划，尽量在分支节点上使用可以聚合的 IP 地址段，其中每条加密 ACL 将消耗（　　）个 IPSec SA 资源。
    A．1　　　　B．2　　　　C．3　　　　D．4
14. 如果 VPN 网络需要运行动态路由协议并提供私网数据加密，则通常采用（　　）技术手段实现。
    A．GRE　　　　　　　　　　　B．GRE+IPSec
    C．SL2TP　　　　　　　　　　D．L2TP+IPSec

任务实施

本任务的基本配置步骤如下。

1. 网络基本配置

在 AS-SW 上创建 VLAN 2 和 VLAN 3，并将 Fa0/2 和 Fa0/4 端口划分到 VLAN 2 中，Fa0/3 端口划分到 VLAN 3 中。将 Fa0/1 端口属性设置为 Trunk，透传 VLAN 2 和 VLAN 3 的数据流量。执行 show vlan 命令对配置的结果进行验证。按照图 4-43 中规划的 IP 地址，在用户 PC 和服务器上完成 IP 地址的配置，注意不要配错网段和网关。

微课：VPN 的部署与实践

2. 配置总部防火墙接口

（1）激活授权码。

ASA5505 防火墙在默认情况下只支持 3 个 VLAN 和 1 个内部接口（执行 show activation-key 命令可以查看），不满足本项目的配置需求，因此需要授权码，以支持更多的 VLAN 和内部接口。先执行 activation-key 0x1321CF73 0xFCB68F7E 0x801111DC 0xB554E4A4 0x0F3E008D 命令激活授权码，再执行 show activation-key 命令，在输出结果中可以看到，防火墙能够支持 20 个 VLAN 和两个内部接口。

（2）划分 VLAN。

在总部防火墙上创建 VLAN 2、VLAN 3、VLAN 4、VLAN 5、VLAN 6 和 VLAN 7，将 et0/0、et0/2、et0/6、et0/7 端口分别加入 VLAN 4、VLAN 5、VLAN 6 和 VLAN 7 中。设置 et0/1 端口属性为 Trunk，并配置放行的 VLAN。

（3）配置内部接口。

执行 int vlan 2 命令创建 VLAN 2 接口，执行 ip address 2.2.2.1 255.255.255.0 命令配置 IP 地址，执行 nameif inside2 命令指定内部接口名称为 inside2，执行 security 100 命令指定内部接口安全级别为 100，执行 no shutdown 命令激活 VLAN 2 接口。内部接口 VLAN 3 的配置与内部接口 VLAN 2 的配置方法完全相同。

（4）配置 DMZ 口。

按照配置内部接口的方法配置 VLAN 4 接口为 DMZ 口，执行 int vlan 4 命令创建 VLAN 4 接口，执行 ip address 192.168.4.1 255.255.255.0 命令配置 IP 地址，执行 nameif dmz 命令指定内部接口名称为 dmz，执行 security 50 命令指定 dmz 口安全级别为 50，执行 no shutdown 命令激活 VLAN 4 接口。

（5）配置外部接口。

执行 int vlan 5 命令创建 VLAN 5 接口，执行 ip address 193.1.1.1 255.255.255.0 命令配置 IP 地址，执行 nameif outside5 命令指定内部接口名称为 outside5，使用 security 0 指定外部接口安全级别为 0，执行 no shutdown 命令激活 VLAN 5 接口。外部接口 VLAN 6 和 VLAN 7 的配置方法与外部接口 VLAN 5 的配置方法完全相同。

（6）配置总部防火墙上的路由。

内网的所有网段都是直连网段，因此无须配置去往内网的路由。总部防火墙上的数据包需要路由至多个远程网段，执行 route outside5 0.0.0.0 0.0.0.0 193.1.1.2 命令配置到达 Internet 的路由；执行 route outside6 192.168.5.0 255.255.255.0 193.1.6.2 命令配置到达分部网络的路由；执行 route outside7 193.1.5.0 255.255.255.0 193.1.2.2 命令配置到达 SSL VPN 用户的路由。

3. 配置 ISP 路由器接口 IP 地址和路由

（1）配置 ISP 路由器接口 IP 地址。

在接口配置模式下执行 ip address 命令配置 ISP 路由器接口的 IP 地址。

（2）配置 ISP 路由器上的路由。

无须配置到达内网的路由，公网所有直连网段都已经是连通的了。

4. 配置分部防火墙接口及路由

（1）划分 VLAN。

在防火墙上创建 VLAN 6 和 VLAN 5，将 et0/6 和 et0/1 端口分别加入 VLAN 6 和 VLAN 5 中。

（2）配置外部接口。

执行 int vlan 6 命令创建 VLAN 6 接口，执行 ip address 193.1.6.2 255.255.255.0 命令配置 IP 地址，执行 nameif outside6 命令指定内部接口名称为 outside6，执行 security 0 命令指定外部接口安全级别为 0，执行 no shutdown 命令激活 VLAN 6 接口。

（3）配置内部接口。

执行 int vlan 5 命令创建 VLAN 5 接口，执行 ip address 192.168.5.1 255.255.255.0 命令配置 IP 地址，执行 nameif inside2 命令指定内部接口名称为 inside2，执行 security 100 命令指定内部接口安全级别为 100，执行 no shutdown 命令激活 VLAN 5 接口。

（4）在分部防火墙上配置一条默认路由 route outside6 0.0.0.0 0.0.0.0 193.1.6.1。

5. 验证基本配置结果

（1）验证路由表。

在总部防火墙和分部防火墙上执行 show route 命令，验证配置的路由是否正确。

（2）测试用户 PC1 能否 ping 通用户 PC2。

（3）测试用户 PC2 能否 ping 通总部防火墙外部接口的 IP 地址。

（4）测试 ISP 路由器能否 ping 通总部防火墙内部 VLAN 2 接口的 IP 地址。

（5）测试公网用户 PC 能否 ping 通公网服务器。

6. 配置总部 NAT

总部用户 PC2 需要通过 NAT 访问 Internet 资源，因此要在总部防火墙上配置自动 NAT。

（1）定义总部网络对象。

在总部防火墙上执行 object network ZBNAT 命令定义网络对象名称为 ZBNAT，执行 subnet 3.3.3.0 255.255.255.0 命令指定需要转换的地址空间。

（2）配置动态 NAT。

执行 nat (inside3,outside5)dynamic interface 命令，指定完成动态 NAT 的内网私有 IP 地址范围和全球 IP 地址。

（3）将 DMZ 的公共服务器发布到 Internet 中，供公网用户访问。主要命令如下。

```
object network DMZNAT
subnet 192.168.4.2 255.255.255.255
nat （dmz,outside5）static 193.1.1.1
```

7. 配置扩展分组

在默认情况下，防火墙只允许 IP 分组从高安全级别的接口流向低安全级别的接口，因此 3 个接口之间只允许单向传输。

为了使 IP 分组从低安全级别的接口流向高安全级别的接口，需要在低安全级别的接口上通过扩展分组过滤器指定，允许 IP 分组从低安全级别的接口流向高安全级别的接口。

（1）配置前的测试工作。
- 测试总部用户能否访问公网服务器。
- 测试总部用户能否访问公共服务器。
- 测试公网用户能否访问公共服务器。

（2）配置 inside3 出方向上的扩展分组过滤器。
- 允许与总部用户终端发起访问 Internet 公网服务器过程，有关的 TCP 报文从 inside3 接口流出，执行 access-list o-d-i extended permit tcp host 193.1.3.2 3.3.3.0 255.255.255.0 命令。
- 允许与总部用户终端发起访问 DMZ 区域公共服务器过程有关的报文从 inside3 接口流出，执行 access-list o-d-i extended permit tcp host 192.168.4.2 3.3.3.0 255.255.255.0 命令。

在同一个接口且同一个方向上建立一个分组过滤器即可。

（3）配置 DMZ 接口进方向（？）上的扩展分组过滤器。

允许与公网用户终端发起访问 DMZ 区域 Web 服务器过程相关的 TCP 报文进入 DMZ 接口。执行 access-list o-m extended permit tcp 193.1.4.0 255.255.255.0 host 192.168.4.2 命令。

（4）在相应接口上应用扩展分组过滤器。

在接口上调用定义的分组过滤器，执行 access-group o-d-i out interface inside3、access-group o-m in interface outside5 命令。

（5）测试分组过滤器配置结果。
- 测试总部用户能否访问公网服务器。
- 测试总部用户能否访问公共服务器。
- 测试公网用户能否访问公共服务器（输入 NAT 后的地址为 193.1.1.1）。

8. 配置 SSL VPN

对于 Internet 中的终端公网用户 PC3，内网是不可见的，在 Internet 路由器的路由表中没有也不可能有指定通往内网的传输路径的路由项。内网中的终端可以发起访问 Internet 中公共服务器的请求，Internet 中的终端不能直接访问内网中的内部服务器。

有 3 种技术可以实现 Internet 中的终端发起访问内网资源的请求，这里只讨论 SSL VPN 网关技术。SSL VPN 网关技术有 3 种配置方法：瘦客户端 VPN、客户端 SSL VPN、无客户端 SSL VPN（Clientless SSL VPN）。尽管无客户端 SSL VPN 技术受限，但是可以在任何地方安全地访问公司内网资源，而无须安装特定的 VPN 客户端软件,远程用户只需通过 SSL VPN 基于浏览器访问 HTTPS 即可,该技术支持 ASA5505 防火墙访问内网服务器上的资源，具体操作过程如下。

（1）启动 SSL VPN。

执行 webvpn 命令，进入 webvpn 配置模式，执行 enable outside7 命令，启动 SSL VPN 网关，且指定 outside7 接口为访问 SSL VPN 网关的接口。

（2）定义注册用户。

执行 username aaaa password bbbb 命令，创建用户名为 aaaa、密码为 bbbb 的账户。

（3）配置书签管理器。

进入总部防火墙配置界面，单击"config"按钮，选择"bookmark manager（书签管理器）"选项，弹出书签管理器配置界面，在"bookmark title"文本框中输入"sslvpn"，在"URL"文本框中输入"http://2.2.2.4"，单击"添加"按钮，将书签和 URL 绑定在一起，在配置命令行中会自动执行这一操作。

（4）配置用户管理器。

选择"user manager"选项，弹出用户管理配置界面，将注册用户名 aaaa 和书签 sslvpn 绑定在一起，在"profile name"文本框中输入"bbbb"，在"group policy"文本框中输入"bbbb"，需要注意的是，不同的注册用户需要对应不同的描述文件名和组策略，单击"set"按钮。

（5）验证 SSL VPN 配置结果。

打开公网用户 PC3 终端上的浏览器，输入"https://193.1.2.1"（地址为 SSL VPN 网关 outside 接口的 IP 地址），弹出登录界面，输入用户名"aaaa"、密码"bbbb"，若成功登录则表明 SSL 是采用 HTTPS 安全协议的。在弹出的界面中，单击 aaaa 用户在注册用户授权访问时的书签 sslvpn 链接，书签 sslvpn 链接的资源是 http://2.2.2.4 的资源，即总部内网中的 Web 服务器，在单击之后会弹出内部服务器的主界面，如图 4-49 所示。

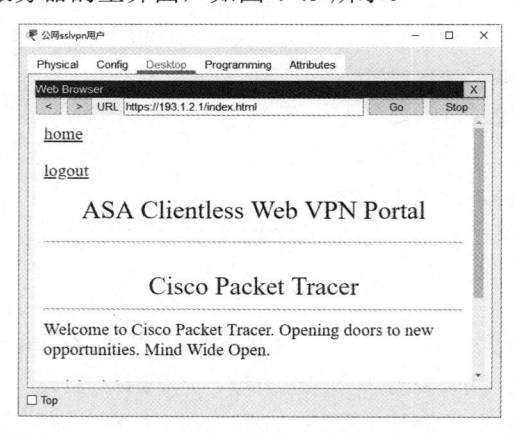

图 4-49　验证 SSL VPN 配置结果

9. 配置 IPSec VPN

先在总部防火墙上完成 IPSec VPN 的配置，再在分部防火墙上完成 IPSec VPN 的配置，最后验证配置结果，具体步骤如下。

（1）配置 IKEv1 策略（建立安全传输通道）。

```
crypto ikev1 policy 1            //进入 IKEv1 配置模式
encryption aes                   //加密算法
hash md5                         //完整性校验
authentication pre-share         //认证方式
group 2                          //DH 密钥交换算法同步密钥使用的标识符
```

```
lifetime 86400                              //密钥交换时间间隔
exit                                        //返回上一级命令
crypto ikev1 enable outside6                //在接口上启动 IKEv1
```

（2）配置加密映射（建立 IPSec 安全关联-加密数据）。

```
access-list 1-2 extended permit icmp 2.2.2.0 255.255.255.0 192.168.5.0
255.255.255.0                               //定义需要加密的数据流量
crypto IPSec ikev1 transform-set 12 esp-aes esp-sha-hmac
//定义变换集：安全协议，加密算法，鉴别算法
crypto map 1-2 1 match address 1-2
//在名为 1-2 的扩展分组过滤器正常转发 IP 分组时，指定经过该 IPSec 安全关联传输的 IP 分组
crypto map 1-2 1 set peer 193.1.6.2         //指定 IPSec 安全关联另一端的 IP 地址
crypto map 1-2 1 set security-association lifetime seconds 86400
//指定 IPSec 安全关联的存活时间
crypto map 1-2 1 set ikev1 transform-set 12     //建立转换集
crypto map 1-2 interface outside6
//将名为 1-2 的加密映射作用到名为 outside6 的接口上
```

（3）配置隧道。

```
tunnel-group 193.1.6.2 type IPSec-l2l
//指定另一端的 IP 地址标识隧道，隧道的类型是点对点类型
tunnel-group 193.1.6.2 IPSec-attributes    //进入隧道安全属性配置模式
ikev1 pre-shared-key 1234                   //指定双方预共享密钥来鉴别对方身份
```

（4）配置分部防火墙 IPSec VPN。

操作方法与总部防火墙上 IPSec VPN 配置方法相同，但在定义感兴趣数据流时源 IP 地址和目的 IP 地址正好相反。

（5）验证配置结果。

由于防火墙策略默认会阻挡 ping 包，因此无法触发 VPN 隧道流量，此处还需配置分组过滤器放行 ping 包。在总部防火墙上执行如下命令。

```
access-list vpn extended permit icmp 192.168.5.0 255.255.255.0 2.2.2.0
255.255.255.0
```

调用扩展分组过滤器到接口上，执行如下命令。

```
access-group vpn out interface inside2
```

在分部防火墙上也要完成类似的配置，该部分由学生自行完成。在 PC1 上 ping 分部用户 PC4 的 IP 地址。在 ping 通之后，在防火墙上分别执行 show crypto isakmp sa 和 show cryto IPSec sa 命令，查看已建立的 IPSec 安全关联和通信数据的加密和解密情况，如图 4-50 所示。可以发现已建立 IPSec 安全关联，并且通信数据能够正常加密和解密。

任务评价

1. 考查项

任务实施文档、PPT 报告及现场表达。

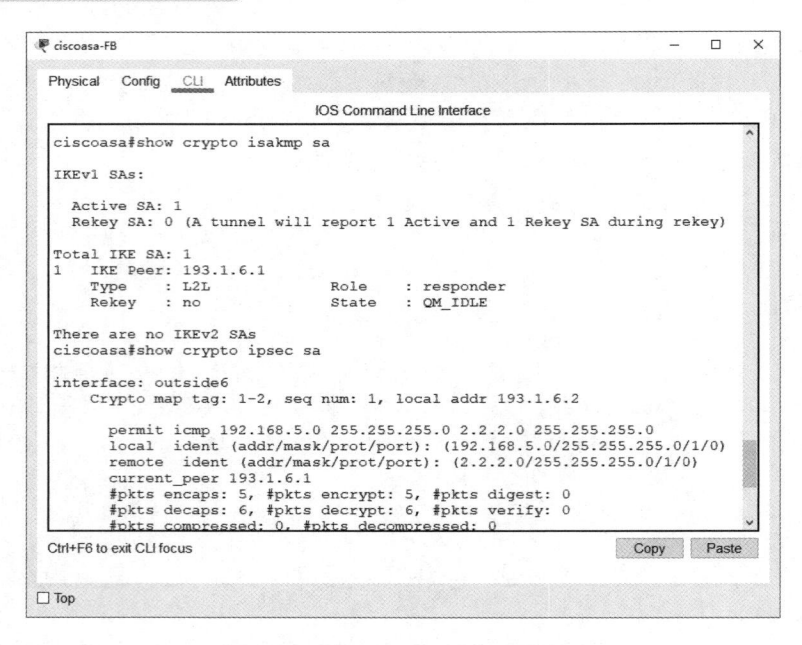

```
ciscoasa# show crypto isakmp sa
IKEv1 SAs:

  Active SA: 1
    Rekey SA: 0 (A tunnel will report 1 Active and 1 Rekey SA during rekey)
Total IKE SA: 1
1   IKE Peer: 193.1.6.1
    Type    : L2L             Role    : responder
    Rekey   : no              State   : QM_IDLE

There are no IKEv2 SAs
ciscoasa# show crypto ipsec sa

interface: outside6
    Crypto map tag: 1-2, seq num: 1, local addr 193.1.6.2

      permit icmp 192.168.5.0 255.255.255.0 2.2.2.0 255.255.255.0
      local  ident (addr/mask/prot/port): (192.168.5.0/255.255.255.0/1/0)
      remote ident (addr/mask/prot/port): (2.2.2.0/255.255.255.0/1/0)
      current_peer 193.1.6.1
      #pkts encaps: 5, #pkts encrypt: 5, #pkts digest: 0
      #pkts decaps: 6, #pkts decrypt: 6, #pkts verify: 0
      #pkts compressed: 0, #pkts decompressed: 0
```

图 4-50　验证 IPSec VPN 配置结果

2．评价标准

（1）能实现基础网络的连通性。

（2）能完成 IPSec VPN 和 SSL VPN 的配置并进行结果验证。

（3）任务实施文档和 PPT 制作精良，内容紧扣主题，表述恰当正确，逻辑分析合理，整体风格统一，图文并茂。

（4）小组分工明确，现场表述清晰、分析全面、理由充分、语言流畅、情绪饱满。观点能够联系国家、社会或个人，引发思考或情感共鸣。

直通职场：携手构建网络空间命运共同体

互联网是这个时代最具发展活力的领域之一，其快速发展给人类生产生活带来深刻变化，也给人类社会带来一系列新机遇和新挑战，面临的不确定性越来越多。互联网领域发展不平衡、规则不健全、秩序不稳定等问题日益凸显，网络霸权主义对世界和平与发展构成新的威胁。对于滥用信息技术、网络窃密、制造网络空间的分裂与对抗等，这些互联网领域的"全球公害"，必须要既治标又治本。与此同时，网络空间安全面临的形势越来越复杂，网络空间治理需要更加公平、合理、有效的解决方案。面对全球性威胁，唯有进行全球性应对，才能取得胜利。

微课：携手构建网络空间命运共同体

我们应当积极推进全球信息基础设施建设，推动互联网普及应用，努力提升全球数字互联互通水平；持续深化全球电子商务发展合作，助推全球数字产业化和产业数字化进程；深化网络安全应急响应国际合作，与国际社会携手提高数据安全和个人信息保护合作水平，共同打击网络犯罪和网络恐怖主义。互联网发展是无国界、无边界的，利用好、发展好、治理好互联网必须深化网络空间国际合作，携手构建网络空间命运共同体。

➡ 行业观察：软件定义安全在 IT 中的应用

工业和信息化部（简称工信部）在 2021 年 11 月 30 日发布了《"十四五"软件和信息技术服务业发展规划》，"软件定义"、"工业互联网"、"工业软件"和"存储"占据了不少篇幅。规划提出"'软件定义'赋能实体经济新变革"，并明确指出"'软件定义'是新一轮科技革命和产业变革的新特征和新标志，已成为驱动未来发展的重要力量。软件定义扩展了产品的功能，变革了产品的价值创造模式，催生了平台化设计、个性化定制、网络化协同、智能化生产、服务化延伸、数字化管理等新型制造模式，推动了平台经济、共享经济蓬勃兴起。软件定义赋予了企业新型能力，航空航天、汽车、重大装备、钢铁、石化等行业企业纷纷加快软件化转型，软件能力已成为工业企业的核心竞争力。软件定义赋予基础设施新的能力和灵活性，成为生产方式升级、生产关系变革、新兴产业发展的重要引擎"。

软件定义安全原理是指将物理及虚拟的网络安全设备与其接入模式、部署方式、实现功能进行解耦，底层抽象为安全资源池里的资源，顶层统一通过软件编程的方式进行智能化、自动化的业务编排和管理，以完成相应的安全功能，从而实现一种灵活的安全防护。

软件定义安全主要涉及以下关键技术。

（1）SDN（软件定义网络）：将控制面和数据面分离，以实现集中控制和自动化，并创建可编程网络。

（2）NFV（网络功能虚拟化）：将网络安全设备硬件替换为虚拟机。

（3）计算虚拟化：将一台物理机虚拟化为多个虚拟机，提供资源高利用率和高可用性。

（4）服务编排和服务链：实现多个设备的串接，形成服务链。

国内先进的安全厂商积极吸收新兴的云计算、NFV、SDN 技术，根据各自擅长领域勇于实践创新，陆续推出适应不同场景的方案，在等级保护建设中主要有等保一体机、云安全资源池、云防护服务这 3 类。

项目 5

网络工程项目组织与实施

项目介绍

重庆南华网络系统集成公司现有员工 62 人,公司下设销售部、软件开发部、系统网络部等部门。经过近半年的筹备,在 2022 年 1 月,该公司销售部与某银行签订了一个银行前置机软件系统的项目。合同规定,2022 年 6 月 28 日之前系统必须投入试运行。在合同签订之后,销售部将此合同移交给了软件开发部,立即进行项目的实施。项目经理小丁做过 5 年的系统分析和设计工作,这是他第一次担任项目经理,同时负责系统分析工作,此外项目组还有两名有 1 年工作经验的程序员、1 名测试人员、两名负责组网和布线的系统工程师。项目组的成员均全程参加项目。在承担项目之后,小丁组织大家分析了项目的工作分解结构,并依照以往的经验制订了项目进度计划,如表 5-1 所示。

微课:网络工程项目实施

表 5-1 项目进度计划

项目子系统	时 间 范 围	主要阶段性成果
应用子系统	2022 年 1 月 5 日—2022 年 2 月 5 日	需求分析
	2022 年 2 月 6 日—2022 年 3 月 26 日	系统设计和软件设计
	2022 年 3 月 27 日—2022 年 5 月 1 日	软件编码
	2022 年 5 月 11 日—2022 年 5 月 30 日	系统内部测试
综合布线	2022 年 2 月 20 日—2022 年 4 月 20 日	完成调研和布线
网络子系统	2022 年 4 月 21 日—2022 年 5 月 21 日	网络设备安装与调试
系统内部调试验收	2022 年 6 月 1 日—2022 年 6 月 20 日	试运行
	2022 年 6 月 28 日	系统验收

2022 年 2 月 17 日,系统设计刚刚开始,小丁由此推测在 2022 年 3 月 26 日很可能无法按时完成系统设计任务。

案例思考：产生上述问题的可能原因是什么？小丁如何才能保证项目整体进度不拖延？资源配置对项目进度会产生什么样的影响？

案例启示：若一个非关键活动存在一个较大的时间延迟，则其也许只对项目产生较小的影响或不产生影响；若关键活动存在较小延误，则需要马上采取措施纠正。因此，每当缩短项目工期时，应当首先考虑在关键活动上增加资源，以加快进度，缩短项目工期，从而在一定程度上节省项目投入成本。

学习目标

【知识目标】

- 掌握网络设备选型的方法与技巧。
- 了解网络工程实施的主要内容和步骤。
- 掌握网络工程设备配置的方法与途径。
- 掌握网络工程设备配置的主要内容。

【能力目标】

- 能够根据网络实际需求选择合适的传输介质和网络设备。
- 能够熟练操作典型项目管理工具进行资源规划管理。
- 能够使用多种登录方式管理网络设备。
- 能够配置和调试网络设备。

【素养目标】

- 培养团结协作的职业素养。
- 培养严谨细致的职业精神。
- 提高节约成本的意识。

学习提示

在网络设备选型的过程中，需要完成设备清单的制作和报价。这份清单几乎凝聚了所有网络设计思想，甲、乙双方的负责人和评审专家会仔细查看清单的每个细节，因此设计者必须认真对待。网络工程实施主要包括软硬件设施的采购，网络软硬件设施和测试系统的安装、配置、调试和培训等。设计者应该保证按系统设计要求，实现网络系统的连接，直至项目能正常运行，并负责网络技术的培训和维护。本项目要求掌握网络工程实施步骤和调试网络设备的方法，按照网络工程项目的实施流程设计了 3 个任务：选择网络设备、管理网络工程项目和调试网络工程设备。本项目的思维导图如图 5-1 所示。

网络系统集成（第 2 版）（微课版）

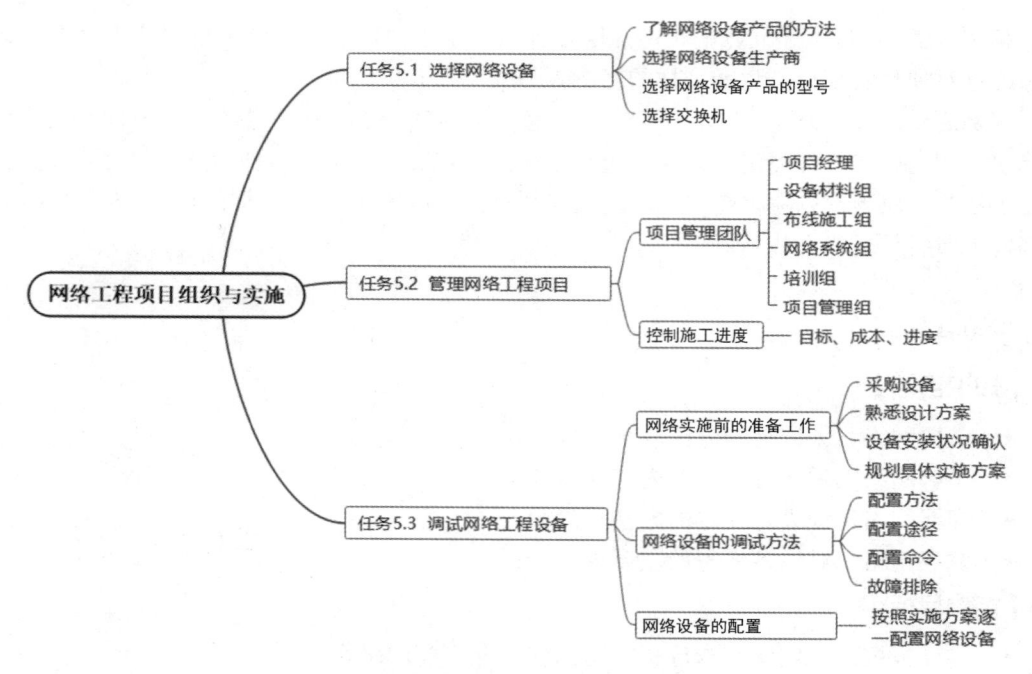

图 5-1　网络工程项目组织与实施思维导图

任务 5.1　选择网络设备

任务描述

假定 A 楼的 3、5、8 层分别有一个管理间，其中 3 层管理间负责连通 1、2、3 层用户，共有信息点 110 个，计划使用点数为 81；5 层配线间负责连通 4、5、6 层用户，共有信息点 132 个，计划使用点数为 104；8 层管理间负责连通 7、8、9、10 层用户，共有信息点 154 个，计划使用点数为 123。为满足使用信息点的要求，需要对各管理间进行具体配置。

知识准备

5.1.1　了解网络设备产品的方法

网络设计人员应当了解各种网络设备产品，熟悉产品的型号、性能、报价和应用，以便在网络工程设计中选择性价比较高的产品。目前，网络设备产品的生产商有很多，尽量多地了解这些产品及其生产商，对设计网络很有帮助。以下为获得生产商产品信息的常用方法。

1. 了解网络设备产品的功能

可通过生产商的网站或电话咨询产品销售人员来了解设备产品的功能。生产商为了宣传产品，一般都有自己的网站，通过网站可以比较全面地了解产品性能、技术参数及应用等。

这些网站介绍了生产商的网络产品线及产品应用的解决方案等，可用于学习或设计参考。建议经常查询生产商网站，以便了解最新资讯。

2. 了解网络设备产品的报价

生产商除非通过网站直销，否则一般不会在网站上提供产品价格。生产商通过产品代理、经销等方式销售产品，产品的准确报价需要咨询销售商的销售代表。一般产品的参考价格、性能参数可通过网站查询，如中关村在线、太平洋电脑等。但是，准确的性能参数和价格还要以生产商或销售商提供的信息为准。

5.1.2 选择网络设备生产商

为了更好地为用户选择网络设备产品生产商，网络设计人员应该熟悉各种网络设备的基本原理，了解最新网络技术，并能够将不同生产商的产品进行比较，不断丰富自己的产品知识。目前，市场上的网络设备产品种类繁多、厂家繁杂。国外知名的生产商有美国的思科、NETGEAR（网件）、Linksys，加拿大的 Nortel Networks（北电）等；国内知名的生产商有 TP-LINK（联普）、华为、H3C、锐捷、中兴（ZTE）、联想、神州数码等。各生产商的网络产品介绍，包括产品特性和应用等，都可以在生产商的网站中查询到。

选择设备生产商的关键因素是产品的性能、价格、服务，选择哪个生产商的产品很大程度上取决于网络设计人员的经验。如果网络设计人员熟悉多家生产商的网络设备产品，包括其功能、型号、端口配置、性能差异、主要应用、价格等，就很容易为用户的不同需求提供相应的建议。经验不足的网络设计人员则应多向有经验的设计者请教。

网络设计人员可以寻求生产商的帮助，包括了解技术支持和产品支持；还可以与多个生产商的销售代表沟通，描述对用户需求的分析和网络结构设计的想法，并寻求生产商的支持。对于大中型的网络工程项目，生产商通常会热情地给予帮助，并提供参考的设备型号、报价，网络设计人员可以借此查询生产商所提供的产品性能，并进行综合分析和比较，从中选择合适的产品。

一般来说，国际知名品牌生产商的产品，其质量、性能和服务等都比较好，但是价格相对较贵，如果资金宽裕，选择这类生产商为佳；如果资金投入不多，则可以选择国内知名品牌生产商。如果用户提出选择生产商的要求，则网络设计人员应尽量满足。

课堂讨论：国内主流数据通信产品生产商如华为、中兴、锐捷等各自具有哪些优势？请从产品质量、性能、服务、价格和应用领域进行比较。

5.1.3 选择网络设备产品的型号

产品型号是生产商标识某种产品分类的方式，用来区分不同的产品。型号的命名由生产商自己确定，不同生产商的产品型号没有统一的标准。但产品型号存在一定的规律，代表不同的类别、功能、特性等。比如，Cisco 3620 代表路由器，Catalyst 2950 代表交换机，Catalyst 2950 交换机用于接入层，Catalyst 6509 交换机用于核心层。

目前，最具代表性的是思科的产品型号，其他生产商的产品型号一般会参考思科的产品型号设定,这样便于用户识别和选择。要注意的是,不同生产商的相同型号的产品,性能可能不同。生产商经常会将一组功能相似、性能不同的产品称为某系列产品。比如,思科的 2800 系列路由器,包括 2810、2811、2812 等多款路由器,该系列设备的性能、价格等有很大区别,在选择某系列设备的具体型号时,应仔细查看产品的详细参数说明,并注明选择产品的具体型号。

由于网络设备产品的种类和型号繁多,并且每个型号产品的具体技术参数有很多,因此在这里不详细说明如何选择。接下来以交换机的选择为例,简单阐述网络设备产品选择的基本方法。

5.1.4 选择交换机

网络交换机是高性能网络设计中需要考虑最多的物理设备,不仅在于其重要地位,还在于其种类繁多、性能各异。高档的多层交换机具有网络管理和路由功能,可完成复杂的局域网寻址工作。低档的交换机类似独立端口、具有高速交换能力的集线器。

1. 交换机的种类

(1) 根据交换机使用的网络传输介质及传输速度分类,交换机的类型及特点如表 5-2 所示。

表 5-2 根据交换机使用的网络传输介质及传输速度分类

交换机类型	特　　点
以太网交换机	用于数据传输速率在 10Mbit/s 以下的以太网
快速以太网交换机	用于数据传输速率在 100Mbit/s 以下的快速以太网,传输介质可以是双绞线或光纤
千兆以太网交换机	用于数据传输速率可达到 1000Mbit/s 的以太网,传输介质可以是光纤或双绞线
10 千兆以太网交换机	用于骨干区域,传输介质为光纤
ATM 交换机	用于 ATM 网络的交换机
FDDI 交换机	数据传输速率可达到 100Mbit/s,接口形式为光纤接口

(2) 根据交换机应用的网络层次分类,可以将网络交换机划分为企业级交换机、校园网交换机、部门级交换机、工作组交换机和桌面型交换机,如表 5-3 所示。

表 5-3 根据交换机应用的网络层次分类

交换机类型	特　　点
企业级交换机	采用模块化结构,可作为企业网络骨干构建高速局域网
校园网交换机	主要应用于较大型网络,且一般作为网络的骨干交换机
部门级交换机	面向部门级网络,采用固定配置或模块配置
工作组交换机	一般为固定配置
桌面型交换机	低档交换机,只具备最基本的交换机特性,价格低

(3) 根据 OSI 的分层结构分类,可以将交换机分为二层交换机、三层交换机、四层交换机等,如表 5-4 所示。

表 5-4 根据 OSI 的分层结构分类

交换机类型	特　点
二层交换机	工作在 OSI 参考模型的第二层（数据链路层）上，主要功能包括物理寻址、错误校验、帧序列和流量控制，是最便宜的方案。它在划分子网和广播限制等方面提供的控制最少
三层交换机	工作在 OSI 参考模型的网络层上，具有路由功能。它将 IP 地址信息提供给网络路径选择，并实现不同网段间数据的线速交换。在大中型网络中，三层交换机已经成为基本配置
四层交换机	工作在 OSI 参考模型的第四层（传输层）上，直接面对具体应用。由于这种交换技术目前尚未真正成熟且价格昂贵，因此四层交换机在实际应用中较为少见

2．交换机的重要性能指标

1）端口类型

根据传输介质的不同，交换机的端口主要分为电缆端口和光纤端口两类，端口速率可以达到 100Mbit/s 以上。百兆端口一般用于连接工作站，千兆端口用于交换机之间的级联。下面介绍光纤端口的主要性能指标。

（1）光纤端口：SC 端口是一种光纤端口，可提供千兆位的数据传输速率，通常用于连接服务器的光纤端口。这种端口以"100 b FX"标注，常见光纤连接器如图 5-2 所示。交换机的光纤端口有两个，一般是一发一收，光纤跳线也必须有两根，否则端口间无法进行通信。

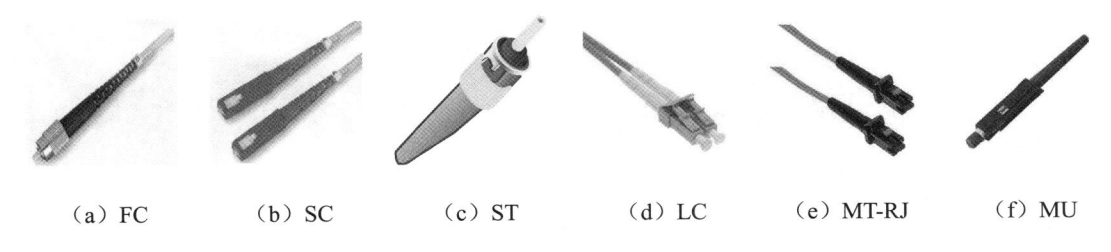

（a）FC　　（b）SC　　（c）ST　　（d）LC　　（e）MT-RJ　　（f）MU

图 5-2 常见光纤连接器

（2）GBIC 模块：交换机端口上的 GBIC 插槽用于安装吉比特端口转换器（Giga Bit-rate Interface Converter，GBIC）。GBIC 模块是将千兆位电信号转换为光信号的热插拔器件，分为用于级联的 GBIC 模块和堆叠的 GBIC 模块，如图 5-3 所示。用于级联的 GBIC 模块又分为适用于多模光纤和适用于单模光纤两类。

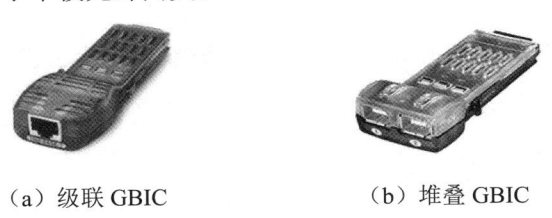

（a）级联 GBIC　　　　（b）堆叠 GBIC

图 5-3 GBIC 模块

（3）SFP 模块：小型机架可插拔设备（Small Form-factor Pluggable，SFP）是 GBIC 的升级版本，如图 5-4 所示，其功能基本和 GBIC 一致，但体积减小一半，可以在相同的面板上配置更多的端口。

(a) 1000BASE-T SFP 　　　(b) 1000BASE-SX LC SFP

图 5-4　SFP 模块

2）MAC 地址表

交换机可以识别网络节点的 MAC 地址，并把它放到 MAC 地址表中，MAC 地址表存放在交换机的缓存中。当需要向目的地址发送数据时，交换机会先在 MAC 地址表中查找对应 MAC 地址的节点位置，然后直接向这个位置的节点转发。不同档次的交换机端口所能支持的 MAC 地址数量不同。在交换机的每个端口上都需要有足够的内存来记忆这些 MAC 地址，所以缓存容量的大小决定了交换机所能记忆的 MAC 地址数量。

3）包转发速率

包转发速率也称端口吞吐率，指交换机进行数据包转发的能力，单位为 pps。包转发速率是以单位时间内发送 64B 数据包的个数作为计算标准的。对千兆交换机来说，计算方法如下：

$$10^6 \times 1000 \div 8 \div (64+8+12)=1488095 \text{pps}$$

当以太网帧为 64B 时，需要考虑 8B 的帧头和 12B 的帧间开销。因此，包转发速率的计算方法如下：

包转发速率=千兆端口数量×1.488Mpps+百兆端口数量×0.1488Mpps+其余端口数量×相应的计算方法

4）背板带宽

交换机的背板带宽是指交换机端口处理器和数据总线之间单位时间内所能传输的最大数据量。它标志着交换机总的交换能力，单位为 Gbit/s，一般交换机的背板带宽从几兆位/秒到上百兆位/秒不等。交换机所有端口能提供的总带宽计算方法如下：

$$总带宽=端口数\times端口速率\times 2（全双工模式）$$

如果总带宽小于标称背板带宽，那么可认为背板带宽是线速的。

3. 交换机产品的选择

在网络设计方案中需要明确选用的设备产品型号及报价。选择适合工程项目的产品并不难，但是在众多的生产商、产品型号、性能参数中挑选出最佳产品却不是一件简单的事。选择产品的基本方法是"经验+生产商推荐"，即通过工程经验选择产品，如果经验不足，则需要咨询产品生产商的技术支持人员或销售代表，他们更了解自己的产品。

由于需求不同，对交换机产品的要求也有很大的差异，基本上要满足功能和价位需求，主要考虑以下几个方面。

（1）功能需求。

功能需求包括端口数量、端口带宽、背板带宽及可网管、划分 VLAN、堆叠等。

（2）扩展能力和先进性。

扩展能力和先进性体现在可增加的用户数量、核心交换机的可扩展能力、IPv6 的支持等方面。因为网络产品的更新换代很快，很少会有三五年不淘汰的产品，所以对扩展功能和先进性不必要求过高，以避免浪费投资成本。但仍要满足未来 3 年的需求。

（3）价位。

如果能满足功能需求的产品很多，那么合理的价位将是网络产品的主要竞争力。设计者首先应该考虑用户的接受能力，如投资预算、经济状况等；其次要考虑该价位的产品是否具有竞争力，即性价比是否较高。

（4）品牌。

设计者应尽量选择服务好、质量可靠的品牌产品，并选择同一生产商的产品。这样便于将来对网络的统一管理和维护，也能减少不同生产商设备的兼容性问题带来的麻烦。

知识考核

1．一台交换机具有 24 个 10/100Mbit/s 全双工端口和两个 1000Mbit/s 全双工端口，如果所有端口都工作在全双工状态下，那么该交换机的总带宽应为（　　）。

　　A．4.4Gbit/s　　　　B．6.4Gbit/s　　　　C．6.8Gbit/s　　　　D．8.8Gbit/s

2．一台交换机具有 16 个 100/1000Mbit/s 全双工下联端口，它的上联端口带宽至少应为（　　）。

　　A．0.8Gbit/s　　　　B．1.6Gbit/s　　　　C．2.4Gbit/s　　　　D．3.2Gbit/s

3．一台交换机的总带宽为 10.4Gbit/s，具有 4 个千兆的全双工端口，则其百兆的半双工端口数量最多为（　　）个。

　　A．48　　　　　　　B．24　　　　　　　C．16　　　　　　　D．8

4．下列有关网络设备选型的原则中，不正确的是（　　）。

　　A．所有网络设备都应尽可能选取同一生产商的产品，这样在设备可互联性、协议互操作性、技术支持、价格等方面都更有优势

　　B．在网络的层次结构中，主干设备选择可以不考虑扩展性需求

　　C．尽可能保留并延长用户原有网络设备的投资，减少在投资成本上的浪费

　　D．选择性价比高、质量过硬的产品，使资金的产出达到最大值

5．在采购设备时需遵循一些原则，最后参考的原则是（　　）。

　　A．尽可能选取同一生产商的产品，保持设备互联性、协议互操作性、技术支持等优势

　　B．尽可能保留原有网络设备的投资，减少资金的浪费

　　C．强调先进性，选用技术最先进、性能最高的设备

D. 选择性价比高、质量过硬的产品，使资金的产出达到最大值

任务实施

本任务的主要实施步骤如下。
（1）使用 Visio 2016 绘图软件绘制楼层配线间布线图。
（2）根据楼层信息点数，大致确定每个楼层所需交换机的数量和模块数。
（3）对比主流生产商的数通产品，根据性价比优先原则，确定交换机品牌。

任务评价

1. 考查项
PPT、现场展示。

2. 评价标准
（1）楼层配线间布线图布局美观、合理、要素齐全。
（2）PPT 制作精良，内容紧扣主题，表述恰当正确，设备选型理由充分。
（3）现场表述逻辑清晰、语言流畅、情绪饱满、感染力强。
（4）能与国家、社会关联，表达个人观点。

任务 5.2　管理网络工程项目

任务描述

根据网络系统集成项目的主要工作步骤，分析工程实施计划中主要步骤所需的时间和资源，利用 Microsoft Project 输出该项目的网络施工横道图。

知识准备

5.2.1　项目管理团队

1. 项目经理

项目经理负责全面的组织协调工作，包括总体实施计划、各分项的实施计划的编写工作，工程实施前的专项调研工作，工程质量、工程进度的监督检查工作，用户培训计划的实施工作，项目组内各工程小组之间的配合协调，设备订货和到货验收的组织工作，与用户的各种交流活动，阶段验收和总体项目的验收组织工作等。

2. 设备材料组

设备材料组负责设备、材料的订购、运输和到货验收等工作。

3．布线施工组

布线施工组负责的工作包括编写分项工程的详细实施计划，网络综合布线的实施，分项工程的施工质量监督、进度控制，布线测试，提交阶段总结报告等。

4．网络系统组

网络系统组负责的工作包括网络设备的验收与安装调试，编制分项工程的详细实施计划，施工质量监督、进度控制，提交阶段总结报告等。此外，网络系统组还需负责安装调试操作系统、网管系统、计费系统、远程访问和网络应用软件系统，测试网络系统的单项和整体性能。

5．培训组

培训组负责的工作包括编写详细的培训计划，培训教材的编写或订购，培训计划的实施，培训效果反馈意见的收集、分析、整理、解决和提交培训总结报告等。

6．项目管理组

项目管理组负责的工作包括管理分项工程的数据库，全部文档的整理入库工作，编写整个项目的质量、进度统计报表和分析报告，项目中所用材料、设备的订购管理，协助项目经理完成协调组织工作和其他工作。

对于不同投资规模的系统集成项目，上述项目团队的人员构成不同。

5.2.2 控制施工进度

计算机网络工程施工主要包括布线施工、设备安装调试、Internet 接入、建立网络服务等内容。它要求配备有高素质的施工管理人员、施工计划、施工和装修的安排协调、施工中的规范要求、施工测试验收规范要求等。施工现场指挥人员必须要有较高的素质，其临场决断能力往往取决于对设计的理解及对布线技术规范的掌握。

在安装网络设备之前，需要准备一个工程实施计划，对施工进度进行控制和协调，以便控制投资成本，按进度要求完成安装任务。对工程项目要科学地进行计划、安排、管理和控制，以使项目按时完工。表 5-5 所示为一个典型的工程实施计划。

表 5-5 一个典型的工程实施计划

完 成 日 期	主要阶段性成果
××年×月×日	设计完成，将设计文档的 Beta 版分发给主管领导、部门经理、网络管理员和最终用户
××年×月×日	讨论设计文档
××年×月×日	分发最终设计文档
××年×月×日	广域网服务供应商在所有建筑物之间完成专用线的安装
××年×月×日	培训新系统的网络管理员
××年×月×日	培训新系统的最终用户
××年×月×日	完成建筑物 1 中的试验系统

续表

完 成 日 期	主要阶段性成果
××年×月×日	从网络管理员和最终用户那里收集试验系统反馈信息
××年×月×日	完成建筑物2、3、4、5的网络实施
××年×月×日	从网络管理员和最终用户那里收集建筑物2、3、4、5的网络系统反馈信息
××年×月×日	完成其余建筑物内的网络实施
××年×月×日	监控新系统,判断其是否满足目标

一般来说,目标、成本、进度是互相制约的,它们之间的关系如图5-5所示。其中,目标可以分为任务范围和质量两个方面。项目管理的目的是谋求(任务)多、(进度)快、(质量)好、(成本)省的有机统一。

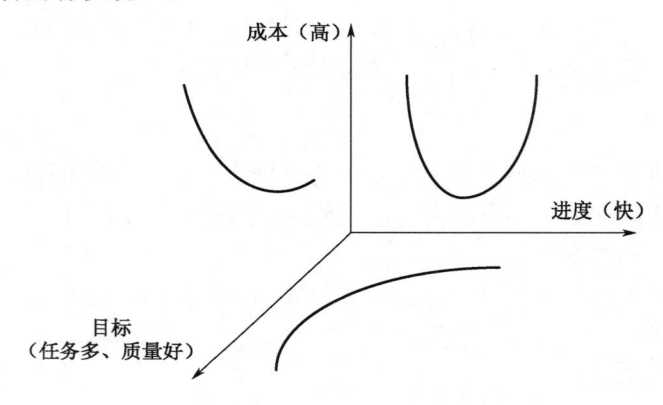

图 5-5　目标、成本、进度三者之间的关系

对于一个确定的合同项目,其任务的范围通常是确定的,此时项目管理就演变为在一定的任务范围下如何处理好质量、进度和成本之间关系的问题。

课堂讨论:在项目管理的过程中如何平衡好质量、进度和成本?

质量管理的关键是严格按照国家或国际标准进行施工。计算机网络工程施工应该有按ISO 9000或软件工程能力成熟度模型(CMM)等标准和规范建立的完备的质量保证体系,并能有效地实施。网络工程施工方应该具有较强的综合实力,有先进、完整的软件及系统开发环境和设备;具有较强的技术开发能力;具有完备的客户服务体系,并设立专门的机构;有对员工进行系统的新知识、新技术培训的计划,并能有效地组织实施。

知识考核

1. 网络建设项目的总成本为网络系统集成成本、网络运行管理和(　　)。
　　A．技术　　　　　　　　　　　　B．环境
　　C．维护成本　　　　　　　　　　D．人员熟练程度

2. （　　）不是项目管理的目的。
    A．任务少　　　　　　　　　　B．进度快
    C．质量好　　　　　　　　　　D．成本低
3. （　　）是在一定的进度和费用的约束下，为实现既定的建网任务并达到一定质量要求所进行的一次性任务。
    A．项目成本管理　　　　　　　B．网络项目管理
    C．项目质量管理　　　　　　　D．项目集成管理
4. 下列选项中不属于网络项目管理内容的是（　　）。
    A．项目沟通管理　　　　　　　B．项目风险管理
    C．项目采购管理　　　　　　　D．项目维护管理
5. 下列关于网络项目管理的说法中不正确的是（　　）。
    A．项目范围管理是指为实现网络项目的目标，对网络项目的工作内容进行控制的管理过程
    B．项目时间管理是指为了确保网络项目最终按时完成的一系列管理过程
    C．项目成本管理包括网络资源的配置、系统集成费用预算及费用控制等工作
    D．项目质量管理包括网络系统集成质量规划、系统集成质量控制、团队组建、人员选聘等
6. 下列说法错误的是（　　）。
    A．当进度要求不变时，质量要求越高，成本越高
    B．当不考虑成本时，质量要求越高，进度越快
    C．当质量和任务的要求不变时，进度过快会导致成本增加
    D．当质量和任务的要求不变时，进度过慢会导致成本增加
7. 下列选项中不属于网络项目管理要素的是（　　）。
    A．目标　　　　B．成本　　　　C．项目经理　　　　D．进度

任务实施

本任务的主要实施步骤如下。
（1）创建一个工程项目文件。
（2）检查工作时间设置（周末设置成工作时间）。
（3）输入项目信息（任务名称、工期、开始时间、完成时间和前置任务）。
（4）检查逻辑关系。
（5）图表格式设置。
（6）打印输出网络横道图。

任务评价

1. 考查项

网络横道图。

扫一扫

微课：Microsoft Project 的基本使用

2. 评价标准

（1）横道图布局美观、合理、要素齐全。
（2）能够清晰地反映工作的进度。
（3）能够清楚地查到每项工作的起止时间。

任务 5.3　调试网络工程设备

任务描述

本任务采用图 5-6 所示的网络拓扑结构，在 AS-SW、CO-SW、RA、RB 和 PC 上已经做了预配。假定你是一名网络管理员，请排除网络中的故障问题，实现 PC1 能 ping 通 Server 的功能。具体要求是：排除所有网络故障，保留原有配置，只修改或添加相关配置命令。

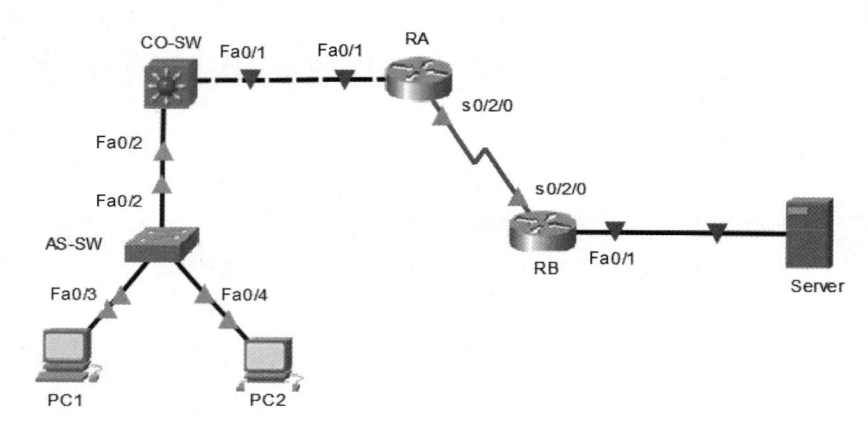

图 5-6　网络故障排除网络拓扑结构

知识准备

5.3.1　网络实施前的准备工作

在实施网络之前，做好充分的准备工作和实施规划，逐步进行安装调试。

1. 采购设备

认真阅读签订的合同，确认付款方式、订货方式和供货时间。在合同签订后，甲方（用户方）通常会预付给乙方（供货方）30%的首付款。确认收到首付款之后，乙方应立即订购合同约定的货物，避免因供货问题影响工程进度。订货后，乙方需要确定生产商设备的到货日期。在订货过程中，如果遇到设备缺货或停产等情况，应及时与用户沟通，商议延期或变更设备方案，并确定合同的补充协议。

某大厦网络系统设备清单如表 5-6 所示。

表 5-6　某大厦网络系统设备清单

设备种类	序号	设备名称及型号	规格描述	单位	产量	产地	备注
核心交换机	1	WS-6509	Catalyst 6509 chassis 主机	台	1	Cisco/USA	
	2	WS-CAC-1300W	Catalyst 6000 1300W AC Power Supply 电源	个	2	Cisco/USA	
	3	Supervisor Engine 1A-PFC/MSF2	15Mpps, 32Gbit/s, Centralized Layer 2-4 forwarding, Enhanced security and QoS 主板	个	2	Cisco/USA	
	4	WS-X6516-GE-TX	16 口 10/100/1000, RJ45, 100m, Category 5 cable 5 类双绞线端口插板	个	1	Cisco/USA	
	5	WS-X6416-GBIC	Catalyst 6000 16 口 Gig-Ethernet SFP mod 光纤模块插板	个	1	Cisco/USA	
	6	WS-G5484	1000BASE-SX Short Wavelength GBIC（Multimode only）光纤模块	个	15	Cisco/USA	
	7	ST-SC	光纤跳线，10m	对	15	中国台湾	增加
楼层交换机	1	Cisco Catalyst 2960-48TC-L	48 个以太网 10/100Mbit/s 端口,两个用上行端口（一个 10/100/1000Mbit/s 和一个 SFP 插槽）	台	15	Cisco/USA	
	2	WS-G5484	1000BASE-SX Short Wavelength GBIC（Multimode only）光纤模块	个	15	Cisco/USA	
	3	ST-SC	光纤跳线，2m	对	15	中国台湾	增加
防火墙	1	PIX 525	PIX Firewall 525 chassis，两个 10/100Mbit/s 以太网端口	台	1	Cisco/USA	
	2	PIX-1FE	1 个 10/100Mbit/s 以太网端口，RJ45	台	1	Cisco/USA	
	3	PIX-CONN-UR	PIX 无限制许可	台	1	Cisco/USA	
	4	软件	PIX 软件包	套	1	Cisco/USA	

达到一定规模的公司通常设有商务部,这时可直接将订货单交给商务部人员,并由他们负责订货。有些公司由主管经理或者项目经理负责订货,极少数情况下由网络工程师直接订货。无论是哪一种情况,网络工程师都应该了解订货情况。

2．熟悉设计方案

仔细阅读网络设计方案,根据网络拓扑结构,充分了解设备清单中的每个设备和模块,以及配置网络需要使用的网络技术。如有不清楚的地方,应及时查阅相关资料,并与网络工程师沟通,弄清楚用户的需求和设计方案的思路。

某大厦网络拓扑结构如图 5-7 所示。

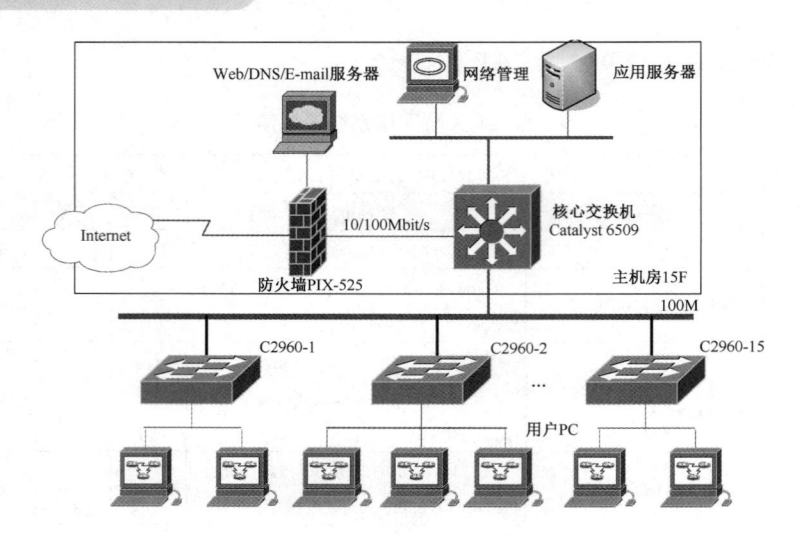

图 5-7　某大厦网络拓扑结构

网络设计的简单描述：核心交换机位于 15 层的机房设备间，通过千兆以太网光纤模块连接到其他楼层交换机（C2960）；防火墙（PIX-525）安装 3 块网卡，一个连接内网，一个连接外网，另一个用于连接 DMZ 的 Web 服务器；应用服务器及网络管理 PC 通过以太网端口连接到核心交换机；用户 PC 通过以太网端口连接到楼层交换机；使用快速以太网和千兆以太网连接技术连接网络设备和用户；在所有交换机上都需要使用 VLAN 技术来隔离大厦中不同用户单位的网络；在核心交换机上使用三层交换机技术实现不同 VLAN 用户间的通信，并通过防火墙配置 NAT 技术实现 Internet 的共享访问；在核心交换机上配置 ACL，隔离不同用户之间的访问，但不能影响用户对 Internet 的访问。

3．设备软硬件检测

设备到货之后，乙方应及时将其运送到甲方的工作场地，由甲方签收并统一保管。公司技术人员应在甲方认可的情况下开箱检查和测试设备。如果甲方允许，设备的开箱测试工作也可在送货前进行。在测试时，如果发现设备故障，则应及时与乙方和生产商联系更换。设备测试的基本步骤如下。

（1）外观检查。

检查设备的外观，确认有无破损。

（2）加电检查。

接通电源，检查每台设备的开机状态，确认能否正常开机。

（3）检查插板和模块。

在断电情况下安装设备的端口模块，依次开机检查，确认插板、端口模块等工作是否正常。例如，检查插板和模块，交换机 Catalyst 6509 有 9 个插板插槽，购买了两块引擎主板，一块是 16 端口光纤模块插板，另一块是 16 端口 10/100/1000Mbit/s RJ45 双绞线连接插板。先将两块插板安装到主机的插板插槽内，然后加电测试。

（4）设备操作系统版本检查。

分别连接每台设备的 Console 端口，通过终端方式查看启动过程、模块和端口情况，并检查设备的 OS 版本号。新购置的设备的 OS 版本号通常较新，如果版本较低，则需要进行升级。

4. 记录设备序列号并粘贴标签

在测试设备时，需要记录设备的出厂序列号（S/N），并按照实施方案粘贴标签，在标签中标注设备编号和管理 IP 地址。这样不仅在安装时容易区分，在安装后也易于管理和维护。

5. 确认设备安装环境

虽然在设计网络时已经分析了网络布线系统，但是在实施之前还需要进一步考察用户的布线施工现场，结合网络布线系统图，确认设备间的位置、环境，以及网络设备的安装位置和连接跳线的长度和数量。

在某大厦的布线系统中，48 层大楼共设置了 15 个配线间，网络主机房设置在 15 层。以 15 层和 18 层配线间为例，其网络布线连接如图 5-8 所示。18 层配线间位于弱电井中，安装了一台 48 口的交换机，通过布线系统连接到 15 层的配线间。其中，机房的核心交换机与光纤配线架之间的距离约为 8m，可使用 10m 的光纤跳线；楼层配线间的交换机与光纤配线架之间的距离为 1m，可以使用 2m 的光纤跳线。经与用户确认，楼层交换机与模块式配线架之间的 UTP 跳线由布线施工单位负责制作或购买，而光纤跳线则需要网络系统集成公司在购买网络设备时一起购买，所以需要在网络设备清单中增加订购光纤跳线的任务。一条光纤跳线称为 1 对，由两根光纤组成，最好订购两对备用。

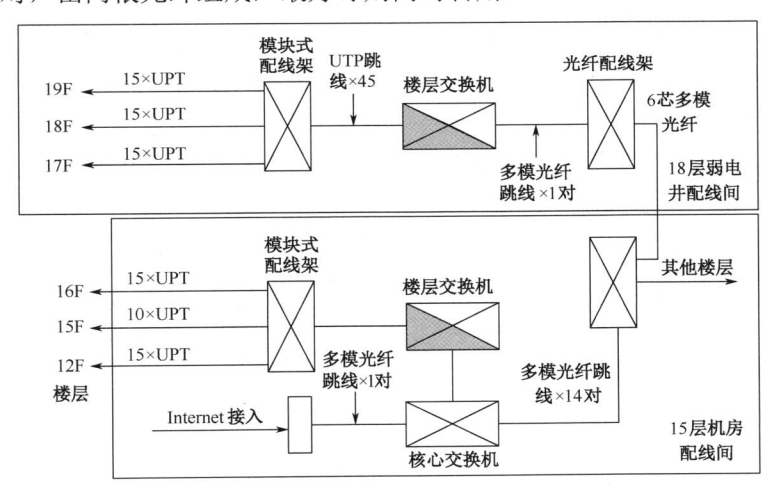

图 5-8 某大厦楼层配线间网络布线图

6. 规划具体实施方案

在设计方案中已经规划了总体的实施方案，包括项目小组成员及任务分工、施工规划、施工进度表、IP 地址规划表、路由协议选择、工程测试等。但是，设计方案中的规划通常对某些具体内容描述得不够细致。因此，在施工前还应参照设计方案中的实施规划，进一步列出每个阶段具体需要完成的工作细节。

5.3.2 网络设备的调试方法

在订货期间,如果对设备的配置和调试方法不熟悉,则应仔细查阅设备生产商的相关技术资料。设备到货之后,应仔细查看设备生产商的安装配置指南,熟悉设备的配置方法和配置命令等。

1. 网络设备的配置方法与途径

非网管交换机没有内置操作系统,因此不需要配置,可以直接使用。而网管交换机或路由器内置了专用的操作系统,因此需要进行配置,并设置必要参数,从而充分运用网络技术实现其强大的网络功能。

(1) 配置方法。

尽管不同生产商或不同型号的产品可能会采用不同的配置方法或命令,但它们总有一些共同之处,包括交换机在内的网络设备,其常见的配置方法有开机对话方式配置、基于 Web 的配置、网络管理软件配置和命令行方式配置等。产品可能会全部支持或部分支持这些配置方法,详细的配置方法或命令需要参考生产商提供的产品安装配置指南。

通过命令行方式配置实际上就是直接操作网络设备中内置的 OS,需要记住一些操作命令,对初学者而言,这种方法比其他方法复杂,但掌握该方法可使配置变得简单、方便、灵活,在调试时更准确、稳定。

(2) 配置途径。

配置网络设备的途径主要分为两种,一种是先使用终端通过串行通信方式连接到网络设备,然后通过命令行方式配置,如连接网络设备的 Console 端口或者 Auxiliary 端口;另一种是通过 IP 网络连接到网络设备,如先通过网络设备的以太网端口将设备连接到 IP 网络,使用 PC 通过 Web、Telnet 等方式连接到网络设备,然后使用 Web 或命令行等方式配置网络设备。

(3) 使用超级终端连接到网络设备。

由于新购入的网络设备在默认情况下只能通过设备的 Console 端口连接,并利用超级终端进行配置,因此通过 Console 端口配置网络设备显得尤其重要。一般使用 Windows 操作系统的超级终端,可通过计算机的 RS232 串行接口建立与网络设备的通信。

注意:不同网络设备的通信参数值可能不同,在配置时可以参考设备生产商提供的配置指南。

2. 配置基本命令

大部分生产商的网络设备提供了命令行方式的配置方法,通过命令操作设置网络设备的参数,是使用网络设备操作系统的最直接、最有效的方法。各生产商设备的操作系统都具有自主的知识产权,虽然这些操作系统有相似之处,但不能通用。当配置和操作某个生产商的网络设备时,需要了解该生产商设备的操作系统命令。要想掌握所有生产商设备的操作系统命令是很困难且没有必要的,因为这些配置命令很相似,所以只需掌握一两种常用设备的操作命令,并能够深入理解,就能很容易地学会其他设备的操作命令。

思科特有的 IOS 是一种技术较为成熟的网络设备操作系统,很多生产商设备的操作系统都学习和借鉴了该系统。例如，国内的锐捷网络设备生产商使用的设备操作系统 RGNOS 的绝大部分命令与思科的 IOS 相同，华为 3COM 生产商的设备配置命令也有很多与其相似。掌握并理解了思科 IOS 命令行的配置，其他生产商的命令行配置也就不难理解和使用了。下面以思科的 IOS 为例，介绍命令行配置的基本方法，详细的配置命令解释请参考生产商提供的设备软件配置使用说明。

在命令行配置中，为了限定操作权限或参数的作用范围，在网络设备的操作系统中设置了不同级别的配置模式，用户只有在适当的配置模式下才能使用相应的配置命令。思科的设备有 4 种主要的配置模式，如表 5-7 所示。在输入命令时，应注意不同配置模式的提示符。

表 5-7　配置模式

配 置 模 式	提 示 符	接入下一级需要使用的命令	返回上一级
普通用户模式	>	enable	exit
特权用户模式	#	config t	exit
全局配置模式	（config）#	interface	exit
端口配置模式	（config-if）#		exit

3. 基本调试命令

在完成配置之后，如果配置正确，则会得到满意的结果。但是，偶尔也会出错，尤其是初学者，经常会出现各种配置错误，如输入命令的字符错误、配置模式错误、参数设置错误等，如果这些错误能被及时发现并改正，则不会影响配置结果，否则最后要详细检查每一步的操作，并纠正错误。用户必须掌握一些基本的网络调试命令和故障排除方法，这些命令和方法能够帮助用户轻松解决绝大多数网络故障。

微课：ping 命令的使用

网络故障排除所涉及的知识和技能面较多，不仅需要学习专门的课程，还需要不断在工程实践中积累经验。这里仅介绍一些基本的调试命令及简单的故障排除方法，通过这些方法如果还不能排除故障，则需要请教经验丰富的网络工程师。

（1）show run。

在输入配置命令之后，这些配置会立即生效，并被记录在当前运行的配置文件中，该配置文件被保存在内存中，可以通过 show run 命令查看。

通过仔细检查配置文件的每一行，能够判断这些参数设置是否正确和合理。如果发现未配置的参数，则可以通过命令行方式进行配置；如果存在错误配置，则可以使用命令重新配置；如果存在多余配置，则可以在原配置命令前加上 no，删除该配置。

（2）ping。

ping 命令用于测试网络的连通性，是最常用的网络调试命令。ping 命令既可以用在网络设备中，测试网络设备端口之间、设备与网络主机之间的网络连通性；又可以用在网络主机系统中，测试网络主机之间、网络主机与网络设备端口之间的网络连通性。

在 Windows 操作系统中，若要发送连续的 ping 数据包来测试网络的性能，则需要在 ping

第7层	应用层报文
第6层	表示层报文
第5层	会话层报文
第4层	传输层报文
第3层	网络层报文
第2层	数据链路层帧
第1层	物理层报文

图 5-9 故障排除的结构化顺序

命令的后面加上参数"-t"。如果要停止 ping，则可以按"Ctrl+C"组合键。

在网络设备中使用 ping 命令的扩展功能，可以测试网络连通的稳定性。在项目工程中，经常设定一次发送一万个数据包，以此测定网络数据传输的稳定性。

（3）show interface。

该命令用于查看端口状态信息，确认端口是否开启、IP 地址配置是否正确等，有助于分析绝大多数网络故障。

4．排除基本故障的方法

网络故障排除的关键在于找到故障位置。网络故障排除通常采用结构化方法，故障排除的结构化顺序如图 5-9 所示。物理层是网络中最低、最基本的层，经验表明，70%的故障出现在物理层。在遇到网络不通时，首先要检查物理层，很多网络工程师会忽视这一点，而用大量时间调试上层，结果浪费了太多的时间和精力，确保物理层的正常工作是实现网络连通的首要任务。

在物理层中主要检查电缆、电源、连接端口、连接设备，可以通过观察开关、指示灯、接口状态等来判断故障。物理层的问题很容易判断，只是经常被忽略。线缆的问题能够由用户自行解决，设备硬件故障则需要专业技术人员维修。

如果在物理层中没有发现问题，则检查网络的第 2 层、第 3 层。此时需要进入网络设备的系统，通过软件配置命令进行检查。检查的内容包括端口 IP 地址设置、封装协议、带宽设置、路由协议的配置、路由表的建立等。

5.3.3 网络设备的配置

首先，集中摆放安装的设备，按照设计的网络拓扑结构，通过网络跳线或光纤跳线将设备连接起来，并连接必要的测试 PC 和服务器，搭建设备来模拟实际运行环境；然后，在这个模拟环境中进行配置和调试。配置过程中的注意事项如下。

（1）按照网络拓扑结构连接设备，确保设备连接端口准确无误。

（2）正确配置接口 IP 地址，使用 ping 命令进行相邻节点之间的连通性测试。

（3）在配置 VLAN 时，不要将端口错误地划分到其他 VLAN 中；在删除 VLAN 时，一定要先将端口移至其他 VLAN 中，再执行删除操作。

（4）若涉及 STP 的配置，则应先将构成环路的端口关闭，配置正确后再将端口启用。

（5）配置路由协议，确保全网互联互通。

（6）在网络连通的基础上，在安全设备、路由交换设备上完成安全策略的配置。

（7）若遇到相同设备的类似配置，则可以先建立脚本文件（.txt），再将其粘贴到主机中，提高配置效率。

（8）在配置和调试设备时，应及时记录必要的数据，并整理好文档，做好验收准备。

课堂讨论： 为何使用文本编辑工具来编写脚本？可否使用 Word 来编写脚本呢？什么情况下可以使用脚本？如何高效编辑脚本？

知识考核

1．描述网络设备订货和验货的主要步骤。
2．在网络设备的配置过程中需要注意哪些事项？
3．配置路由交换设备的途径有哪些？
4．ping 命令有哪些用途？
5．如何确保配置的 IP 地址是正确的？

任务实施

本任务的主要实施步骤如下。
（1）搭建图 5-6 所示的网络拓扑结构。
（2）将事先准备好的配置脚本导入网络设备。
（3）检查物理层，记录故障现象并进行排除。
（4）检查数据链路层，记录故障现象并进行排除。
（5）检查网络层，记录故障现象并进行排除。
（6）测试网络连通性，验证故障是否全部排除。
（7）整理网络故障排除文档。

任务评价

1．考查项

任务实施文档、PPT 和现场答辩。

2．评价标准

（1）能实现基础网络的连通性。
（2）能排除网络预设故障并进行结果验证。
（3）任务实施文档和 PPT 制作精良，内容紧扣主题，表述恰当正确，逻辑分析合理，整体风格统一，图文并茂。
（4）小组分工明确，现场表述清晰、分析全面、理由充分、语言流畅、情绪饱满。观点能联系国家、社会或个人，引发思考或情感共鸣。

直通职场：网络工程师必备软技能

科技推动了时代变革，互联网则加速了这场变革。随着互联网的蓬勃发展，网络作为基础设施的关键纽带保障着海量数据的顺利流通。在互联网的繁荣之下，生存着这样一个群体——网络工程师，为网络保驾护航。他们是 IT 从业者中最难刻画的角色，也是 IT 从业者中掌握技能最丰富的角色，其技能图谱如图 5-10 所示。网络工程师还需要学习掌握一些小技巧，如 PPT、Excel、Word 的编写能力等，如何保障用户口碑、正确对待用户的投诉和不满、提升与用户沟通的技巧等软技能更是必不可少的。

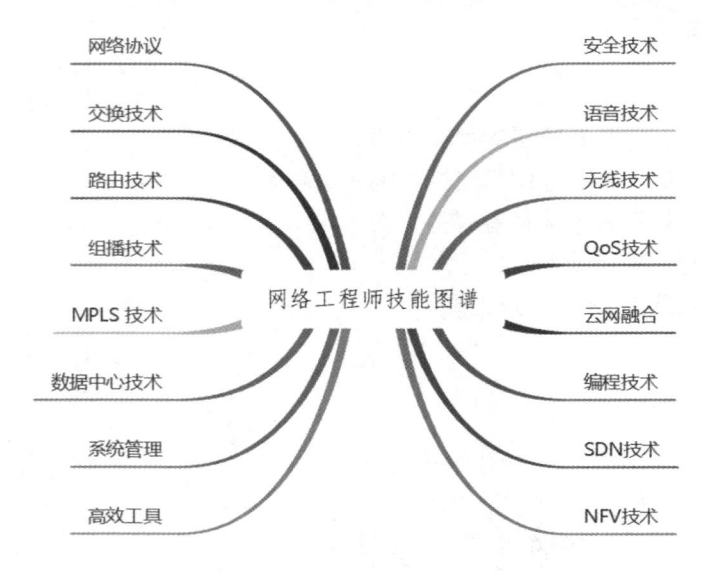

图 5-10　网络工程师技能图谱

行业观察：SDN 从理想到现实

SDN 从诞生至今已有 10 多年了，刚一问世，其控制平面与数据平面分离的理念就引起了互联网界的极大关注和研究热潮。如今，SDN 的光环不再，有人说，"SDN 已死，有事烧纸"；有人说，"SDN 精神不朽，万变不离其宗"。什么是 SDN？SDN 目前究竟如何？SDN 的理想与现实之间存在哪些差距？虚拟化的发展导致网络流量，尤其是数据中心流量发生了很大的变化。Core/Distribution/Access 的三层网络架构在传统的 Client-Server 网络架构中非常有效，而当用户到服务器的南北流量远低于服务器到服务器的东西流量，且东西流量急剧增加时，三层网络架构变得力不从心。

传统网络架构逐渐暴露出诸多局限，如系统过于复杂、无法根据企业的业务需求灵活应对变化等。因此，快速部署、灵活的可扩展性、自动化和易于集成是网络系统必须满足的关键属性。市场的需求催生了互联网行业的新趋势——SDN（软件定义网络）！

微课：SDN 从理想到现实

项目 6

网络工程测试与验收

项目介绍

2022年10月31日,搭载梦天实验舱的长征五号B遥四运载火箭在文昌航天发射场准时点火发射,发射任务取得圆满成功。此次的梦天实验舱和此前发射的天和核心舱、问天实验舱都是在航天五院天津基地完成了总装和相关的地面测试任务,这些测试设备已达到国际领先水平,其中大型空间环境模拟器的容量居亚洲第一、世界第三,1400千牛振动台也是目前世界上推力最大的电磁振动试验系统。2022年11月3日,空间站与梦天实验舱顺利完成转位,标志着中国空间站"T"字基本构型在轨组装完成,向着建成空间站的目标迈出了关键一步。按计划,后续将开展空间站组合体基本功能测试和评估。

案例思考:我国为何要大力发展航天测试设备?梦天实验舱的地面测试工作是否可以省略?测试是否是保障项目质量达标的唯一手段?

案例启示:网络工程测试与验收是网络工程建设的最后一环,是全面考核工程的建设工作、检验工程设计和工程质量的重要手段,它关系到整个网络工程的质量能否达到预期设计的指标,小至一个程序的开发和上线,大至国之重器的发射与运行,测试和验收都是项目的"最后一公里",因此本项目将从网络工程项目的测试与验收两方面进行讲解。

扫一扫

微课:突破测试难关,助力飞天梦想

学习目标

【知识目标】

- 了解测试准备工作和标准规范。
- 了解网络工程验收的工作流程。
- 掌握性能测试和功能测试的指标。

- 掌握网络工程验收的内容和相关文档。
- 掌握网络自动化运维工程师岗位的职责。

【能力目标】
- 能够描述性能测试和功能测试的指标。
- 能够描述网络工程验收的流程和内容。
- 具备网络工程项目实施、调测、验收能力。

【素养目标】
- 树立质量标准规范意识,提高作为网络运维人员的职业素养。
- 培养严谨准确、耐心细致、精益求精的工匠精神。

学习提示

本项目思维导图如图 6-1 所示。本项目将讲解网络工程实施环节后续任务的主要内容,包括网络工程项目测试前的准备工作、测试标准及规范、网络系统性能测试和功能测试、应用系统测试,以及网络工程项目验收的工作流程、网络工程项目验收的内容和文档、交接与维护等内容。通过学习本项目,学生可以了解和掌握网络工程测试与验收的工作流程、重要指标等知识点,对网络工程测试与验收有一个总体性的了解和把握。

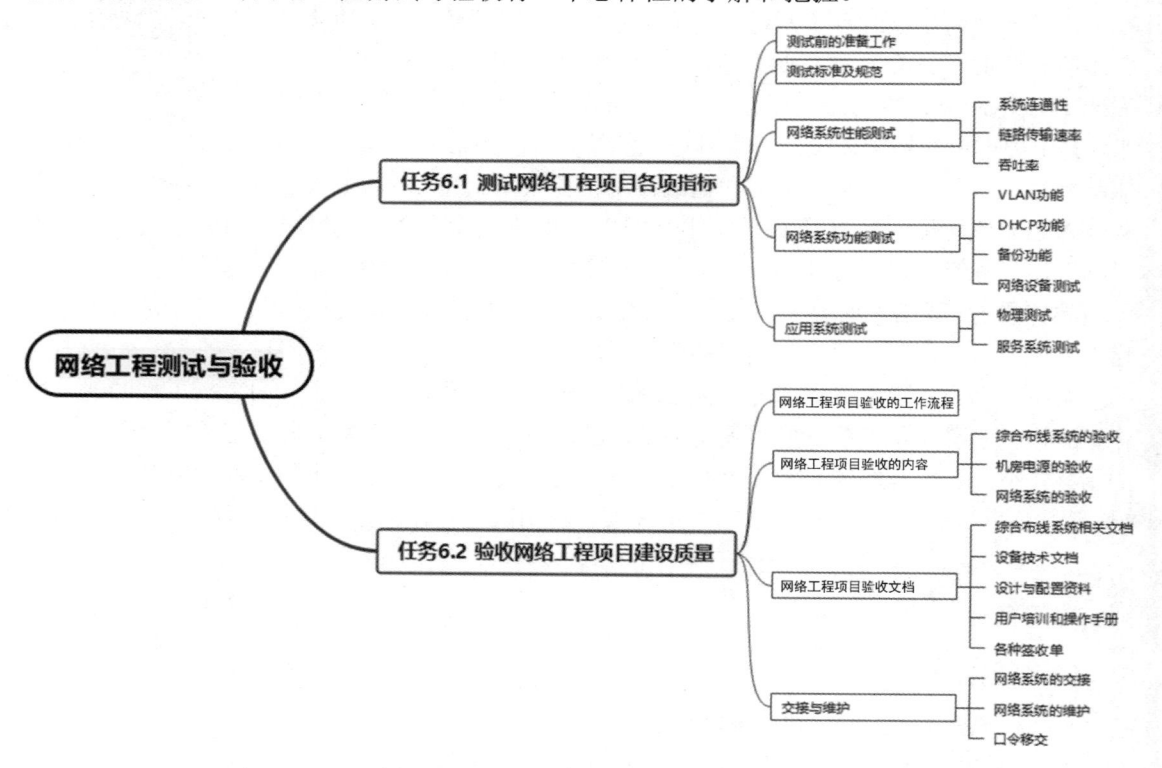

图 6-1 网络工程测试与验收思维导图

任务 6.1　测试网络工程项目各项指标

任务描述

利用 4.8 节中已实现的网络工程项目"在防火墙上实现 IPSec VPN 和 SSL VPN",结合所学网络系统测试方法与技巧,完成该网络工程项目的测试。

知识准备

6.1.1　测试前的准备工作

在进行测试之前,前期准备主要包括以下内容。

(1)综合布线工程施工完成,且严格按工程合同的要求及相关的国家或部委颁布的标准整体验收合格。

(2)成立网络测试小组。小组的成员以使用单位人员为主,施工方参与(如有条件,可以聘请从事专业测试的第三方参加),参与人员需明确各自的职责。

(3)制定测试方案。双方共同商讨,细化工程合同的测试条款,明确测试所采用的操作程序、操作指令及步骤,制定详细的测试方案。

(4)确认网络设备的连接及网络拓扑结构符合工程设计要求。

(5)准备测试过程中所需要使用的各种记录表格及其他文档材料。

(6)供电电源检查。直流供电电压为 48V,交流供电电压为 220V。

(7)设备通电前的常规检查,如设备应完好无损,各种设备的选择开关状态,各种文字符号和标签应齐全正确、粘贴牢固等。

6.1.2　测试标准及规范

网络工程测试与验收工作采用的主要标准及规范如下。

(1)《路由器测试规范——高端路由器》(YD/T 1156—2001):本规范主要规定了高端路由器的接口特性测试、协议测试、性能测试、网络管理功能测试等,自 2001 年 11 月 1 日起实施。

(2)《以太网交换机测试方法》(YD/T 1141—2007):本标准规定了千兆位以太网交换机功能测试、性能测试、协议测试和常规测试的方法,自 2008 年 1 月 1 日起实施。

(3)《接入网设备测试方法——基于以太网技术的宽带接入网设备》(YD/T 1240—2002):本标准规定了接口、功能、协议、性能和网管的测试方法,适用于基于以太网技术的宽带接入网设备,自 2002 年 11 月 8 日起实施。

(4)《IP 网络技术要求——网络性能测量方法》(YD/T 1381—2005):本标准规定了 IPv4 网络性能测量方法,并规定了具体性能参数的测量方法,自 2005 年 12 月 1 日起实施。

（5）《公用计算机互联网工程验收规范》（YD/T 5070—2005）：本规范主要规定了基于 IPv4 的公用计算机互联网工程的单点测试、全网测试和竣工验收等方面的方法和标准，自 2006 年 1 月 1 日起实行。

6.1.3 网络系统性能测试

网络系统测试是进行工程监理服务、网络故障测试服务和网络性能优化服务的基础，主要包括性能测试和功能测试。性能测试主要用于测试网络中的各种情况，包括服务器、路由器、交换机、网卡等的质量情况，设备互联的参数和端口设置情况，系统平台、协议的一致性情况，网络容量（传输速率、带宽、时延）情况，以及可能对网络造成的不利影响。

1. 系统连通性

用测试工具对网络的关键服务器、核心层和汇聚层的关键网络设备（如路由器和交换机）进行 10 次 ping 测试，每次间隔 1s，以测试网络连通性。测试路径需要覆盖所有的子网和 VLAN。以不低于接入层设备总数 10%的比例进行抽样测试，若少于 10 台设备则全部测试；每台抽样设备中至少选择一个端口，即测试点，测试点应能覆盖不同的子网和 VLAN。测试点到关键服务器的 ping 测试连通性达到 100%，则判定测试点符合要求。

2. 链路传输速率

链路传输速率测试必须在空载时进行，对核心层的骨干链路，应全部进行测试；对汇聚层到核心层的上联链路，应全部进行测试；对接入层到汇聚层的上联链路，应以不低于 10%的比例进行抽样测试。当链路不足 10 条时，按 10 条进行计算或者全部测试。

3. 吞吐率

建立网络吞吐率测试结构。测试必须在空载网络下分段进行，包括接入层到汇聚层链路、汇聚层到核心层链路、核心层间骨干链路，以及经过接入层、汇聚层和核心层的用户到用户链路。

对核心层的骨干链路和汇聚层到核心层的上联链路，应全部进行测试；对接入层到汇聚层的上联链路，应以 10%的比例进行抽样测试。当链路不足 10 条时，按 10 条进行计算或者全部测试。

对于端到端的链路（经过接入层、汇聚层和核心层的用户到用户链路），应以不低于终端用户数 5%的比例进行抽样测试。当链路不足 10 条时，按 10 条进行计算或者全部测试。

另外，还需对网络的传输时延、丢包率以及以太链路层的健康状况进行测试，要求测试数据符合要求。

6.1.4 网络系统功能测试

功能测试主要包括 VLAN、DHCP、备份功能和网络设备测试，其目的是保证用户能够科学和公正地验收供应商提供的网络设备和系统集成商提供的整套系统，也是预测、诊断、隔离和恢复故障的常用手段。

1. VLAN 功能

VLAN 功能的测试主要查看 VLAN 的配置情况，即同一 VLAN 以及不同 VLAN 中在线主机的连通性；检查地址解析表，如果仅能解析出本网段的主机 IP 地址对应的 MAC 地址，则说明虚拟网段划分成功，本网段主机不能接收其他网段的 IP 广播包。表 6-1 所示为网络系统的 VLAN 功能测试方法和正确测试结果。

表 6-1　网络系统的 VLAN 功能测试方法和正确测试结果

测试项目		测试方法	正确结果
网络系统功能测试	VLAN 测试	登录到交换机，查看 VLAN 的配置情况	执行 show vlan 命令，显示配置的 VLAN 名称及分配的端口号
		在与交换机相连的主机上 ping 同一虚拟网段上的在线主机和不同虚拟网段上的在线主机	数据 VLAN 均显示 alive 信息，视频 VLAN 显示不可到达或超时信息
		检查地址解析表	执行 arp –a 命令，仅解析出本虚拟网段主机 IP 对应的 MAC 地址
		检查 Trunk 配置信息	执行 show int trunk 命令，显示 Trunk 端口所有配置信息，注意查看 Trunk 端口的配置信息
	连通性测试	测试本地连通性，查看延时	ping 本地 IP 地址
		测试本地路由情况，查看路径	traceroute 本地 IP 地址
		测试全网连通性，查看延时	ping 远程 IP 地址
		测试全网路由情况，查看路径	traceroute 远程 IP 地址
		测试与骨干网络的连通性，查看延时	ping IP 地址
		测试与骨干网络通信的路由情况，查看路径	traceroute IP 地址
		测试本地路由延迟	ping 本地 IP 地址，查看延迟结果
		测试本地路由转发性能	ping 本地 IP 地址，在后面加上 -l 3000 参数，查看延迟结果

2. DHCP 功能

首先在局域网系统中启用 DHCP 功能，然后将测试主机设置成自动获取 IP 地址模式，重新启动计算机，查看它是否自动获得了 IP 地址及其他网络配置信息（如子网掩码、默认网关地址、DNS 服务器等）。

对于测试计算机所连接用户端口的选择，以不低于接入层用户端口数 5%的比例进行抽样测试，当端口不足 10 个时，全部测试。如果测试计算机能够自动从 DHCP 服务器中获取 IP 地址、子网掩码和默认网关地址等网络配置信息，则判定系统的 DHCP 功能符合要求。

3. 备份功能

首先使用测试计算机向目的节点发送 ping 包，查看它们之间的连通性；然后人为关闭网络核心层主设备电源，查看备份设备是否启用，测试计算机和目的节点之间的连通性；最后人为断开主干线路，查看备份线路是否启用，测试计算机和目的节点之间的连通性。对所有核心网络设备和主干线路的备份方案进行全面测试，备份功能正常与否主要看 ping 测试能否在设计规定的切换时间内恢复其连通性。

4．网络设备测试

网络设备测试包括交换机测试、路由器测试等。具体内容和测试方法如表 6-2 所示。

表 6-2　网络设备测试内容与测试方法

测试项目		测试内容	测试方法
交换机测试	物理测试	测试加电后系统能否正常启动	PC 通过 Console 线或 Telnet 连接交换机，加电启动，通过超级终端查看路由器启动过程，输入用户及密码进入交换机
		查看交换机的硬件配置是否与订货合同相符	执行 show version 命令
		测试各模块的状态	执行 show mod 命令
		查看交换机 Flash Memory 的使用情况	执行 dir 命令
		测试 NVRAM	在交换机中改动其配置，并写入内存，执行 write 命令；将交换机断电后等待 60s 再开机，执行 sh config 命令
		查看各端口状况	执行 show interface 命令
	功能测试	VLAN 测试	执行 show vlan brief 命令，查看同一 VLAN 及不同 VLAN 在线主机的连通性；检查地址解析表
路由器测试	物理测试	测试加电后系统能否正常启动	PC 通过 Console 线或 Telnet 连接交换机，加电启动，通过超级终端查看路由器启动过程，输入用户及密码进入交换机
		查看交换机的硬件配置是否与订货合同相符	执行 show version 命令
		测试 NVRAM	在交换机中改动其配置，并写入内存，执行 write 命令；将交换机断电后等待 60s 再开机，执行 sh config 命令
		查看各端口状况	执行 show interface 命令
	功能测试	测试路由表是否正确生成	执行 sh ip route 命令
		查看路径选择	执行 traceroute 命令
		查看广域网线路	执行 sh interface s0/0 命令
		查看 OSPF 端口	执行 sh ip ospf interface 命令
		查看 OSPF 邻居状态	执行 sh ip ospf neighbors 命令
		查看 OSPF 数据库	执行 sh ip ospf database 命令
		查看 BGP 路由邻居相关信息	执行 sh ip bgp neighbors 命令
		查看 BGP 路由	执行 sh ip bgp *命令
		查看 BGP 路由汇总信息	执行 sh ip bgp summary 命令
		查看数据 VPN 通道路由	执行 sh ip route vrf GA_DATA 命令
		查看视频 VPN 通道路由	执行 sh ip route vrf VIDEO_VPN 命令
		测试 VPN 通道安全	做数据 VPN 与视频 VPN 互访测试
		显示全局接口地址状态	执行 sh ip int brief 命令
		测试广域网接口运行状况	执行 sh ip int s0/0 命令
		测试局域网接口运行状况	执行 sh ip int fa0/0 命令

续表

测试项目	测试内容		测试方法
路由器测试	功能测试	测试内部路由	执行 traceroute 命令
		查看路由表的生成和收敛	去掉一条路由命令,用 sh ip route 命令查看路由生成情况
		设置完毕,待网络完全启动后,观察连接状态库和路由表	执行 show ip route 命令
		断开某一链路,观察连接状态库和路由表的变化	执行 show ip route 命令

6.1.5 应用系统测试

应用系统测试主要包括物理测试和服务系统测试等。

1. 物理测试

物理测试主要是对硬件设备及软件配置进行的测试,如服务器、磁盘阵列等。首先查看设备型号是否与订货合同相符,然后测试加电后系统能否正常启动,最后查看附件是否完整。

2. 服务系统测试

服务系统测试主要是对各种网络服务器的整体性能测试,通常包括完整性测试和功能测试两部分。具体的测试方法和正确测试结果如表 6-3 所示。

表 6-3 网络服务系统测试方法与正确测试结果

测试项目	测试内容		测试方法	正确结果
Web 系统的测试	系统完整性	硬件配置	检查主机外观是否完整	设备外观无损坏
		网络配置	重新启动主机,在开机自检阶段查看系统参数	系统正常启动,硬件配置与订货合同一致
	HTTP 访问	系统启动	启动操作系统并登录	顺利进入 Windows 操作系统登录界面
		本地访问	在本地机器上使用 IE 访问本机主页	能够正常访问
		远程访问	在远程机器上使用 IE 访问本机主页	能够正常访问
DNS 系统的测试	系统完整性	硬件配置	检查主机外观是否完整	设备外观无损坏
		网络配置	重新启动主机,在开机自检阶段查看系统参数	系统正常启动,硬件配置与订货合同一致
	域名解析	系统启动	启动操作系统并登录	顺利进入 Windows 操作系统登录界面
		本地解析	在本地机器上执行 nslookup 命令,测试相关域名	能够正常解析
		远程解析	在远程机器上执行 nslookup 命令,测试相关域名	能够正常解析
FTP 系统的测试	系统完整性	硬件配置	检查主机外观是否完整	设备外观无损坏
		网络配置	重新启动主机,在开机自检阶段查看系统参数	系统正常启动,硬件配置与订货合同一致

续表

测试项目	测试内容		测试方法	正确结果
FTP 系统的测试	FTP 访问	系统启动	启动操作系统并登录	顺利进入 Windows 操作系统登录界面
		系统管理	在本地机器上使用管理工具查看 FTP 服务器是否正常	正常
		本地访问	在本地机器上使用 IE 访问本地 FTP 服务器	能够正常登录,且能正常上传和下载数据
		远程访问	在远程机器上使用 IE 访问本地 FTP 服务器	能够正常登录,且能正常上传和下载数据
E-mail 系统的测试	系统完整性	硬件配置	检查主机外观是否完整	设备外观无损坏
		网络配置	重新启动主机,在开机自检阶段查看系统参数	系统正常启动,硬件配置与订货合同一致
	邮件收发	登录测试	在远程主机上使用 IE 访问本地服务器	显示管理界面登录
			正确登录后建立两个新用户 test1、test2 并设置相关参数后退出	用户建立成功
			使用新建的 test1 用户登录并检查相关参数	登录成功,参数正确
		收发邮件测试	向上级管理部门申请一个邮件服务器账号 temp@xas.sn,向 test1@xas.sn 发送邮件	本域 test1 账号收到 sn 域发来的邮件
			在本域邮件服务器上以 test1 用户登录并向外域用户 temp@xas.sn 发送邮件	在 sn 域中以 temp 账号登录并检查邮件,收到 xas.sn 域发来的邮件

知识考核

1. 如何检查网络接口配置?写出具体的操作命令。

2. 如何在运行的客户机上检查 DNS 服务器是否正常?

3. 数据业务对时延抖动不敏感,当路由器需要支持语音、视频等业务时,这个指标才有测试的必要性。( )

4. 网络工程项目完工后经过反复测试才能验收。( )

5. 在设计师制订的网络测试计划中,连通性测试方案是:利用测试工具对所有设备和信息点进行 3 次 ping 测试,如果 3 次都显示连通,则判定该点是连通的;链路速率测试方案是:将两台测试设备分别接在每根线路的两端,一台以 100Mbit/s 速率发送,另一台接收,接收速率不低于发送速率的 99%即判定合格。对连通性测试方案的评价,恰当的是(①)。对链路速率测试方案的评价,恰当的是(②)。

①A.是一个标准的方案
　B.应测试响应时间

C．应测试 10 次且必须每次都是连通的

D．只需测试信息点，不用测试网络设备

②A．是一个标准的方案

B．应该多测试几种速率

C．应该将两台测试设备分别连接到包含交换机等设备的网络上而不是单根线路上

D．接收速率与发送速率相同才能判定为合格

6．在进行链路传输速率测试时，测试工具应在交换机发送端口产生（　　）的线速流量。

　　A．100%　　　　B．80%　　　　C．60%　　　　D．50%

7．某高校的校园网由 1 台核心设备、6 台汇聚设备、200 台接入设备组成，网络拓扑结构如图 6-2 所示，所有汇聚设备均直接上联到核心设备，所有接入设备均直接上联到汇聚设备，在网络系统抽样测试中，按照抽样规则，最少应该测试（　①　）条汇聚层到核心层的上联链路和（　②　）条接入层到汇聚层的上联链路。

①A．3　　　　　B．4　　　　　C．5　　　　　D．6

②A．20　　　　B．30　　　　C．40　　　　D．50

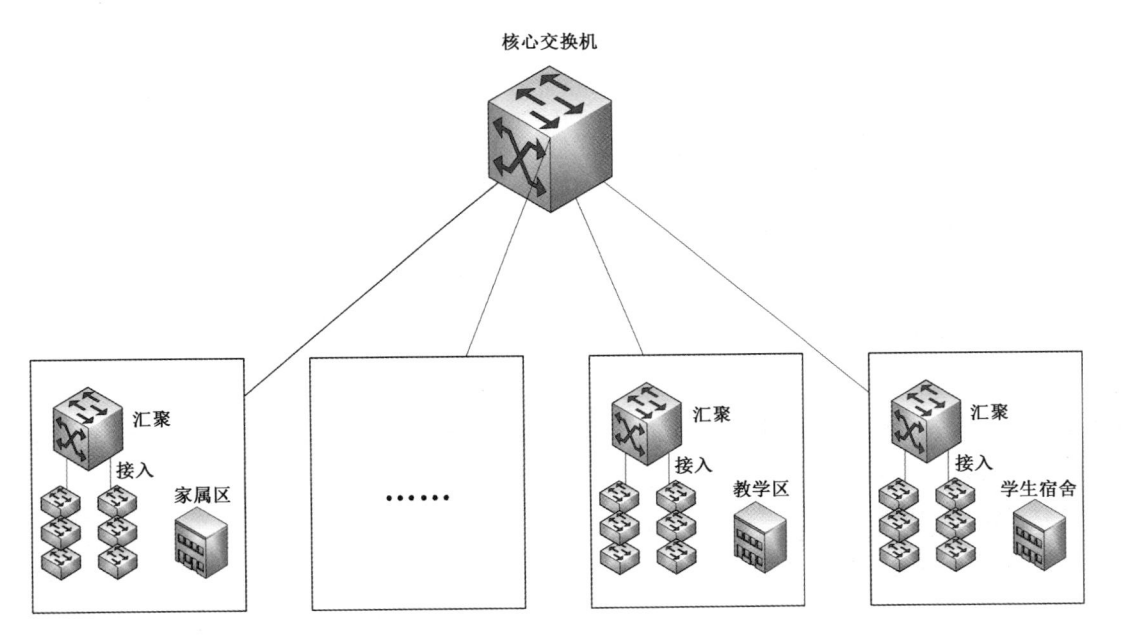

图 6-2　某校园网络拓扑结构

8．下列对于网络测试的说法中，正确的是（　　）。

　　A．对于网络连通性测试，测试路径无须覆盖测试抽样中的所有子网和 VLAN

　　B．对于链路传输速率测试，需测试所有链路

　　C．端到端链路无须进行网络吞吐量的测试

　　D．对于网络系统延时的测试，应对测试抽样进行多次测试后取平均值，双向延时应小于等于 1ms

9. 当使用长度为 1518B 的帧测试网络吞吐量时，如果 1000Mbit/s 以太网抽样测试平均值是（　　），则该网络设计是合理的。

  A．99%   B．80%   C．60%   D．40%

10. 以下关于网络故障排除的说法中，错误的是（　　）。

  A．ping 命令支持在 IP、AppleTalk、Novell 等多种协议中测试网络的连通性

  B．可随时执行 debug 命令在网络设备中进行故障定位

  C．tracert 命令用于追踪数据包传输路径，并定位故障

  D．show 命令用于显示当前设备或协议的工作状况

11. 网络测试人员利用数据包产生工具向某网络中发送数据包以测试网络性能，这种测试方法属于（　①　），性能指标中（　②　）能反映网络用户之间的数据传输量。

  ①A．抓包分析 B．被动测试 C．主动测试 D．流量分析

  ②A．吞吐量   B．响应时间 C．利用率 D．精确度

12. 执行 traceroute 命令测试网络可以（　　）。

  A．检验链路协议是否运行正常 B．检验目标网络是否在路由表中

  C．检验应用程序是否正常   D．显示分组到达目标经过的各个路由器

13. 在客户端除了可以执行 ping 命令，还可以执行（　　）命令来测试 DNS 是否正常。

  A．ipconfig B．nslookup C．route D．netstat

14. 如果要测试目标 10.0.99.221 的连通性并进行反向名字解析，则应在 DOS 窗口中输入（　　）命令。

  A．ping -a 10.0.99.221   B．ping -n 10.0.99.221

  C．ping -r 10.0.99.221   D．ping -j 10.0.99.221

➡ 任务实施

本任务使用网络中任意一台计算机和设备（有 ping 或 Telnet 功能）执行 ping 及 Telnet 命令，测试能否连通网络中其余任何一台设备。由于网络内设备众多，不可能逐台进行测试，因此可采用如下方式。

1．测试连通性

在每一个子网中随机选取一台客户机与网络中心的通信设备或服务器进行 ping 测试，并在不同子网间随机选取两台设备进行 ping 测试。在测试时，ping 命令每次发送的数据包不应少于 1000 个，测试的成功率在局域网内应达到 100%，即没有丢包现象，包传输的延时应小于 10ms。

2．终端命令操作

在 Telnet 连通之后，进行终端命令操作。终端窗口刷新和本机操作基本相同即可。

3．HTTP 测试

在网络系统中随机选定的客户机和网络中心服务器之间进行 HTTP 测试，使用客户机上的浏览器连接主页服务器，其页面传输延时应小于或等于 15s。

4. DNS 测试

在网络系统中随机选定的客户机和服务器上进行 DNS 测试,首先要确保本网络的域名解析正确,其次要保证远程网络的域名解析正确。

5. E-mail 测试

在网络系统中随机选定的客户机和邮件服务器上进行 E-mail 测试,首先要确保本网络的用户邮件收发正常,其次要保证远程网络的用户邮件收发正常。

6. 广域网专线性能测试

执行 ping 命令测试与边界路由器相连的另一端路由器的 IP 地址,如果带宽为 2Mbit/s,则包传输的延时为 6ms~8ms。

7. 防火墙测试

分别按内网、DMZ 和外网的技术要求进行防火墙测试。记录网络测试结果,并整理一份网络工程测试报告,与同学们分享。

任务评价

1. 考查项

测试报告、PPT 或微视频、现场表达。

2. 评价标准

(1)测试报告、PPT 或微视频等制作精良,内容紧扣主题,表述恰当正确,逻辑顺畅,整体风格统一,图文并茂。

(2)准备充分,现场表述逻辑清晰、语言流畅、情绪饱满。若能够总结出性能瓶颈或功能缺陷,则依情况进行奖励。

任务 6.2 验收网络工程项目建设质量

任务描述

针对网络工程项目验收,通过浏览器搜索引擎进行信息资料的收集,样本数量不少于 10 个;对收集的信息进行总结提炼,编写项目验收方案。

知识准备

6.2.1 网络工程项目验收的工作流程

网络工程项目验收通常有测试验收和鉴定验收两种方式。在网络工程项目按期完成之后,系统集成商和用户双方都要组织人员进行测试验收。测试验收要由资深的专业测试机构或专家进行网络工程测试,测试结果由专家、系统集成商和用户共同认证,并在验收文档上签字。

网络工程项目的鉴定验收应在资深的专业测试机构或由专家组成的鉴定委员会的组织下进行。鉴定委员会需要成立测试小组,根据制定好的验收测试方案对网络工程项目质量进行综合测试;还要组成文档验收小组,对网络工程项目文档进行验收。在验收鉴定会议之后,系统集成商和用户要针对该网络工程项目的实施过程、采用技术、取得成果及存在的问题进行汇报,专家要对其中的问题进行质疑,并完成最终的验收报告。

在通过现场验收之后,为了防止网络工程项目中存在未能及时发现的问题,还需要设定半年或一年的质保期。用户应留有约10%的网络工程项目尾款,直至质保期结束再支付给系统集成商。

网络工程项目验收通常包含以下环节。

(1)确认验收测试内容,通常包括线缆性能测试、网络性能指标检查、流量分析及协议分析等。

(2)制定验收测试方案,通常包括验证使用的测试流程和实施方法。

(3)确认验收测试指标。

(4)安排验收测试进度,根据计划完成验收。

(5)分析并提交验收报告。对测试得到的数据进行综合分析,生成最终验收报告。

6.2.2 网络工程项目验收的内容

网络工程项目验收包括综合布线系统的验收、机房电源的验收、网络系统的验收。

1. 综合布线系统的验收

综合布线系统是网络系统的基础,综合布线系统的测试是网络测试的必要前提。综合布线系统的验收要遵守相关的国家、国际标准,如 ANSI/EIA 568B 和 GB/T 50312—2016 等。

2. 机房电源的验收

在按照设计要求进行验收时,要注意照明是否符合要求、空调在最热和最冷环境下是否可用、装饰材料中的有害物释放量是否达标、接地是否符合要求、电力系统是否配备了 UPS 和电源保护器等。

3. 网络系统的验收

网络系统的验收包括验证交换机、路由器、防火墙等互联设备的部署情况,服务器、客户机和存储设备等能否提供应有的功能、是否达到网络标准、能否互联互通。验收时要注意以下几个方面。

(1)网络布线图包括逻辑连接图和物理连接图。逻辑连接图主要包括各个局域网的布局、各个局域网之间的连接关系、各个局域网与城域网的接口关系,以及服务器的部署情况。物理连接图包括每个局域网接口的具体位置,路由器的具体位置,交换机的具体位置,配线架各接口与房间、具体网络设备的对应关系。

（2）网络信息包括各网络的 IP 地址规划和子网掩码信息、交换机的 VLAN 配置信息、路由器的配置信息、交换机的端口配置信息和服务器的 IP 地址配置等。

（3）正常运行时网络主干端口的流量趋势图、网络层协议分布图、运输层协议分布图、应用层协议分布图。

（4）所有重要设备（路由器、交换机、防火墙和服务器等）和网络应用程序都已连通并能够正常运行。

（5）网络上的所有主机都能够通过 IE 上网并满负荷运行，运行特定的重载测试程序，对网络系统进行 Web 压力测试。

（6）启动冗余设计的相关设备，考察它们对网络性能的影响。

6.2.3 网络工程项目验收文档

文档的验收是网络工程项目验收的重要组成部分。网络工程验收文档包括综合布线系统相关文档、设备技术文档、设计与配置资料、用户培训和操作手册及各种签收单。

1. 综合布线系统相关文档

（1）信息点配置表。
（2）信息点测试一览表。
（3）配线架对照表。
（4）综合布线图。
（5）布线测试报告。
（6）设备、机柜和主要部件的数量明细表，即网络工程所用的设备、机架和主要部件的分类统计，要求列出型号、规格和数量。

2. 设备技术文档

（1）操作维护手册。
（2）设备使用说明书。
（3）安装工具及附件。
（4）保修单。

3. 设计与配置资料

（1）工程概况。
（2）工程设计与实施方案。
（3）网络系统拓扑图。
（4）交换机、路由器、防火墙和服务器的配置信息。
（5）VLAN 和 IP 地址配置信息表。

4. 用户培训和操作手册

（1）用户培训报告。
（2）用户操作手册。

5. 各种签收单

（1）网络硬件设备签收单。

（2）系统软件签收单。

（3）应用软件功能验收签收单。

6.2.4 交接与维护

1. 网络系统的交接

在网络工程项目验收结束之后要进行项目交接。交接是一个使用户逐步熟悉网络系统，进而能够掌握、管理、维护整个系统的过程，包括技术资料交接和系统交接，系统交接一直延续到后期的维护阶段。

技术资料交接包括在实施过程中生成的全部文件和数据记录，至少应提交如下资料：总体设计文档、工程实施设计文档、系统配置文档、测试报告、系统维护手册（设备随机文档）、系统操作手册（设备随机文档）及系统管理建议书。

2. 网络系统的维护

在技术资料交接完成之后，系统进入维护阶段。系统的维护工作贯穿系统的整个生命周期。用户方的系统管理人员需要在此期间内逐步培养独立处理各种突发事件的能力。

在系统维护期间，系统出现任何故障，管理人员都应详细填写相应的故障报告，并报告给系统集成商技术人员处理。

3. 口令移交

建议用户方派专人负责口令管理工作，在接收到移交的登录用户名和口令之后，用户应检查所有的系统口令、设备口令等设置，并根据有关规定重新进行设定，重新设定的口令必须与原口令不同，所有的系统口令、设备口令都应做好记录并妥善保存，防止泄密。

知识考核

1. 网络系统工程竣工验收不应包括（　　）。
    A．终验网络测试
    B．口令移交
    C．设备移交
    D．文档移交
2. 网络工程项目验收的验收文档通常包括哪些内容？
3. 某企业需要竣工验收，企业网在线设备有边界路由器、三层交换机、多台二层交换机，以及Web、E-mail等服务器。写出具体的网络系统验收步骤和技术方法。

任务实施

在对网络工程项目验收过程形成初步认识的基础上，通过总结提炼所收集的相关资料，进一步掌握网络工程项目验收的流程和内容，最终以小组合作的方式完成一份网络工程项目验收方案。

1. 教师演示

教师演示如何通过浏览器搜索引擎查找所需信息。

2. 收集信息

小组通过网站收集信息资料，样本数量不少于 10 个。

3. 编制网络工程项目验收方案

小组成员对收集结果进行总结提炼，编制网络工程项目验收方案，可扫描二维码参考"网络工程项目验收方案模板"。

扫一扫

微课：网络工程项目验收方案模板

任务评价

1. 考查项

PPT、验收方案、现场表达。

2. 评价标准

（1）PPT（或微视频等）制作精良，内容紧扣主题，表述恰当正确，逻辑顺畅，整体风格统一，图文并茂。

（2）准备充分，现场表述逻辑清晰、语言流畅、情绪饱满。

（3）验收方案内容充实、元素齐全，鼓励小组间以方案规范标准化和质量把控作为对比项进行比拼。

直通职场：网络自动化运维工程师岗位职责

（1）熟悉防火墙、路由器、交换机等网络设备的配置，积累网络建设及维护经验。

（2）熟悉主流生产商网络设备，如华为、H3C、锐捷等，并能够独立进行配置。

（3）对网络进行系统优化和配置整理，根据整理结果提出优化建议，并实施配置优化。

（4）熟悉 Linux 操作系统和网络命令。

（5）保障核心网络设备的平稳运行，解决设备故障，保持与设备生产商的密切联系，负责问题跟踪与管理。

（6）配置管理交换机、AP、AC、路由器、防火墙等网络设备的相关监控。

（7）监测交换机、AP、AC、路由器、防火墙等网络设备并及时优化，做必要调整。

（8）网络设备相关巡检工作。

（9）负责 kubernetes 集群部署、集群监控、集群运维工作（熟悉 Rancher 优先）。

行业观察：网络等级保护测评 2.0 标准

2017 年，《中华人民共和国网络安全法》正式实施，标志着网络等级保护 2.0 的正式启动。网络安全法明确"国家实行网络安全等级保护制度"（第 21 条），"国家对公共通信和信息服务、能源、交通、水利、金融、公共服务、电子政务等重要行业和领域，以及其他一旦遭到破坏、丧失功能或者数据泄露，可能严重危害国家安全、国计民生、公共利益的关键信息基础设施，在网络安全等级保护制度的基础上，实行重点保护"（第 31 条），为网络安全等级保护赋予了新的含义。配合网络安全法的实施和落地，重新调整和修订等级保护 1.0 标准体系，对指导用户按照网络安全等级保护制度的新要求履行网络安全保护义务具有重大意义。

随着信息技术的发展，等级保护对象已经从狭义的信息系统，扩展到了网络基础设施、云计算平台/系统、大数据平台/系统、工业控制系统、采用移动互联技术的系统、物联网等系统。基于新技术和新手段提出新的分等级的技术防护机制和完善的管理手段是等级保护 2.0 必须考虑的内容。对于关键信息基础设施，在网络安全等级保护制度的基础上实行重点保护，加强关键信息基础设施的保护措施。确保等级保护标准和关键信息基础设施保护标准的顺利衔接也是等级保护 2.0 需要考虑的内容。

等级保护 2.0 标准体系的主要标准如下。

1．网络安全等级保护条例
2．计算机信息系统　安全保护等级划分准则（GB 17859—1999）
3．网络安全等级保护实施指南（GB/T25058—2020）
4．信息安全技术　网络安全等级保护定级指南（GB/T22240—2020）
5．信息安全技术　网络安全等级保护基本要求（GB/T22239—2019）
6．信息安全技术　网络安全等级保护安全设计技术要求（GB/T25070—2019）
7．信息安全技术　网络安全等级保护测评要求（GB/T28448—2019）
8．信息安全技术　网络安全等级保护测评过程指南（GB/T28449—2018）

参考文献

[1] 唐继勇，童均．网络系统集成[M]．北京：电子工业出版社，2015．
[2] 唐继勇，李腾．计算机网络基础[M]．北京：中国水利水电出版社，2015．
[3] 唐继勇，刘明．局域网组建技术教程[M]．北京：中国水利水电出版社，2011．
[4] 唐继勇，童均．无线网络组建项目教程[M]．2版．北京：中国水利水电出版社，2014．
[5] 张选波．企业网络构建与安全管理项目教程（上册）[M]．北京：机械工业出版社，2012．
[6] 张选波．企业网络构建与安全管理项目教程（下册）[M]．北京：机械工业出版社，2012．
[7] 谭亮，何绍华．构建中小型企业网络[M]．北京：电子工业出版社，2012．
[8] 梁广民，王隆杰．CCNP（路由技术）实验指南[M]．北京：电子工业出版社，2012．
[9] 梁广民，王隆杰．CCNP（交换技术）实验指南[M]．北京：电子工业出版社，2012．
[10] 丁喜纲．网络安全管理技术项目化教程[M]．北京：北京大学出版社，2012．
[11] 卓伟，李俊锋，李占波．网络工程实用教程[M]．北京：机械工业出版社，2013．
[12] 刘彦舫，褚建立．网络工程方案设计与实施[M]．北京：中国铁道出版社，2011．
[13] 陈国浪．网络工程[M]．北京：电子工业出版社，2011．
[14] 易建勋，姜腊林，史长琼．计算机网络设计[M]．2版．北京：人民邮电出版社，2011．
[15] 黎连业，黎萍，王华，等．计算机网络系统集成技术基础与解决方案[M]．北京：机械工业出版社，2013．
[16] 刘晓晓．网络系统集成 [M]．北京：清华大学出版社，2012．
[17] 秦智．网络系统集成 [M]．北京：北京邮电大学出版社，2010．
[18] 斯桃枝，李战国．计算机网络系统集成[M]．北京：北京大学出版社，2010．
[19] 杨威．网络工程设计与系统集成[M]．2版．北京：人民邮电出版社，2010．